中国地质调查成果 CGS 2024－008
宜昌市生态文明示范区综合地质调查工程(0811)
宜昌市资源环境承载能力调查评价(DD20190315)
宜昌市国家生态文明示范区综合地质调查研究系列丛书

宜昌市生态文明示范区
综合地质调查技术方法与成果应用

YICHANG SHI SHENGTAI WENMING SHIFANQU
ZONGHE DIZHI DIAOCHA JISHU FANGFA YU CHENGGUO YINGYONG

王宁涛　王　清　李梦茹　黄　琨　黄行凯
刘亚磊　周丹坤　刘阿睢　姜　华　王　允　编著
阮恒丰　徐宏林　廖　金　张　鲲　章　昱

图书在版编目(CIP)数据

宜昌市生态文明示范区综合地质调查技术方法与成果应用/王宁涛等编著．—武汉：中国地质大学出版社，2024.3

(宜昌市国家生态文明示范区综合地质调查研究系列丛书)

ISBN 978-7-5625-5800-2

Ⅰ.①宜…　Ⅱ.①王…　Ⅲ.①水环境-研究-宜昌 ②土壤环境-研究-宜昌　Ⅳ.①X143 ②X21

中国国家版本馆CIP数据核字(2024)第057623号

宜昌市生态文明示范区综合地质调查技术方法与成果应用

王宁涛　王　清　李梦茹　黄　琨　黄行凯
刘亚磊　周丹坤　刘阿睢　姜　华　王　允　**编著**
阮恒丰　徐宏林　廖　金　张　鲲　章　昱

责任编辑：韦有福　　选题策划：韦有福　　责任校对：张咏梅

出版发行：中国地质大学出版社(武汉市洪山区鲁磨路388号)　　邮编：430074
电　　话：(027)67883511　　传　　真：(027)67883580　　E-mail：cbb @ cug.edu.cn
经　　销：全国新华书店　　http://cugp.cug.edu.cn

开本：880毫米×1230毫米　1/16　　字数：420千字　　印张：13
版次：2024年4月第1版　　印次：2024年4月第1次印刷
印刷：湖北睿智印务有限公司

ISBN 978-7-5625-5800-2　　定价：138.00元

前 言

党的十八大以来，以习近平同志为核心的党中央高度重视生态文明建设，提出了一系列新理念新思想新战略，形成了习近平生态文明思想。党的二十大对全面建设社会主义现代化国家、全面推进中华民族伟大复兴作出了战略部署，要求必须牢固树立和践行绿水青山就是金山银山的理念，站在人与自然和谐共生的高度谋划发展。2014年，根据《国务院关于加快发展节能环保产业的意见》（国发〔2013〕30号）中"在全国选择有代表性的100个地区开展生态文明先行示范区建设"的要求，宜昌市作为第一批入选城市（55个地区）启动了生态文明先行示范区建设。2018年，自然资源部中国地质调查局落实习近平总书记在深入推动长江经济带发展座谈会上的重要讲话精神，聚焦流域节点城市——宜昌市，2019—2021年部署实施了宜昌市生态文明示范区综合地质调查和资源环境承载能力调查评价工作，完成了以水资源、土地资源和矿产资源等为主的资源环境承载能力调查评价工作，研究成果高质量支撑宜昌市及所辖3个县获得生态环境部授予的"国家生态文明建设示范区"称号、宜昌市2021年成功获批全国首批地下水污染防治试验区建设城市，实现了地质调查成果服务生态文明建设和生态保护与修复的目标，效果显著并形成引领示范。

本书以水、土壤、矿产等自然资源为主的资源禀赋特征及其开发利用引发水土环境污染问题为环境约束条件，查明了宜昌市水、土壤、矿产等自然资源时空分布特征、水环境质量现状及其动态变化特征，按照流域系统收集整理地表水与地下水水资源和水环境数据，建立了富磷流域磷源识别及磷源贡献比例计算等技术方法，服务生态环保、生态损伤鉴定和地下水污染与防治修复工作；集成农业和自然资源部门成果数据，完成宜昌市典型农产品立地条件调查、土地利用、土壤类型及土地质量地球化学数据等集成分析，划分了宜昌市全域农业种植结构类型，提出了立足特色农产品和旅游资源的乡村旅游规划建议；查明了沿江规划区工程地质与水文地质条件、水土环境质量现状与主要污染物的含量分布；完成了区域地壳稳定性、地下水脆弱性和不同功能用地的土壤环境容量分析，评价了沿江规划区地质环境安全性与适宜性，形成地质环境风险区划和风险管控建议。

另外，本研究基于不同尺度差异化指标选取，提出了市-县-乡三级资源环境承载能力和国土空间开发适宜性评价技术方法，明确了从功能定位、功能传导到空间落实的不同定位；完成宜昌市、远安县和嫘祖镇市-县-乡三级资源环境承载能力与国土空间开发适宜性评价，探索了以水土环境特征为主要控制因素的工业转型城市的市级管控、县级承接、乡镇落地的资源环境承载能力和国土空间开发适宜性评价技术方法体系。

编著者

2023年11月

目　录

第一章 研究背景

第一节 自然地理

一、地理位置

宜昌市位于湖北省西南部，地处长江上游与中游的分界处，是鄂武陵山脉和秦巴山脉向江汉平原的过渡地带，“上控巴蜀，下引荆襄”。地跨东经110°15′—112°04′，北纬29°56′—31°34′，东西最大横距174.08km，南北最大纵距180.60km。东邻荆州市和荆门市，南抵湖南省石门县，西接恩施土家族苗族自治州，北靠神农架林区和襄阳市。全市现辖五区、三市、五县。截至2021年末，全市常住人口有391.01万人，全市总面积为2.10万km^2，其中市区面积为4249km^2(图1.1.1)。

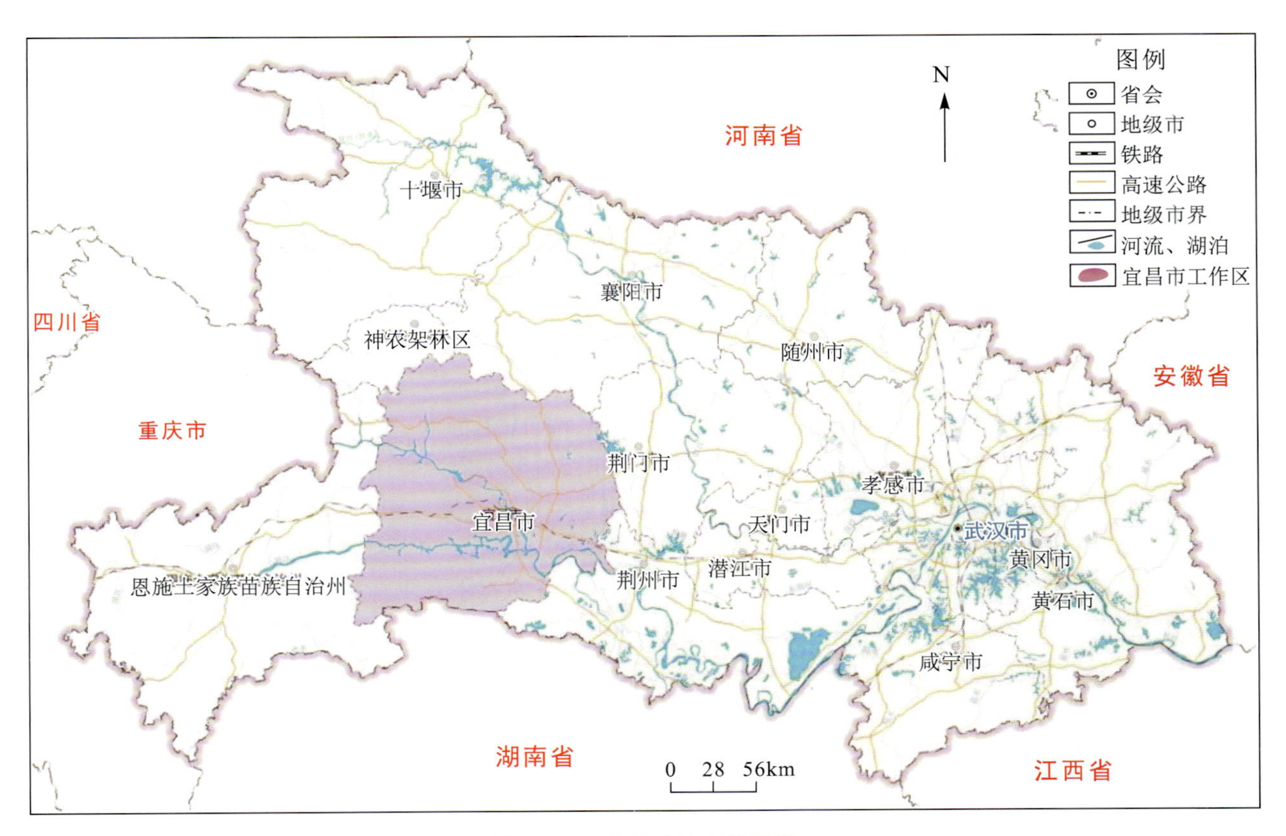

图1.1.1 宜昌市地理位置图

二、气候条件

宜昌市位于中亚热带与北亚热带的过渡地带，属亚热带季风性湿润气候，四季分明，雨热同期。多年平均降水量1 215.6mm，平均气温16.9℃，极端最高温度43.1℃(1995年9月6日，兴山县)，极端最低温度－15℃(1977年1月30日，五峰土家族自治县)。气温日较差与天气状况关系较大：雨天日较差最小，一般低于6℃；多云时，日较差9～11℃；晴天日较差最大，一般为12～14℃；日最低气温48h最大降幅达－13.1℃(11月中旬)，最大升幅达10.4℃(3月下旬)；日最高气温48h最大降幅达－20.5℃(3月中旬)，最大升幅达16.1℃(3月上旬)，详见表1.1.1。

表1.1.1 宜昌市多年平均气温及降水量

月份	1月	2月	3月	4月	5月	6月	7月	8月	9月	10月	11月	12月
历史最高温/℃	22.5	27.6	33	36.7	38.7	39.9	40.7	41.4	43.1	35.7	29.8	24.6
平均高温/℃	8.8	11.2	16	22.6	27.1	30.1	32.3	32	28.2	22.6	17	11.3
日均气温/℃	5	7.2	11.3	17.4	22.1	25.5	27.7	27.3	23.5	18.1	12.6	7.3
平均低温/℃	2.2	4.1	7.8	13.4	18.1	21.8	24.3	23.8	20.1	14.8	9.4	4.3
历史最低温/℃	－15	－4.4	－1.3	0.4	8.8	14.7	18.4	17.2	11.4	3.7	－0.9	－5.4
平均降水量/mm	24.6	39	56	89	124.4	142.2	222.8	199.1	115.3	82.1	48	18.5
平均降水天数/d	7.5	8.7	12.2	12.9	13.5	14.1	15.1	13.1	11.4	11.4	8.6	6.9
平均风速/(m·s^{-1})	1.2	1.3	1.5	1.5	1.5	1.5	1.5	1.5	1.3	1.2	1.2	1.2

三、水文水系

宜昌市境内水系均属长江流域，可分为长江上游干流水系、长江中游水系、清江水系、洞庭湖四口水系和澧水水系五大水系(图1.1.2)。除长江、清江干流外，集水面积在30km^2以上的境内河流有164条，占境内集水面积的91.5%。河流总长5089km，河网密度0.24km/km^2。集水面积大于300km^2的一级支流有14条，其中集水面积大于1000km^2的有6条(长江、清江、沮漳河、黄柏河、香溪河、渔洋河)(徐文锋，2018)。2017年全市地表水资源量为135.196 1亿m^3，地下水资源量为50.170 3亿m^3，全市地下水径流模数70.8万m^3/(a·km^2)(表1.1.2)。境内由西至东地形逐渐变缓，水资源总体分布特点为山区量多、平原量少，全市水能蕴藏量(除长江、清江外)约175万kW，可开发量约105万kW。宜昌市湖泊被纳入湖北省第一批和第二批保护名录的共有11个，集中分布在东部平原地区，其中水面面积达1km^2以上的湖泊有4个，即位于枝江市的陶家湖、东湖、太平湖、刘家湖；水面面积在1km^2以下的湖泊有7个，即位于枝江市杨家垱湖、五柳湖、党家湖、清明湖，当阳市的季家湖，宜都市的南桩桥湖、贵子湖。

图 1.1.2 宜昌市水系、流域分布图

表 1.1.2 宜昌市行政分区总水资源量对比表

行政分区	年降水量/（亿 m^3）	地表水资源量/（亿 m^3）	地下水资源量/（亿 m^3）	水资源量/（亿 m^3）	产水系数	产水模数/（万 $m^3 \cdot a^{-1} \cdot km^{-2}$）
宜都市	18.934 3	10.888 0	3.549 5	10.903 8	0.58	80.2
当阳市	22.916 2	8.609 4	2.386 8	8.787 1	0.38	41.3
枝江市	14.187 1	5.047 1	1.556 1	5.661 4	0.40	41.5
远安县	19.592 0	8.177 0	2.092 1	8.177 0	0.42	46.7

续表 1.1.2

行政分区	年降水量/（亿 m^3）	地表水资源量/（亿 m^3）	地下水资源量/（亿 m^3）	水资源量/（亿 m^3）	产水系数	产水模数/（万 $m^3 \cdot a^{-1} \cdot km^{-2}$）
兴山县	29.183 4	14.942 6	8.431 4	14.948 6	0.51	64.2
秭归县	34.624 4	18.854 8	7.383 8	18.854 8	0.54	77.8
长阳县	53.204 8	34.136 7	9.726 0	34.135 7	0.64	99.6
五峰县	40.932 9	24.625 4	6.597 7	24.625 4	0.60	104.2
夷陵区	42.157 2	20.122 6	6.543 6	20.122 6	0.48	58.6
西陵区	1.076 6	0.491 2	0.098 3	0.491 2	0.46	54.6
伍家岗区	0.808 9	0.323 3	0.073 1	0.323 3	0.40	44.9
点军区	6.142 0	3.341 4	1.601 0	3.341 4	0.54	71.9
猇亭区	1.449 3	0.579 2	0.130 9	0.579 2	0.40	44.9
全市	285.209 1	135.196 1	50.170 3	150.951 5	0.53	70.8

注：长阳土家族自治县简称“长阳县”；五峰土家族自治县简称“五峰县”。

黄柏河流域与清江流域水体中 SO_4^{2-} 含量整体较其他流域要高，可能与采矿活动有关，受入河支流的影响也较为严重。其余流域水体以 HCO_3-Ca 型或者 $HCO_3-Ca \cdot Mg$ 型为主，受地形地貌控制，各流域之间的水汽来源也存在一定差异，大部分流域水汽来源距离比香溪流域要远。同时不同支流受地下水补给程度也存在明显差异，沮漳河流域整体表现出受一定程度的蒸发影响，水汽运移途径相对较短。Na^+ 主要来源于肥料、硅酸盐的溶解，Ca^{2+} 和 HCO_3^- 主要来源于灰岩、白云岩等矿物的溶解，用 Ca^{2+}/Na^+ 与 HCO_3^-/Na^+ 关系图可以较好地反映地表水中物质的来源。河水中的 NO_3^- 主要来源于农业施用的氮肥，而 SO_4^{2+} 则主要来源于工业活动排放酸性物质的大气沉降以及地下水中石膏矿物的溶解，因此河水中的 NO_3^-/Na^+ 与 SO_4^{2+}/Na^+ 的大小反映了农业活动和工业活动的影响程度。

第二节　地质环境

一、地形地貌

宜昌市地形复杂，西高东低，最低处海拔 35m。西部山地占全市总面积的 69%，主要分布在兴山县、秭归县、长阳县、五峰县和夷陵区的西部，兴山县仙女山海拔最高，为 2427m；中部丘陵处于山地与平原的过渡地带，由低山或坡度较缓、连绵不断的高阶地经长期风化、剥蚀和切割而成；东部平原位于江汉平原西缘，枝江的杨林湖海拔 35m，为全市的最低点，占全市总面积的 10%，总体构成“七山二丘一分平”的地貌格局（图 1.2.1、图 1.2.2）。

山地峡谷地貌分布于宜昌市西部的兴山县、秭归县、长阳县、五峰县及夷陵区的西部，大部分山脉海拔在 1000m 左右，部分山脉海拔在 2000m 以上，主要由碳酸盐岩构成，发育岩溶（喀斯特）洼地、溶沟、溶槽、落水洞、岩溶洞穴、地下暗河等地貌，局部由侵入岩、变质岩及沉积碎屑岩构成。

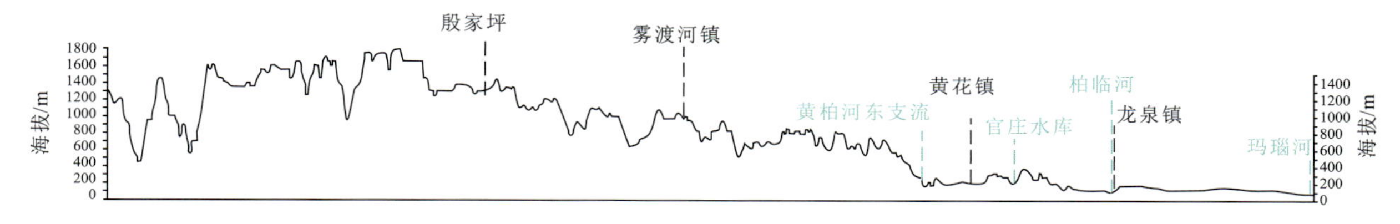

图 1.2.1 宜昌市地形地貌典型剖面图

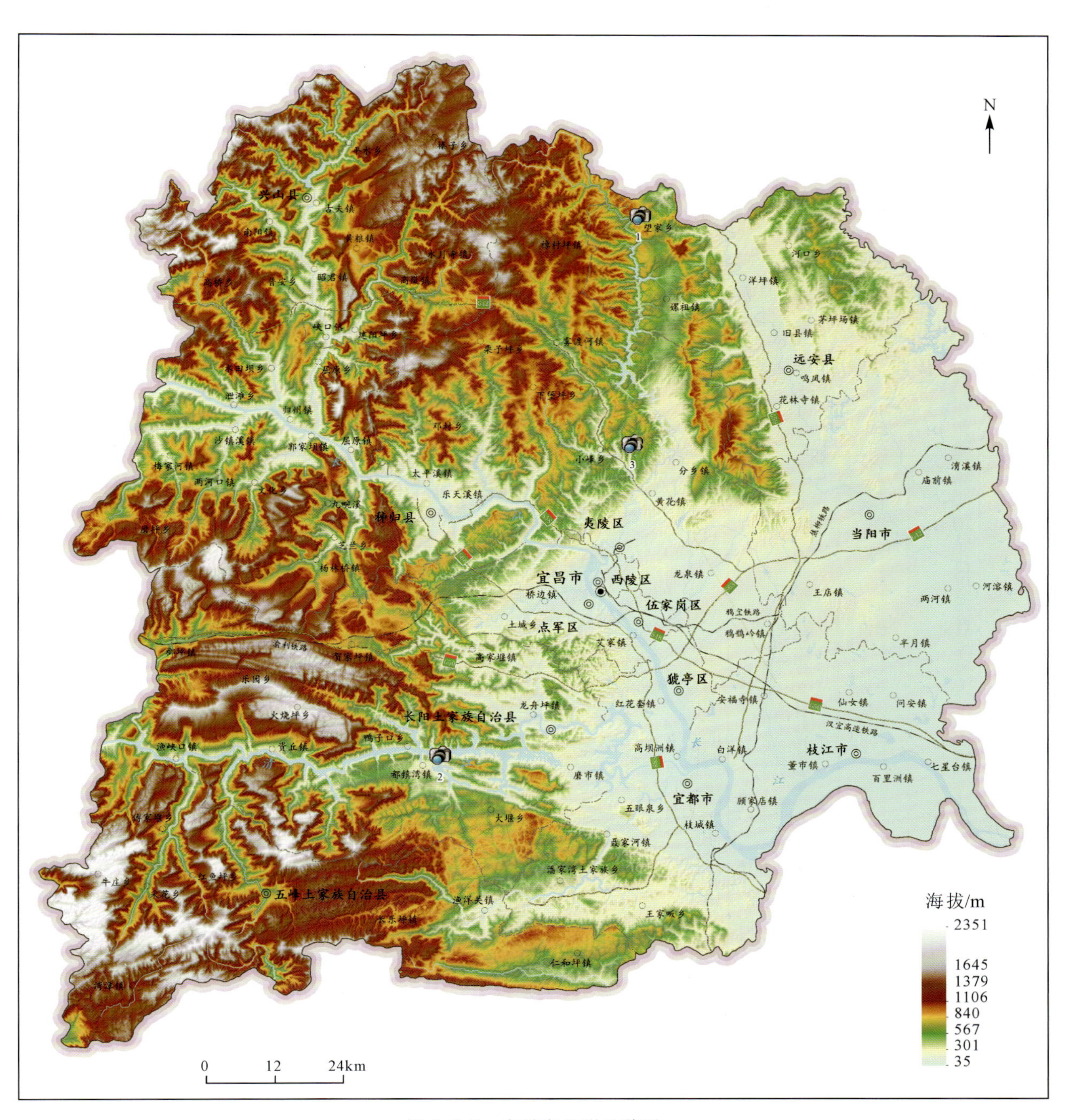

图 1.2.2 宜昌市地形地貌图

丘陵地貌处于宜昌市中部的山地与平原的过渡地带，主要分布在远安县、宜都市、夷陵区东部和当阳市北部，由低山或坡度较缓、连绵不断的高阶地经长期风化、剥蚀和切割而成，海拔100～500m，坡度5°～25°，主要由碎屑岩构成，局部由碳酸盐岩构成。

平原地貌位于江汉平原西缘，分布在枝江市，当阳市东南部，宜昌市城区东南部，沿长江、清江下游两岸，沮漳河流域谷地两侧，海拔在100m以下，主要由第四系砂石土构成。

二、地质构造

宜昌市位于扬子陆块的西部，地层区隶属于扬子地层区之上扬子地层分区，地层出露连续、齐全，从太古宙、古生代、中生代至新生代皆有不同程度分布(图1.2.3、表1.2.1)。太古宙—中元古代变质岩地层主要岩性为片岩-片麻岩等；新元古界南华系沉积岩地层为碎屑岩建造，主要岩性为砂砾岩、砂岩、杂砂岩、硅质岩等；新元古界震旦系沉积岩地层为碳酸盐岩建造，主要岩性为灰岩、白云岩等；寒武—奥陶—志留系沉积岩地层为碳酸盐岩与碎屑岩建造，主要岩性为灰岩、白云岩、粉砂岩、泥岩等；泥盆—石炭—二叠系沉积岩地层为碎屑岩建造，主要岩性为砂岩、页岩、粉砂岩等；三叠系沉积岩地层为碳酸盐岩及碎屑岩建造，主要岩性为灰岩、白云岩、粉砂岩等；侏罗系沉积岩地层为碎屑岩建造，主要岩性为砂岩、泥岩等；白垩系、古近系、新近系沉积岩地层为碎屑岩建造，主要岩性为紫红色砂岩、砾岩、砂砾岩等；第四系松散沉积岩地层为第四系砂石土建造，主要岩性为黏土、卵石、砂、砾石等；侵入岩主要为新太古代、新元古代中酸性侵入岩及少量中太古代、中新元古代(超)基性侵入岩，主要岩性为花岗岩、闪长岩、辉长岩等。

表1.2.1　区域地层表

<table>
<tr><th>界</th><th>系</th><th>统</th><th colspan="2">组</th><th>地层代号</th><th>厚度/m</th><th>描述</th></tr>
<tr><td rowspan="11">中生界</td><td rowspan="2">第四系</td><td>全新统</td><td colspan="2"></td><td>Qh</td><td>5</td><td>上部粉质砂土，下部砾石层</td></tr>
<tr><td>更新统</td><td colspan="2"></td><td>Qp</td><td>10～30</td><td>上部黏土夹砾石，下部新滩砾岩</td></tr>
<tr><td rowspan="3">白垩系</td><td rowspan="3">下统</td><td colspan="2">虎门组</td><td>K_1h</td><td>600</td><td>灰色块状砾岩</td></tr>
<tr><td colspan="2">五龙组</td><td>K_1w</td><td>364</td><td>中、上部砂岩，下部泥岩夹砾岩</td></tr>
<tr><td colspan="2">石门组</td><td>K_1s</td><td>70</td><td>上、下部砾岩，中部以泥岩为主</td></tr>
<tr><td rowspan="6">侏罗系</td><td rowspan="4">上统</td><td rowspan="4">重庆群</td><td>蓬莱镇组</td><td>J_3p</td><td></td><td>上部紫红色泥岩与砂岩互层，下部石英砂岩夹泥砾岩</td></tr>
<tr><td>遂宁组</td><td>J_3sl</td><td>456～574</td><td>上部紫红色泥岩与砂岩互层，中、下部紫红色砂岩夹泥岩</td></tr>
<tr><td>上沙溪庙组</td><td>J_3ss</td><td>749～1087</td><td>上、下部紫红色泥岩，中部紫红色泥岩与砂岩互层</td></tr>
<tr><td>下沙溪庙组</td><td>J_3xs</td><td>721～1079</td><td>上部灰绿色砂岩夹泥岩，下部紫红色泥岩夹砂岩</td></tr>
<tr><td>中统</td><td colspan="2">自流井群</td><td>$J_2Z.$</td><td>548～690</td><td>上部黄绿色泥岩夹砂岩，下部黄绿色泥岩、砂岩夹介壳灰岩</td></tr>
<tr><td>下统</td><td colspan="2">香溪群</td><td>$J_1X.$</td><td>243～643</td><td>上部石英砂岩夹页岩煤层，中部石英砂岩夹砾岩煤层，下部砂岩夹煤层</td></tr>
</table>

续表 1.2.1

界	系	统	组	地层代号	厚度/m	描述
中生界	三叠系	中统	巴东组	T_2b^3	0～487	紫红色泥岩、砂页岩
				T_2b^2	0～140	中厚层灰岩、泥灰岩
				T_2b^1	51～403	紫红色泥岩夹砂岩
			嘉陵江组	T_2j^3	133～213	结晶灰岩、角砾状灰岩数层
				T_2j^2	256～376	薄—厚层含燧石灰岩,缝合线发育
				T_2j^1	71～174	薄层板状灰岩,揉皱发育
		下统	大冶组	T_1dy	476～799	中厚层灰岩,下部泥质条带灰岩与页岩互层
上古生界	二叠系	上统	长兴组	P_2ch	57～130	上部硅质层与页岩互层,下部含燧石结核灰岩夹少许页岩
			龙潭组	P_2l	131	砂页岩夹煤层相变为灰色含燧石结核灰岩
		下统	茅口组	P_1m	24～142	含燧石结晶灰岩
			栖霞组	P_1q	175～310	中厚层结晶灰岩,具沥青气味
			马鞍山组	P_1m	0～7	页岩粉砂岩夹煤层
	石炭系	中统	黄龙组	C_2hl	0～33	厚层灰白色结晶灰岩
	泥盆系	上统	写经寺组	D_3x	0～63	石英砂岩与页岩互层夹铁矿
			黄家磴组	D_3h	0～38	石英砂岩夹页岩及铁矿
		中统	云台观组	D_2y	8～58	厚层石英砂岩
下古生界	志留系	上统	纱帽组	S_3sh	118～178	紫红色砂岩夹页岩
		中统	罗惹坪组	S_2lr	534～900	紫红色、灰绿色页岩夹石英砂岩
		下统	龙马溪组	S_1l	180～579	灰绿色页岩夹石英砂岩
	奥陶系	上统	五峰组	O_3w	14～31	页岩与硅质层互层
			临乡组	O_3l		紫红色中厚层泥灰岩
		中统	宝塔组	$O_{2-3}b$	32～58	泥灰岩龟裂灰岩
			庙坡组	O_2m		页岩夹泥灰岩
			牯牛潭组	O_2g		龟裂灰岩瘤状灰岩,下部夹少量页岩
		下统	大湾组	O_1d	98～397	泥质条带灰岩夹页岩
			红花园组	O_1h		灰岩夹生物碎屑岩
			分乡组	O_1f		生物碎屑灰岩与页岩互层
			南津关组	O_1n		深灰色块状白云质灰岩
	寒武系	上统	三游洞群	$\epsilon_3S.$	212～624	灰色厚层白云质灰岩,含燧石结核
		中统	覃家庙群	$\epsilon_2Q.$	159～630	薄—厚层白云岩、白云质灰岩、泥质条带灰岩
		下统	石龙洞组	ϵ_1shl	159～195	泥质条带灰岩、灰岩夹蛹状灰岩
			石牌组	ϵ_1shp	198	页状砂岩夹灰岩
					142	薄层灰岩夹页岩
					134	砂质页岩,底部碳质页岩

续表 1.2.1

<table>
<tr><th>界</th><th>系</th><th>统</th><th>组</th><th>地层代号</th><th>厚度/m</th><th colspan="2">描述</th></tr>
<tr><td rowspan="7">元古宇—太古宇</td><td rowspan="7">前震旦系</td><td rowspan="2">上统</td><td>灯影组</td><td>Z_2Є$_1d$</td><td>198～1380</td><td colspan="2">厚层白云质灰岩夹灰岩</td></tr>
<tr><td>陡山沱组</td><td>Z_1d</td><td>55～124</td><td colspan="2">灰岩与碳质页岩互层，含燧石结核</td></tr>
<tr><td rowspan="2">下统</td><td>南沱冰碛岩</td><td>Z_1n^2</td><td>20～159</td><td colspan="2">上部暗绿色含砂泥页岩，下部砾岩</td></tr>
<tr><td>南沱砂岩组</td><td>Z_1n^1</td><td>0～65</td><td colspan="2">中上部石英砂岩夹页岩，下部砾岩</td></tr>
<tr><td rowspan="3">崆岭群</td><td>庙湾组</td><td>AnZm</td><td>173～587</td><td>以云母角闪片岩以及石英角闪片岩为主，夹石墨绿泥石片岩</td><td rowspan="3">以中—酸性杂岩为主，次为中—超基性岩脉</td></tr>
<tr><td>小以村组</td><td>AnZx</td><td>488～685</td><td>上部角闪片岩与二云母片岩互层及以石英角闪岩为主，下部大理岩、石英岩</td></tr>
<tr><td>古村坪组</td><td>AnZg</td><td>790～981</td><td>上部以云母石英片岩与云母片岩互层为主，夹角闪片岩，下部片麻岩</td></tr>
</table>

三、矿产资源

截至2021年底，宜昌市矿产资源达88种(含亚种)(图1.2.3)，其中已查明矿产资源储量48种，已开发利用44种。全市有矿床点740个，已探明的大型矿床46个，中型矿床59个。锰、磷、铬、汞、石墨、玻璃硅质矿位于湖北省前列。全市磷矿保有资源储量达40亿t以上，晶质石墨矿保有资源储量143.96万t，页岩气目标区P50总地质资源量7 945.88亿m^3。据2012—2013年湖北省矿山地质环境调查成果，矿山地质环境影响区可划分为：严重区6处，面积602.73km^2；较严重区19处，面积654.58km^2。宜昌市矿山有569处采矿权，其中非金属矿矿山367处、金属矿山202处，而铁矿山则高达80处，占金属矿山总数的39.60%。

截至2021年底，全市废弃硫铁矿18处、高磷铁矿61处，共计79处，其中，大型1处、中型13处、小型39处、矿化点26处。目前，全市仅剩夷陵区双龙山铁矿1处(高磷铁矿)仍在开采(图1.2.4)。宜昌市废弃铁矿山均为20世纪末至21世纪初因生产规模和铁矿品位不达标、不满足生态环保要求而停产的铁矿山，现在遗留的生态环境问题较为突出。

四、水文地质

宜昌市内地下水的运移主要受地形、地貌、岩性以及构造条件的控制，多沿裂隙、孔隙以及构造线向地形地貌交接地带运移，运移速度受裂隙、岩溶发育程度以及孔隙大小连通性影响(图1.2.5)。首先，以补给量而论，山区岩溶发育的碳酸盐岩地区接受降水补给较多。同时，岩溶管道发育，因而表现为流量与动态变化受降水量影响大，且变化幅度大、运移速率快，水量水位季节变化明显；天然条件下，受松散岩类孔隙水、碎屑岩类裂隙孔隙水、基岩类裂隙水影响，接受降水入渗补给量较小，因而表现为流量及

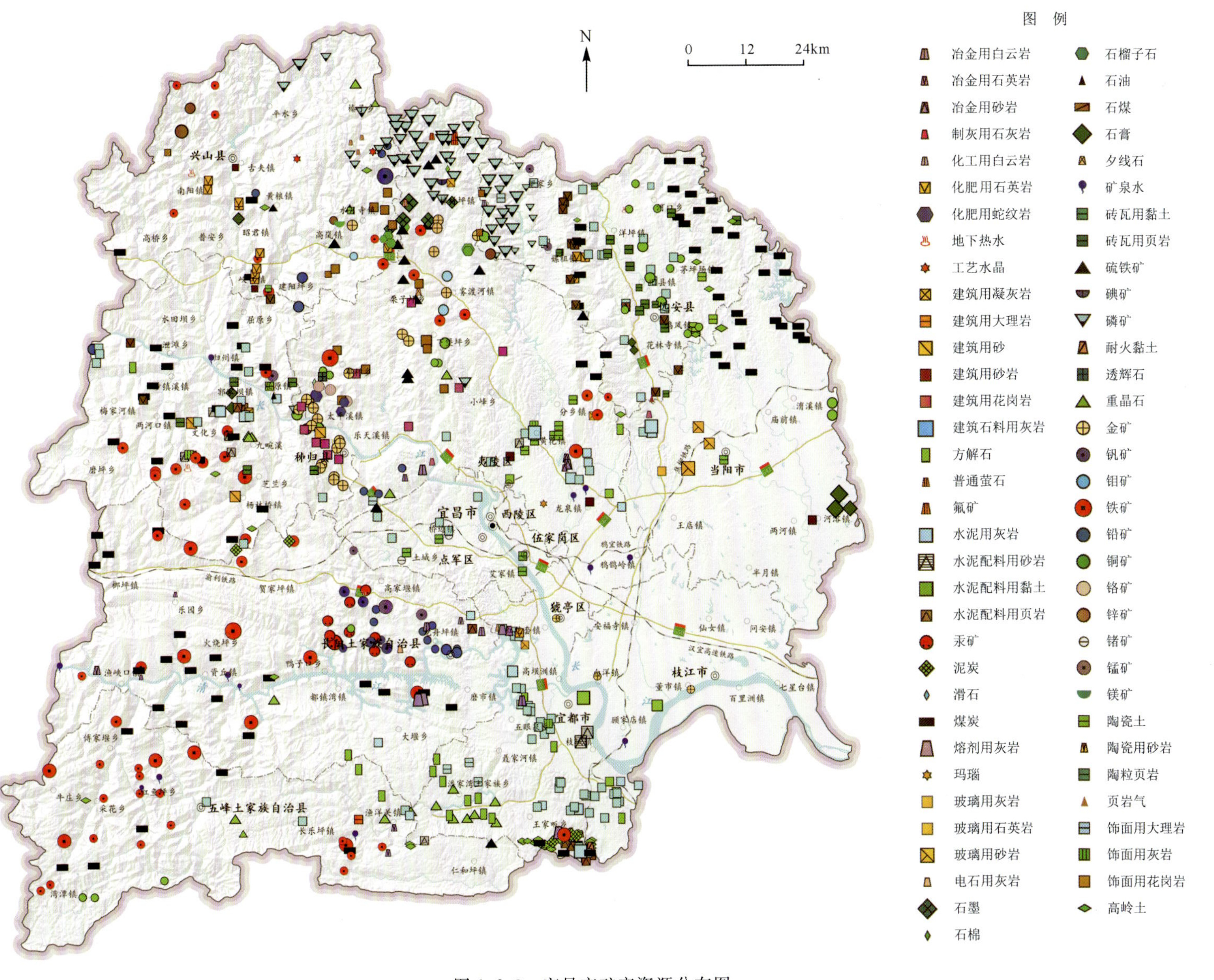

图 1.2.3 宜昌市矿产资源分布图

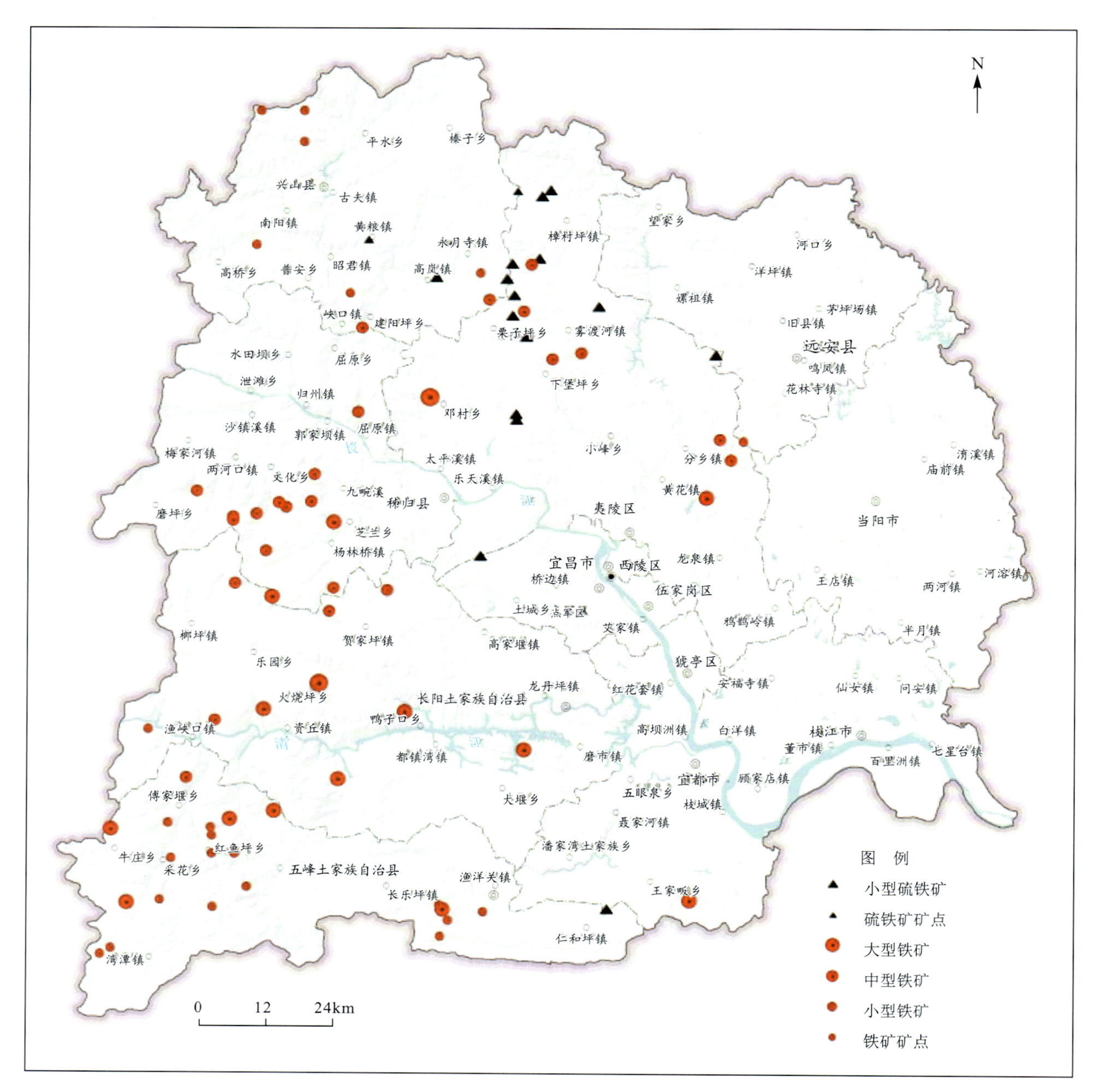

图 1.2.4　宜昌市铁矿山分布示意图

动态变化受季节影响均小。2005—2018 年宜昌市地下水资源量平均为 41.13 亿 m^3，宜昌市地下水资源量占全市水资源总量的 34.78%。

1. 地下水类型

参照历史资料及前人成果，宜昌市地下水类型可分为松散岩类孔隙水、碎屑岩类裂隙孔隙水、基岩类裂隙水、变质岩类裂隙水、碳酸盐岩类裂隙溶洞水 5 类，简述如下。

（1）松散岩类孔隙水。松散岩类孔隙水主要赋存于第四系松散岩类地层孔隙中，主要分布于当阳市、枝江市以及宜昌市西陵区以南的长江两岸第四系覆盖区。钻孔涌水量普遍为 100～1500m^3/d，富水性强，其中当阳市第四系覆盖区富水性最强。

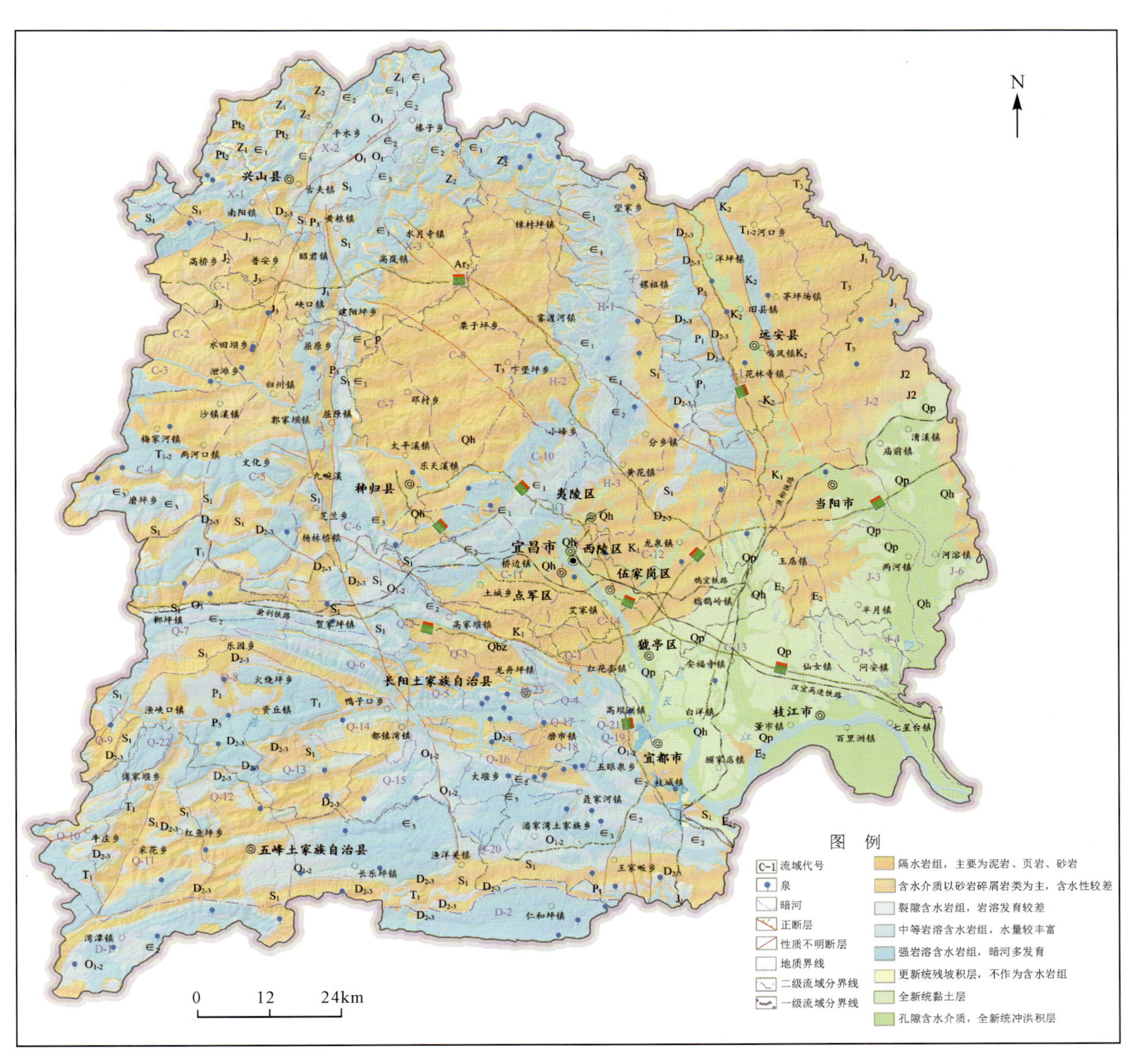

图 1.2.5 宜昌市水文地质图

(2)碎屑岩类裂隙孔隙水。碎屑岩类裂隙孔隙水主要赋存于白垩系、古近系、新近系沉积岩地层的孔隙、裂隙中，主要分布于宜昌市点军区、夷陵区、西陵区、伍家岗区、远安县西部及当阳市西部区域。钻孔涌水量普遍为 48～480m^3/d，富水性差，其中点军区、伍家岗区局部地段富水性稍强。

(3)基岩类裂隙水。基岩类裂隙水主要赋存于侏罗系、三叠系、泥盆系沉积岩地层裂隙及侵入岩裂隙中，主要分布于秭归县、远安县东部沉积岩地层覆盖区及黄陵结晶基底区南部，呈条带状零星分布于五峰县、长阳县局部区域，呈片状分布于夷陵区黄陵结晶基底区南部。泉流量普遍为 480～960m^3/d，富水性中等。

(4)变质岩类裂隙水。变质岩类裂隙水主要赋存于黄陵结晶基底的太古宙—元古宙变质岩裂隙中，主要分布于夷陵区西部的黄陵结晶基底北部区域。泉流量 48～960m^3/d，富水性中等。

(5)碳酸盐岩类裂隙溶洞水。碳酸盐岩类裂隙溶洞水分两类：纯层型和互层/夹层型。碳酸盐岩类裂隙溶洞水赋存于寒武—奥陶系、二叠系中，水量整体较丰富，发育大泉、暗河，泉流量一般为 960～

$4800m^3/d$，具有良好的供水意义。

2. 地下水补径排特征

研究区地下水类型主要为潜水，受大气降水补给。它的补给方式大体可分为两种：一种为降雨直接或间接形成地面片状流，通过微细孔隙、裂隙和溶隙或壤土、风化层，分散缓慢下渗补给；另一种则是降雨形成地面片状或线状水流，经岩溶洼地、槽谷等封闭和半封闭地形汇聚进入落水洞进行集中快速补给。对碳酸盐岩类裂隙溶洞水来说，这两种补给方式大多是并存的，以补给量而论，则以后者为主，因而表现为流量大，动态变化亦大；对松散岩类孔隙水、碎屑岩类裂隙孔隙水、基岩类裂隙水、变质岩类裂隙水来说，补给形式则为前者，因而表现为流量及动态变化均小。

山区丘陵地下水的运移主要受地形地貌的控制，从总的循环运动来说，在分水岭地带接受降水入渗补给，形成各种形式的地下径流，向洼地、河谷运动。在整个循环过程中不断有地表水的垂直汇入和地下水的侧向补给，径流量逐渐增加，在排泄区以泉和地下河的形式排出地表。平原区地下水运移主要在连通性较好的孔隙中径流，有的下渗补给，有的直接地表排泄。

宜昌市全域内地下水呈低矿化度淡水，矿化度为0.015～1.420mg/L，仅有一组为地热水，总溶解固体（total dissolved solids，TDS）大于1mg/L，其余均小于1mg/L，pH值一般为5.0～9.1，呈弱酸性至弱碱性，地下水的溶解氧（dissolved oxygen，DO）一般为2.31～12.71mg/L。地下水的水化学类型与降水来源与所在地层的背景有关，该地区主要水化学类型为HCO_3－Ca型与CO_3－Ca·Mg型。由于埋藏条件与地下水滞留时间的差异，三叠系（T_1j—T_2b）的碳酸盐岩以及侏罗系（J_3p—J_3s）的碎屑岩类裂隙水中存在富Sr^{2+}矿泉水，特别是碳酸盐岩类裂隙中的富Sr^{2+}矿泉水具有较好的开发价值。但是，受地层岩性及水循环条件的控制，部分碎屑岩类以及侵入岩裂隙水中铁离子含量较高。总的来说，境内地下水矿化度低，水质好，能满足工农业用水需求。局部地区受矿山开采以及人类活动影响，部分花岗岩裂隙地下水中的Fe^{2+}、Fe^{3+}、SO_4^{2-}含量较高，地下水pH值低。

五、生态地质

宜昌市全域生态系统类型可分为农田生态系统、聚落生态系统（城镇生态系统）、水体与湿地生态系统、森林生态系统4种。成土母质依据成因类型和风化岩石类型可以分为第四纪成土母质、红色砂岩母质、紫色砂岩、砾岩母质、石英砂岩母质、泥岩母质、花岗岩母质和碳酸盐岩母质8种。

地形地貌、地层岩性和地质构造决定了气候特征、水文循环下垫面特征、地下水循环路径、成土母质类型及其地球化学特征等生态地质条件影响因素。宜昌市分为岩浆岩类生态地质区、碳酸盐岩类生态地质区、碎屑岩类生态地质区和第四系松散岩类生态地质区四大类。依据地层岩性和生态系统类型，宜昌市又可以分为松散岩类聚落区、松散岩类农田区、松散岩类水体与湿地区、松散岩类森林区、碎屑岩类聚落区、碎屑岩类农田区、碎屑岩类森林生态系统区、碎屑岩类水体与湿地生态系统区等16个生态地质类型。

按照资源禀赋和问题风险条件，建立了基于母岩（母质）、地貌、生态系统的生态地质分区，编制了生态地质档案，生态地质分区共1279个，分为8类、114个亚类，建立了宜昌市生态地质基础数据库（图1.2.6）。

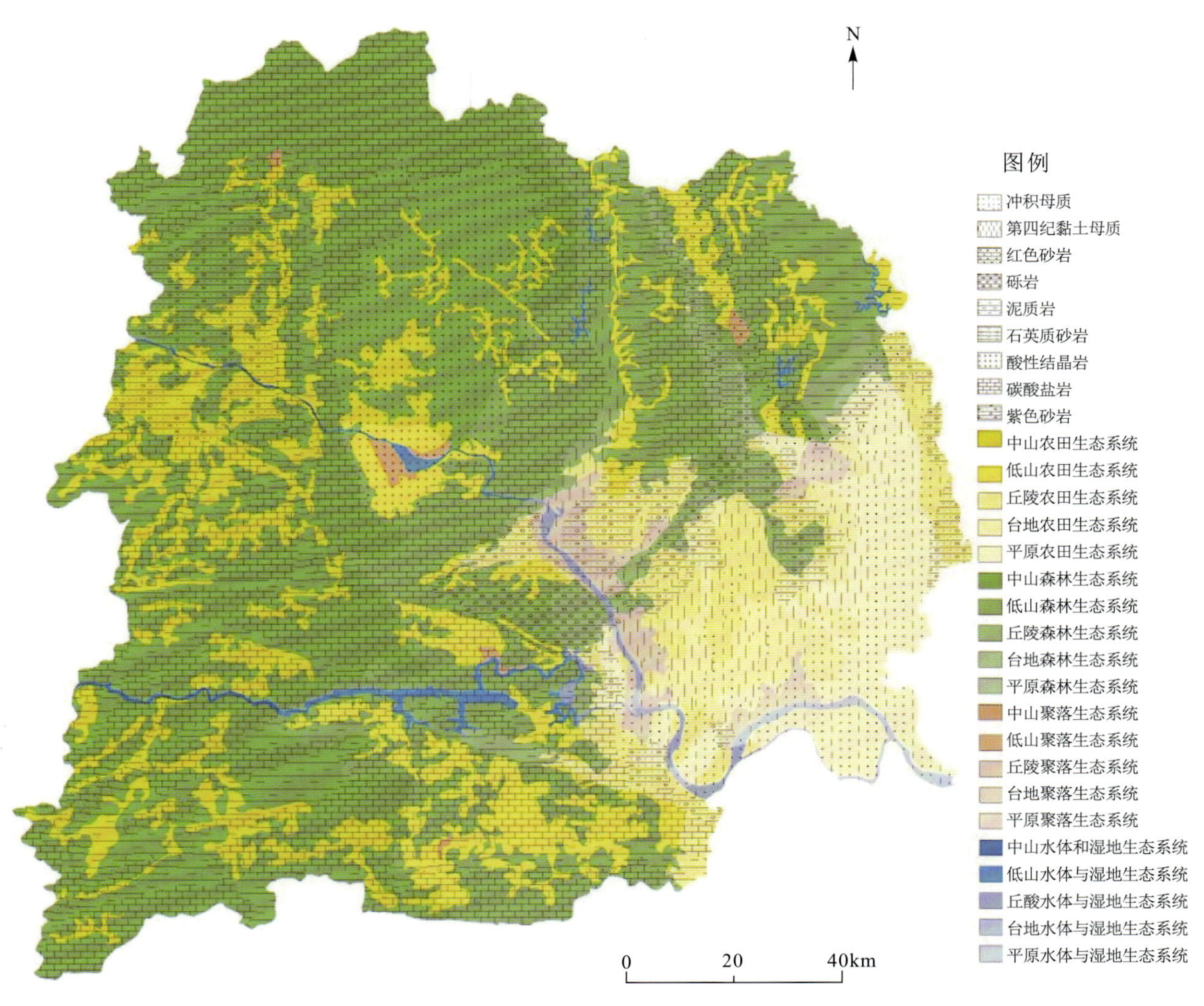

图 1.2.6　宜昌市生态地质分区图

第三节　社会经济

一、行政区划

宜昌市辖 13 个县市区，即远安县、兴山县、秭归县、长阳县、五峰县、宜都市、枝江市、当阳市、夷陵区、西陵区、伍家岗区、点军区、猇亭区，共设 20 个乡、67 个镇、23 个街道。

截至 2021 年末，全市常住人口 391.01 万人，户籍人口 387.89 万人。全年出生人口 1.87 万人，出生率 4.8‰；死亡人口 2.78 万人，死亡率 7.2‰；自然增长率－2.4‰。全年城镇常住居民人均可支配收入 41 030 元，比上年增长 10.2%；农村常住居民人均可支配收入 20 764 元，比上年增长 12.2%。城镇居民人均消费性支出 26 480 元，比上年增长 21.1%。农村居民人均生活消费支出 17 065 元，比上年增长 21.9%(图 1.3.1)。

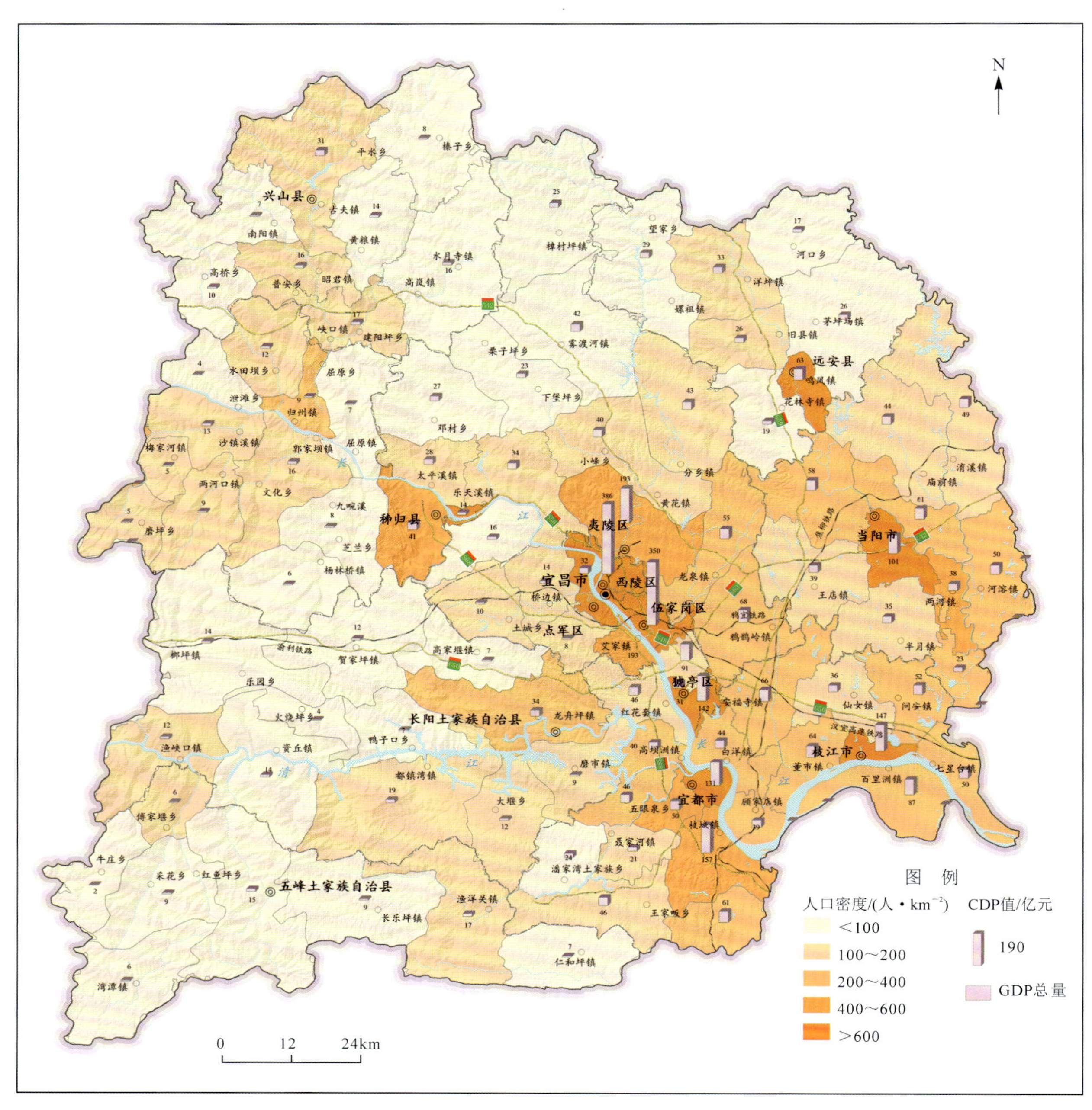

图 1.3.1　宜昌市人口与GDP统计分布图

二、产业经济

截至2021年底，全市实现地区生产总值5 022.69亿元，跨越5000亿元台阶，按可比价格计算比上年增长16.8%。其中，第一产业增加值为548.94亿元，增长了14.7%；第二产业增加值为2 103.36亿元，增长了20.5%；第三产业增加值为2 370.40亿元，增长了14.1%。三次产业结构由上年的11.0∶40.2∶48.8调整为10.9∶41.9∶47.2。全市实现外贸进出口总额338.50亿元，总量首次突破300亿元，比上年增长64.2%。全市实际外商直接投资16 892.68万美元，比上年增长19.4%。

全市拥有各类文化艺术事业机构266个，其中文化事业机构186个，艺术事业机构18个，剧场、影剧院29个，博物馆纪念馆18个，公共图书馆15个。全市公共图书馆总藏书4 020.4千册。广播综合人口覆盖率为100%；电视综合人口覆盖率为100%。全市共有卫生机构2636个（含村卫生所），其中医院、卫生院184个，妇幼保健院（所、站）10个，疾病预防控制中心（防疫站）14个，卫生监督局（所）10个。

全市参加城镇基本养老保险、基本医疗保险、失业保险、工伤保险和生育保险的人数分别为141.11万人、382.13万人、63.70万人、70.20万人和56.98万人。全市城镇新增就业人数8.34万人，失业人数4.45万人，城镇登记失业率为2.8%。

三、交通运输

截至2021年，全市既有铁路32条共538km。其中，国家铁路5条343.6km，分别是焦柳客货铁路、鸦宜铁路（鸦鹊岭至晓溪塔）、鸦南联络线（鸦宜线与焦柳线接轨）、宜万铁路、汉宜铁路客运专线。地方铁路1条，即紫云姚铁路36.7km；企业专用铁路26条，共计157.8km，主要为松宜铁路、枝港铁路等。

全市公路总里程38 210km，比上年增加1281km，位居全省第一。公路密度179.7km/100km^2，增加5.8km/100km^2。全市拥有公共交通汽车运营线路138条，运营线路总长度1964km。

全市内河航道通航里程678km（含辖区内长江部分里程），其中干流航道232km，支流航道446km；全市持有有效港口经营许可证码头81个、泊位181个，完成港口货物吞吐量1.15亿t，完成集装箱吞吐量15.14万标准箱。

全年民航旅客吞吐量完成220万人，邮政行业业务总量完成17.0亿元，快递业务量完成11 417万件。

全市完成交通固定资产投资224.4亿元。其中，公路建设114.2亿元，水运建设8.3亿元，仓储物流建设51.2亿元，铁路航空建设50.8亿元。

四、生态旅游

宜昌市种子植物达5582种，物种数量占全国种子植物的1/7，其中1630种为中国特有。全市已知陆生脊椎动物610种，其中国家级、省级保护动物177种。

宜昌市森林资源丰富，生物种类呈多样性。全市林业用地面积2203万亩（1亩≈666.67m^2），占国土总面积的70%，森林覆盖率（不含灌木林）达到55.3%，活立木蓄积量3986万m^3。全市森林公园11个（柴埠溪大峡谷风景区、后河国家森林公园、大老岭自然保护区等），其中国家级6个、省级3个、市级2个，面积75万亩。全市建成国家级自然保护区1个（后河国家森林公园）、省级自然保护区1个（大老岭自然保护区）、省级自然保护小区34个、市级自然保护小区3个、市级湿地自然保护区13个，保护面积273万亩，占全市森林面积的16%。

宜昌市风光旖旎，是全国11个重点旅游城市之一，位居全国首批公布的40家旅游城市之首，全市总共拥有各类旅游景点747处，已开放的旅游点有350多处，AAA级及以上级别旅游景点共计41处，有以自然景观著称的清江画廊旅游度假区、柴埠溪大峡谷风景区、九畹溪旅游区、三游洞风景区等，有以历史人文风情著称的三峡人家风景区、屈原故里文化旅游区、车溪民俗风景区、猇亭古战场旅游区、三国古战场旅游区等，有以改造自然工程著称的三峡大坝旅游区、葛洲坝旅游区等。

第四节 发展规划

面向未来，坚定“一优两高”的发展理念，立足国际视野、履行国家使命、彰显宜昌韵味，规划畅想

2050年的宜昌应该成为"多元动力、多样生活、多彩风景的世界水电旅游名城"，通过更高标准的生态文明建设、更足动力的高质量发展、更高品质的生活营造，把宜昌市建设成为长江生态大保护的样板、具有国际影响力的世界水电旅游名城、长江经济带区域中心城市、具有活力的高品质生活的长江生态名城。

一、近期发展规划

做特做美，提升区域吸引力和影响力。2025年以前是宜昌市提升区域吸引力和影响力的重要阶段。这一阶段宜昌市的发展目标为GDP总量达到4500亿元，城镇化水平达到63%左右。在产业发展上，产业提质与产业结构调整是主要任务，坚持创新驱动、强化优势，全域大旅游、做优大数据，构建生物健康、新材料与先进装备制造的三大科技产业簇群，升级大物流，成为宜昌市的主导产业。在城市服务层面，重点补足城乡公共服务短板，优化城镇化发展路径，培育宜昌市的吸引力。在国际化品牌塑造上，宜昌市将围绕三峡品牌，梳理特色资源、培育特色功能。在迎接中国共产党成立100周年的第一个"百年"之际，宜昌市成为全国建成小康社会的示范性城市，全面落实湖北省"一芯两带三区"战略格局，动能转换成效明显，城乡居民生活服务水平得到极大提高。

二、中期发展规划

做强竞争力，建设高质量的中心城市。2025—2035年是宜昌市提升区域引领能力、建设长江经济带中上游高质量中心城市的关键时期。这一阶段宜昌市人口发展将保持一定程度的增量，作为功能提升和引领区域的支撑，结合现行总体规划预测，至2035年全市常住人口约达到540万人。这一阶段宜昌市的发展目标为GDP总量达到8500亿元，城镇化水平达到75%左右，城镇人口达到390万人。宜昌市的对外开放格局基本稳定，国际化功能逐步培育，区域中心城市作用得到充分发挥。多元化的"四大"产业体系基本形成，"大旅游、大数据、大制造、大物流"助力宜昌市高质量发展。在城市服务层面，城乡服务能级快速提升，城市吸引力显著提高，对境外游客、境外企业、境外人才的吸引力快速提升。

三、长期发展规划

特色国际化，提升国际影响力。2035—2050年是宜昌市依托特色品牌、提升国际影响力和国际引领能力的重要时期。这一阶段全市人口总量稳定，结构逐渐优化，考虑到宜昌市提升区域辐射能力，人口在区域辐射核心范围内流动将更加频繁与便捷。考虑到人口老龄化与生育率提升有限的问题，预测至2050年宜昌市全域常住人口稳定在500万人左右。这一阶段宜昌市的发展目标为GDP总量达到15 000亿元，城镇化水平达到80%左右，城镇人口达到400万人。在国际方面，培育一批具有国际影响力的特色产品，在农产品、旅游、国际交往、先进制造等领域形成一系列国际品牌，成为有特色的国际城市。依托铁路、水路联运的国际门户，积极加大对外开放大的格局，实现宜昌市走出去与引进来的目标。在城市服务层面，城乡高品质服务体系构建完成，各类人群都能在宜昌市享受到高品质多元化的生活服务、休闲服务、运动服务、健康服务。在迎接中华人民共和国成立100周年的第二个"百年"之际，宜昌市将成为全国代表富强、民主、文明、和谐、美丽的典范性城市，成为具有国际影响力和吸引力的内陆城市。

第五节　研究意义

党的十八大对生态文明建设做出了战略部署，党的十八大、十九大和二十大都明确要求紧紧围绕建设美丽中国深化生态文明体制改革，加快建立生态文明制度，健全国土空间开发、资源节约利用、生态环境保护机制，推动形成人与自然和谐发展现代化建设新格局。2014 年，宜昌市成功入选全国首批生态文明先行示范区，明确以探索实行资源有偿使用制度和建立流域综合治理的政策机制为核心任务，以可复制、可推广为基本要求，围绕破解长江流域矿业型城市生态文明建设的瓶颈制约，大力推进制度创新，为长江流域乃至全国生态文明建设积累经验。

2018 年，自然资源部中国地质调查局立即落实习近平总书记在深入推动长江经济带发展座谈会上的重要讲话精神，坚持生态优先、绿色发展，着力解决历史矿业开发导致的生态环境地质问题突出、水资源丰富但水生态环境现状严峻、绿色生态农业发展支撑生态移民和乡村振兴等难题，亟待开展国土空间开发适应性评价和资源环境承载能力评价，支撑资源环境监管、国土空间规划优化布局和智慧城市发展。

2019—2021 年，中国地质调查局部署实施宜昌市生态文明示范区综合地质调查和资源环境承载能力调查评价工作，着力围绕长江经济带“化工围江”的核心问题开展重点流域生态保护与修复、磷矿开采和综合利用、化工产业科学合理布局、现代矿业发展、特色农业发展和生态旅游等过程中关键地质问题研究，切实做好生态文明示范区在“共抓大保护、不搞大开发”推动绿色发展的地质支撑作用，统筹部署开展宜昌市生态文明示范区综合地质调查工作，着力破解矿业型城市绿色发展中的流域综合治理难题。

开展宜昌市生态文明示范区综合地质调查和评价工作，支撑服务国土空间规划和用途管制、生态保护和修复，对推进宜昌市生态文明建设实现人与自然和谐发展具有重要的政治和经济战略意义，具有地质工作为地方社会经济发展和生态文明建设服务的示范意义。

第二章　水资源与水环境

宜昌市位于扬子陆块的西部，地层出露连续、齐全，广泛分布碳酸盐岩、碎屑岩，黄陵背斜及周边分布侵入岩和变质岩地层，东部发育第四系松散砂石土，形成了宜昌市复杂的水文地质背景条件，地下水类型划分为松散岩类孔隙水、碎屑岩类裂隙孔隙水、基岩类裂隙水、变质岩类裂隙水、碳酸盐岩类裂隙溶洞水五大类。为查明全域水土环境特征，对地表水与地下水进行统筹以计算各流域系统水资源量，以此为基础再进行水环境调查并获取其动态特征分析，提出全域水资源开发利用与保护对策建议，为后续国土空间开发利用奠定基础。我们将从水文地质条件、流域系统划分、水资源量评价、水环境及动态变化特征和水资源开发利用与保护5个方面进行介绍。

第一节　水文地质条件

一、地下水类型

宜昌市地下水类型划分为五大类，分别是松散岩类孔隙水、碎屑岩类裂隙孔隙水、基岩类裂隙水、变质岩类裂隙水、碳酸盐岩类裂隙溶洞水，含水性分区见表2.1.1，含水层的分布见图2.1.1。

表2.1.1　宜昌市地下水类型及含水性分区表

地层/单元	代号	地下水类型	含水性
第四系	Q	松散岩类孔隙水	弱
遂宁组	J_3sn	碎屑岩类孔隙裂隙孔隙水	弱
沙溪庙组	J_3sx	碎屑岩类裂隙孔隙水	弱
千佛崖组	J_2q	碎屑岩类裂隙孔隙水	弱
桐竹园组	J_1t	碎屑岩类裂隙孔隙水	弱
九里岗组	T_3j	碎屑岩类裂隙孔隙水	弱
巴东组	T_2b	碎屑岩类裂隙孔隙水	极弱
嘉陵江组	T_1j	碳酸盐岩裂隙溶洞水	强
大冶组	T_1d	碳酸盐岩裂隙溶洞水	较强
茅口组	P_1m	碳酸盐岩裂隙溶洞水	较强
栖霞组	P_1q	碳酸盐岩裂隙溶洞水	较强
云台观组	D_2y	碎屑岩类裂隙孔隙水	极弱

续表 2.1.1

地层/单元	代号	地下水类型	含水性
纱帽组	S_3sh	相对隔水层	
罗惹坪组	S_2lr		
新滩组	S_1x		
龙马溪组	S_1l		
宝塔组	$O_{2-3}b$	碳酸盐岩类裂隙溶洞水	较强
牯牛潭组	O_2g	碳酸盐岩夹碎屑岩类裂隙溶洞水	较强
南津关组	O_1n	碳酸盐岩类裂隙溶洞水	较强
娄山关组	ϵ_2O_1l	碳酸盐岩类裂隙溶洞水	强
覃家庙群	$\epsilon_2Q.$	碳酸盐岩夹碎屑岩类裂隙溶洞水	中等
石龙洞组	ϵ_1shl	碳酸盐岩类裂隙溶洞水	较强
天河板组	ϵ_1t	碳酸盐岩类裂隙溶洞水	较强
石牌组	ϵ_1shp	相对隔水层	
牛蹄塘组	ϵ_1n		
灯影组	$Z_2\epsilon_1d$	碳酸盐岩类裂隙溶洞水	强
陡山沱组	Z_2d	碳酸盐岩夹碎屑岩类裂隙溶洞水	中等
南沱组	Z_1n	相对隔水层	
黄陵组	Pt_3h	碎屑岩类裂隙孔隙水	弱—极弱

宜昌市全域出露的地层总体以碳酸盐岩为主，碳酸盐岩类裂隙溶洞水是宜昌市境内最主要的地下水资源赋存空间。受沉积环境和构造的控制，碳酸盐岩岩层自下而上（由老到新）泥质、碳质和硅质等非可溶岩组分含量逐渐减少，沉积相的沉积环境逐渐趋于稳定，单层厚度和连续厚度逐渐增大。因此下部老地层以非碳酸盐岩或不纯碳酸盐岩夹非碳酸盐岩为主，或以碳酸盐岩薄层或碳酸盐岩与非碳酸盐岩互层和夹层的形式出现，向上逐渐过渡为连续的不纯碳酸盐岩和连续的纯碳酸盐岩地层，或为单一的纯碳酸盐岩或厚层的碳酸盐岩。

根据各地层的物质成分、厚度和组合关系，可以将本区地层划分为纯碳酸盐岩岩组、不纯碳酸盐岩岩组、不纯碳酸盐岩夹非碳酸盐岩岩组和非碳酸盐岩岩组 4 种类型。不同类型的岩组岩溶发育形式和发育程度分别如下。

（1）纯碳酸盐岩岩组：一般岩溶极为发育，多见大型溶洞和地下暗河，如上寒武统三游洞组和中寒武统覃家庙组及下奥陶统红花园组、分乡组、南津关组上段地层。南阳—泄滩地区出露的可溶岩地层为寒武—奥陶系、二叠—三叠系，厚度大于 1km，以黄龙山南侧靠近高桥断裂带附近岩溶较为发育，地表以岩溶洼地加落水洞的形式出现，地下岩溶以溶洞的形式出现。岩溶的发育与断层的分布较为密切。

（2）不纯碳酸盐岩岩组：该岩组由于在本区地层倾角较大，且出露面积较少，岩溶发育较弱，以溶蚀裂隙为主，如中上奥陶统的大湾组、牯牛潭组、庙坡组、宝塔组以及临乡组。

（3）不纯碳酸盐岩夹非碳酸盐岩岩组：岩溶一般发育较弱，多以溶蚀裂隙为主。

（4）非碳酸盐岩岩组：岩溶不发育，以裂隙为主，如下寒武统石牌组和上侏罗统沙溪帽组及下白垩统五龙组，由于本区非碳酸盐岩岩组以页岩为主，裂隙多呈闭合状态，含水性及透水性较差，可视为相对隔水层。南阳—泄滩地区出露的可溶岩地层岩性为三叠系巴东组第二段（T_2b^2）白云岩及白云质灰岩。岩

图 2.1.1 宜昌市水文地质图

溶发育程度不高，仅发育少量的岩溶泉，流量为 0.02～0.18L/s，未见溶洞等岩溶现象发育。

这些含水层中的碳酸盐岩类裂隙溶洞水又可分为两类：岩溶管道水和岩溶裂隙水。岩溶管道水主要分布在下寒武统、中下奥陶统和三叠系大冶组、嘉陵江组纯度较高或厚度较大的碳酸盐岩地层中，岩溶裂隙水主要分布在纯度较低或厚度较小的碳酸盐岩地层中。

二、地下水补径排特征

1. 地下水补给特征

区内地下水主要受大气降水补给。补给方式大体可分为两种：一种为降水直接或间接形成地面片状流，通过微细孔隙、裂隙和溶隙或壤土、风化层，分散缓慢下渗补给；另一种则是降水形成地面片状或线状水流，经岩溶洼地、岩溶槽谷等封闭和半封闭地形汇聚进入落水洞而集中快速补给。对碳酸盐岩类裂隙溶洞水来说，这两种补给方式多是并存的，地下水主要受到大气降水通过落水洞和岩溶洼地进行补给，但以补给量而论，则以后者为主，因而岩溶含水层中的地下水表现为流量大、动态变化亦大；对松散岩类孔隙水、碎屑岩类裂隙孔隙水、基岩类裂隙水、变质岩类裂隙水来说，补给形式则为前者，因而地下水流量及动态变化均小。

2. 地下水径流特征

地下水的运移主要受地形地貌的控制，从总的循环运动来说，在分水岭地带接受降水入渗补给，形成各种形式的地下径流向洼地、河谷运动。在整个循环过程中不断有地表水的垂直汇入和地下水的侧向补给，径流量逐渐增加，在排泄区以泉和地下河的形式排出地表。平原区地下水运移主要在连通性较好的孔隙中径流，有的下渗补给，有的直接地表排泄。

3. 地下水排泄特征

岩溶含水层中地下水以泉点形式呈点状或带状方式排泄入河流，转换为地表水，或者地表河流在流经岩溶发育地层过程中，地表流量逐渐减小，向地下径流转化，在流出碳酸盐岩地层后向地表排泄，主要分布在宜昌市清江流域、香溪河流域和部分黄柏河流域中。水量整体较丰富，发育大泉、暗河，流量一般为 960～4800m^3/d，具有良好的供水意义。

第二节　流域系统划分

宜昌市地处鄂西山地与江汉平原的过渡地带，地貌类型多样，自西向东依次为基岩中低山区、低山丘陵区和丘陵平原区。山区地形切割强烈，水系发育，水循环交替强烈，区内广泛分布震旦—侏罗系的碳酸盐岩-碎屑岩相间出现的沉积地层，碳酸盐岩地层岩溶发育强烈，岩溶水资源十分丰富。受地质构造、地形条件的共同控制，不同时代的碳酸盐岩地层的产出状态和出露条件具有明显差异，从而导致岩溶发育程度和岩溶水资源分布在空间上具有强烈的不均匀性。砂岩、页岩等裂隙含水层或相对隔水地层，地下水量贫乏，但对区内岩溶水的运移和分布具有控制作用。丘陵平原区，地势较平缓，主要分布于白垩—第四系，地表水系河网发育，沮漳河、黄柏河在平原区汇入长江，地表水资源极为丰富，同时区内分布第四系冲积-冲洪积砂、砂砾石层，是良好的含水层，赋存较为丰富的孔隙水。

不同地形地貌区的流域产汇流特征差异明显，使得水资源的数量及其组成在空间上分布不均，尤其是碳酸盐岩分布区，地表水与地下水的频繁转化，使得流域内地表水资源和地下水资源在计算过程中容易重复计算，从而给流域水资源定量评价带来了很大困难。因此，根据流域内部产汇流条件的空间差异特征，对宜昌市内流域系统进行划分，为流域地表水-地下水资源量一体化评价奠定基础。

一、流域系统类型及特征

依据宜昌市的水文地质以及地形地貌条件，宜昌市流域系统可划分以下 4 种类型：台塬溶蚀洼地区、溶蚀侵蚀中低山区、剥蚀侵蚀中低山区和侵蚀平原岗地区（图 2.2.1）。

图 2.2.1 宜昌市流域类型分区

1. 台塬溶蚀洼地区

台塬溶蚀洼地区主要分布在清江流域和沿江经济带以及香溪河、黄柏河的寒武—奥陶系和二叠系、三叠系中，由于岩溶发育强烈(图 2.2.2)，地表河流不发育，因此地表分布大量的岩溶洼地和溶丘等地貌单元。大气降水通过地表的岩溶裂隙、落水洞等快速进入地下，补给地下水资源，在次降水强度较大或出现连续高强度降水的过程中会存在超渗产流，形成暂时性地表水。流域内水资源以地下水为主。

碳酸盐岩类地层是宜昌市境内最主要的地下水资源赋存地层，排泄方式包括集中式岩溶泉排泄和分散式带状排泄两种，以集中式岩溶泉排泄为主。宜昌市境内流量 Q 大于 100L/s 的岩溶大泉共有

图 2.2.2 典型岩溶发育照片

58 处，大多数为岩溶泉，是宜昌市境内最主要的地下水集中供水水源地。

根据区内不同时代地层的岩石类型、结构构造及组合特征，宜昌市地层可以划分为震旦系、寒武—奥陶系、二叠系和三叠系四大套 8 个岩溶岩组：①上震旦统灯影组厚—巨厚层纯白云岩；②下寒武统石龙洞组厚层纯灰岩；③中寒武统覃家庙群中—薄层不纯碳酸盐岩；④上寒武统三游洞群厚层纯白云岩；⑤下奥陶统厚层纯灰岩；⑥中奥陶统中厚层不纯碳酸盐岩；⑦下二叠统厚层纯灰岩；⑧下三叠统中—厚层纯灰岩，如表 2.2.1 所示。

表 2.2.1 宜昌地区含水岩组类型划分表

时代	岩性	岩溶岩组类型	含水介质类型	岩溶发育程度
T_1	中—厚层纯灰岩	纯碳酸盐岩	管道	强
P_2w	硅质岩、粉砂岩、碳质页岩夹煤层	非可溶岩	相对隔水层	无
P_1	厚层纯灰岩	纯碳酸盐岩	管道-裂隙	强
D+S	砂岩、泥岩、页岩夹粉砂岩	非可溶岩	相对隔水层	无
O_2	中厚层瘤状灰岩、泥质条带灰岩	不纯碳酸盐岩	溶隙-裂隙	弱
O_1	厚层灰岩、碎屑灰岩夹页岩	纯碳酸盐岩夹不纯碳酸盐岩	管道-裂隙	中等
ϵ_3	叠层石白云岩夹颗粒灰岩	纯碳酸盐岩	管道	强
ϵ_2	中—薄层不纯碳酸盐岩、泥质粉砂岩	不纯碳酸盐岩夹非碳酸盐岩	溶隙-裂隙	弱
ϵ_1t	灰岩、白云岩、泥质条带灰岩	不纯碳酸盐岩	溶隙	中等
ϵ_1s+sp	页岩、泥质粉砂岩、碳质泥灰岩	非可溶岩	相对隔水层	无
Z_2dy	厚—巨厚层白云岩夹硅质岩	纯碳酸盐岩夹非碳酸盐岩	溶隙-裂隙	中等

2. 溶蚀侵蚀中低山区

溶蚀侵蚀中低山区在宜昌市分布范围较广，地下水类型以碳酸盐岩类裂隙溶洞水为主，岩溶化程度一般，无岩溶洼地等集水负地形，落水洞等灌入式补给通道发育，主要通过岩溶裂隙呈面状渗入式补给地下水。地下水沿岩溶裂隙径流，在河谷一带以泉点或线状泄流形式分散排泄。

宜昌市主要发育地层为薄层状不纯灰岩，或在灰岩、白云岩地层中夹杂非可溶岩层，下二叠统灰岩底部含有薄层碳质页岩，使该地层水流动性相对受到限制，在一定程度上影响岩溶发育。

3. 剥蚀侵蚀中低山区

剥蚀侵蚀中低山区主要分布于非碳酸盐岩地层分布区内，出露以火成岩和变质岩为主。地下水类型为基岩类裂隙水。大气降水为该区地下水的主要补给方式，除此之外局部地区还有上部震旦系岩溶含水层岩溶裂隙水侧向补给，地下水沿风化裂隙及构造裂隙径流或赋存，排泄方式以沿构造线出露小泉或沿沟谷线状泄流形式分散排泄。

4. 侵蚀平原岗地区

侵蚀平原岗地区主要分布在宜昌市东南部的宜都市、枝江部分地区，在宜昌市分布范围较小，且主要岩性为亚砂土、亚黏土，地层变化较小。降水入渗系数较小，地表为大量的农业用地和建筑用地，影响降水对地下水资源量的补给。该区附近河流相对较多，与地下水的联系较为紧密，对区域的水资源量会产生一定程度的影响。

二、流域地表水-地下水转化关系

确定地表水与地下水的转化关系是开展流域地表水-地下水资源一体化评价的基础。不同类型的地下水分布区，地表水-地下水转化关系差异明显，详述如下。

1. 裂隙水与孔隙水

裂隙水主要分布在宜昌市西部基岩中低山区和低山丘陵过渡带，地下水主要赋存在浅层风化裂隙带或呈脉状、网状分布在构造裂隙网内，地下水接受补给后在地形的控制下就近往地表水排泄。由于区内地表水系发育，地形切割比较强烈，地表河流构成区内地下水的排泄基准，地表水-地下水的转化关系比较简单，表现为地下水单向补给地表水。

孔隙水主要分布在第四系冲洪积平原区，孔隙水与地表水的转化关系具有季节性，平水期和枯水期地下水补给地表水，丰水期时河水水位快速上涨，地表水短暂反补地下水。

2. 岩溶水

岩溶山区特殊的地形地貌、地质结构决定了其水文循环的特征明显不同于非岩溶流域。岩溶地貌在地表以峰丛洼地、峰丛槽谷和坡立谷等封闭的负地形为主要特征（图 2.2.3），为降水入渗补给地下水提供了十分有利的地形条件，在地下则以发育由溶蚀裂隙、落水洞、溶洞、岩溶管道等组成的岩溶含水介质为主要特征（图 2.2.4），使得岩溶地下水的运移和赋存规律异常复杂。岩溶地下水接受大气降水补给的方式一般包括两种，即通过垂向岩溶裂隙呈面状入渗补给地下水，或通过落水洞、地下伏流入口呈点状集中灌入式补给地下水。

岩溶地区的水循环与非岩溶地区的水循环有明显不同：前者地表水流很少，主要以地下径流为主，地表水与地下水频繁转化，岩溶泉或地下暗河排泄常构成地表水的源头，而地表水亦可以通过落水洞灌入补给地下水，并且在同一个流域内可以发生多次转化。上述特征决定了岩溶地区地表-地下水资源常常互为转化，给水资源定量评价带来很大困难。

图 2.2.3　峰丛洼地、峰丛槽谷地貌

图 2.2.4　地下暗河出口

查明岩溶流域的水文循环特征是开展岩溶流域水资源评价的基础，本项目在充分收集宜昌市境内流域水文地质资料的基础上，结合遥感卫星解译、野外岩溶水文地质现场调查等工作，重点针对清江流域、沮漳河流域、香溪河流域、黄柏河流域内强岩溶发育区的大型岩溶泉和地下暗河开展了地下水示踪试验，查明了清江流域黄龙洞地下暗河、五爪泉以及酒甄子地下暗河、黄柏河流域情人泉地下暗河、香溪河流域南阳河子流域落步河泉与龙王洞等重点区域岩溶水系统的范围以及主要岩溶管道的展布，揭示了岩溶地下水与地表水的转化关系，同时收集了香溪河流域、清江流域水文地质调查开展的地下水示踪试验成果，总结宜昌市岩溶流域地表水-地下水转化模式(图 2.2.5、图 2.2.6)以及典型流域水文循环模式(图 2.2.7)。

受新构造运动影响，区内发育多期岩溶，表现为：在垂向上发育多层溶洞和多级岩溶台面，岩溶发育的垂向差异对地下水运移具有明显的控制作用。岩溶台面常发育峰丛洼地，有利于大气降水的入渗补给，两级岩溶台面之间常以斜坡相连，斜坡带岩溶发育程度相对较弱，这种垂向上岩溶发育强弱相间的结构，使得高一级岩溶台面汇集的降水在斜坡带坡脚处以岩溶泉或暗河的形式排泄形成地表径流，在进

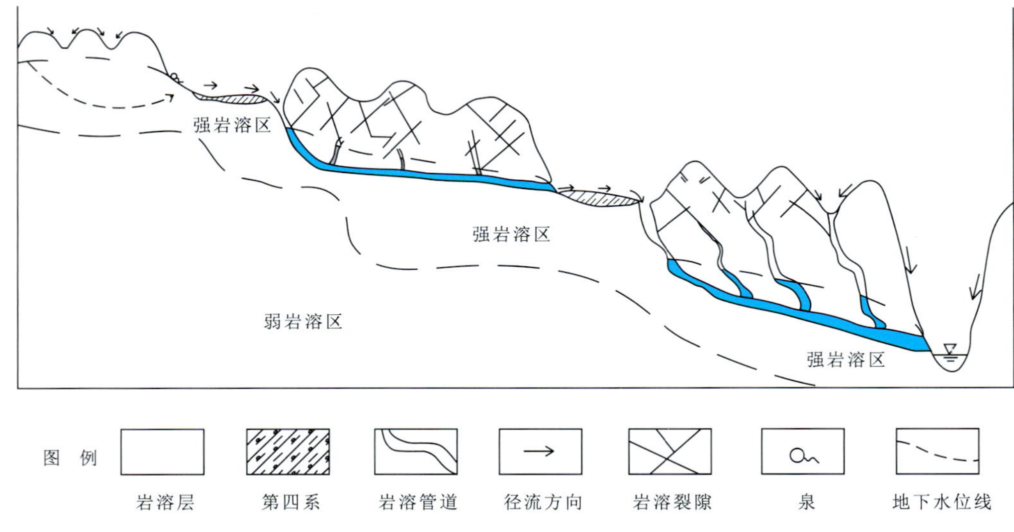

图 2.2.5 垂向岩溶发育差异控制下岩溶水-地表水转化关系

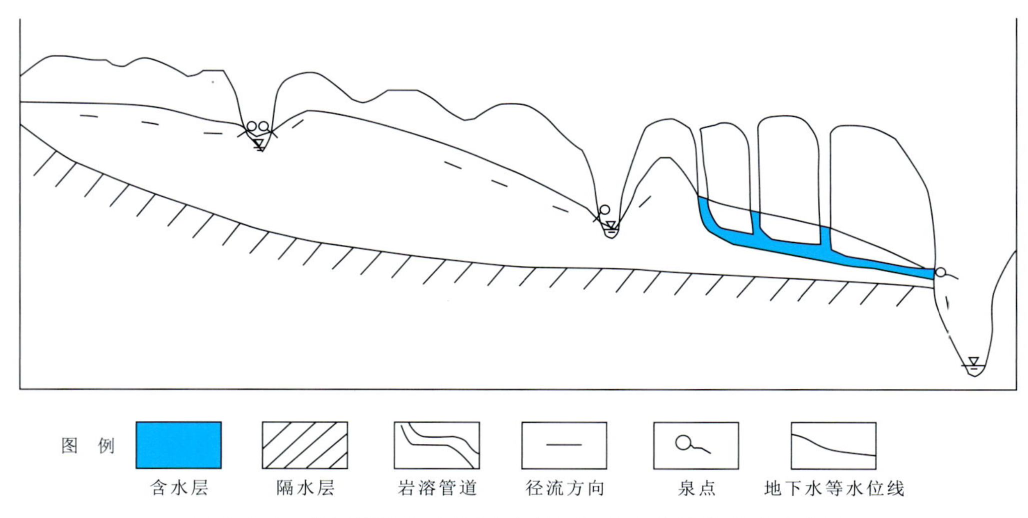

图 2.2.6 多级侵蚀基准控制下岩溶水-地表水转化关系示意图

入低一级岩溶台面后，在强岩溶发育带又再次潜入地下，最终排入清江、香溪河等地表河流。区域岩溶流域在地质构造和地表水系的共同控制下，流域水文循环总体表现为：自分水岭地带至干流河谷，地形逐级降低，由中低山地貌转变为低山峡谷地貌，地表分水岭地带的高位岩溶台面汇集的降水，在地下运移过程中因受相对隔水层的阻隔成泉排出形成地表径流，在非碳酸盐岩分布区产汇流过程中主要受地形条件控制，当地表溪流再次进入岩溶区时，则通过落水洞潜入地下形成地下伏流，最终以地下暗河或岩溶泉的形式排泄入清江或香溪河等控制地下水排泄的地表河流中，流域内地表水-地下水转化十分频繁（图 2.2.6）。

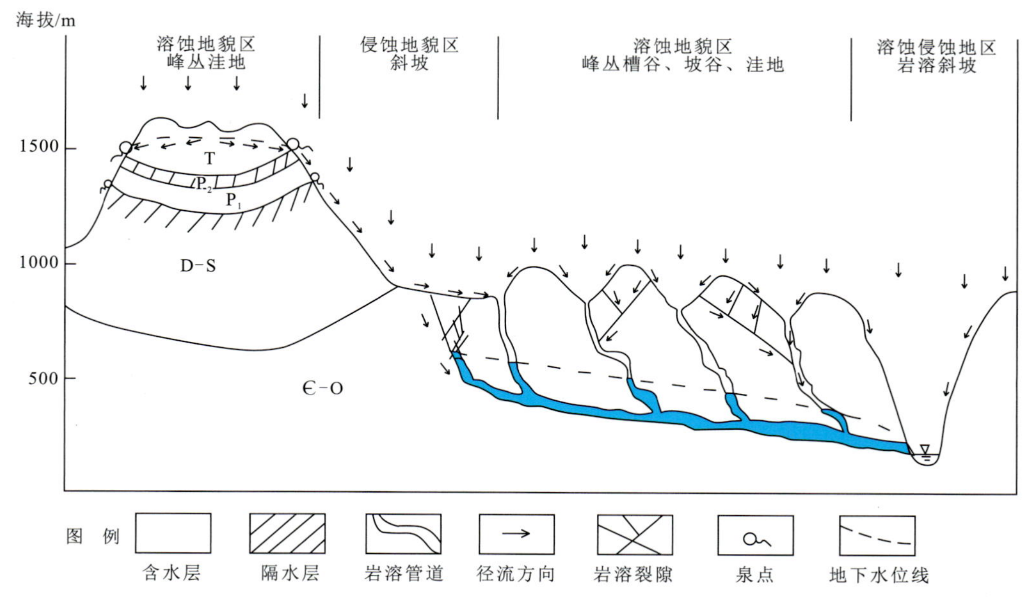

图 2.2.7 典型岩溶流域水文循环模式示意图

三、流域系统划分方法与结果

在开展区域水资源评价时，由于地表水和地下水存在相互转化而导致计算地表水资源量和地下水资源量时存在重复计算量，从而造成计算的水资源总量偏大。因此，本次拟在查明地表水和地下水的转化关系的基础上，划分流域系统分区，开展地表水-地下水资源评价。

宜昌市东部丘陵-平原区，以红层孔隙裂隙水和孔隙水为主，地下水与地表水的转化关系相对简单，主要呈线状发生在河床附近较小的范围内，因此该区进行流域系统划分时，主要根据支流控制的子流域的地表分水岭划分次级子系统，然后进一步将局域地形地貌和地层岩性等影响产汇流条件的因素划分为下一级子流域系统的边界。

宜昌市西部基岩山区碳酸盐岩地层分布广泛，岩溶发育强烈，地表水-地下水转化频繁，属于典型的岩溶流域。根据岩溶流域产汇流的基本特征，本研究提出以地表水-地下水转化节点、不同类型岩溶岩组分界面和流域地表分水岭作为流域子系统边界，建立控制水文过程关键节点的子系统划分方法。典型岩溶流域可大致划分为4个子系统：①分水岭地带峰丛洼地地貌，区内以地下径流为主，一般无常年性地表水流，洼地汇集的降水通过裂隙面状入渗或落水洞集中灌入补给地下水，通过岩溶泉排泄构成地表水的源头；②碎屑岩分布区，主要为侵蚀地貌，区内地表水系十分发育，以地表径流为主；③碳酸盐岩分布区，地表岩溶发育强烈，地下发育岩溶管道或暗河，地表水进入该区后沿途渗漏或通过落水洞潜入地下，再次转化为地下水，以地下径流为主；④现代地表水系改造的斜坡地貌区，河流深切构成区域地下水的排泄基准，岩溶地下水以岩溶大泉或地下暗河的形式集中排泄入河，区内降水入渗条件较差，主要以坡面流的形式汇入河道。通过上述方法即可建立岩溶流域水系结构(地下暗河＋地表河道)，通过河网将各个子流域联系起来，不仅可以确定流域内水资源总量，还可以获取各子流域水资源量的组成及空间分布。

根据上述流域系统划分方法，综合考虑宜昌市流域系统类型及其分布和地表水-地下水转化关系，根据流域内部产汇流条件的空间差异特征，本次研究对宜昌市全域进行了流域系统划分，结果如

图 2.2.8、表 2.2.2 所示。宜昌市境内沮漳河流域面积约 $3581km^2$，岩溶区面积约 $428km^2$，主要分布于远安县西部下二叠统和东部下三叠统，岩溶发育强烈，地表水-地下水转化频繁，根据流域水文特征，可划分为沮河与漳河 2 个二级子系统，43 个三级子系统，38 个四级子系统。宜昌市境内清江流域面积约 $6061km^2$，岩溶区面积约 $2540km^2$，岩溶发育强烈，地表水-地下水转化频繁，根据流域水文循环特征，共划分为 22 个二级子系统，47 个三级子系统。宜昌市境内香溪河流域面积约 $2313km^2$，主要分布于寒武—奥陶系强岩溶岩组内，岩溶发育强烈，地表水-地下水转化频繁，根据流域水文循环特征，共划分为 4 个二级子系统，8 个三级子系统。宜昌市境内黄柏河流域面积约 $1906km^2$，主要分布于寒武—奥陶系强岩溶岩组内，岩溶发育强烈，地表水-地下水转化频繁，根据流域水文循环特征，共划分为 3 个二级子系统，19 个三级子系统。宜昌市境内长江干流流域面积约 $6667km^2$，主要为峡谷地貌，切割强烈，降水至地表后主要通过坡面流汇入河道，地下水资源量较贫乏，根据流域水文循环特征，共划分为 15 个二级子系统，2 个三级子系统(图 2.2.8)。

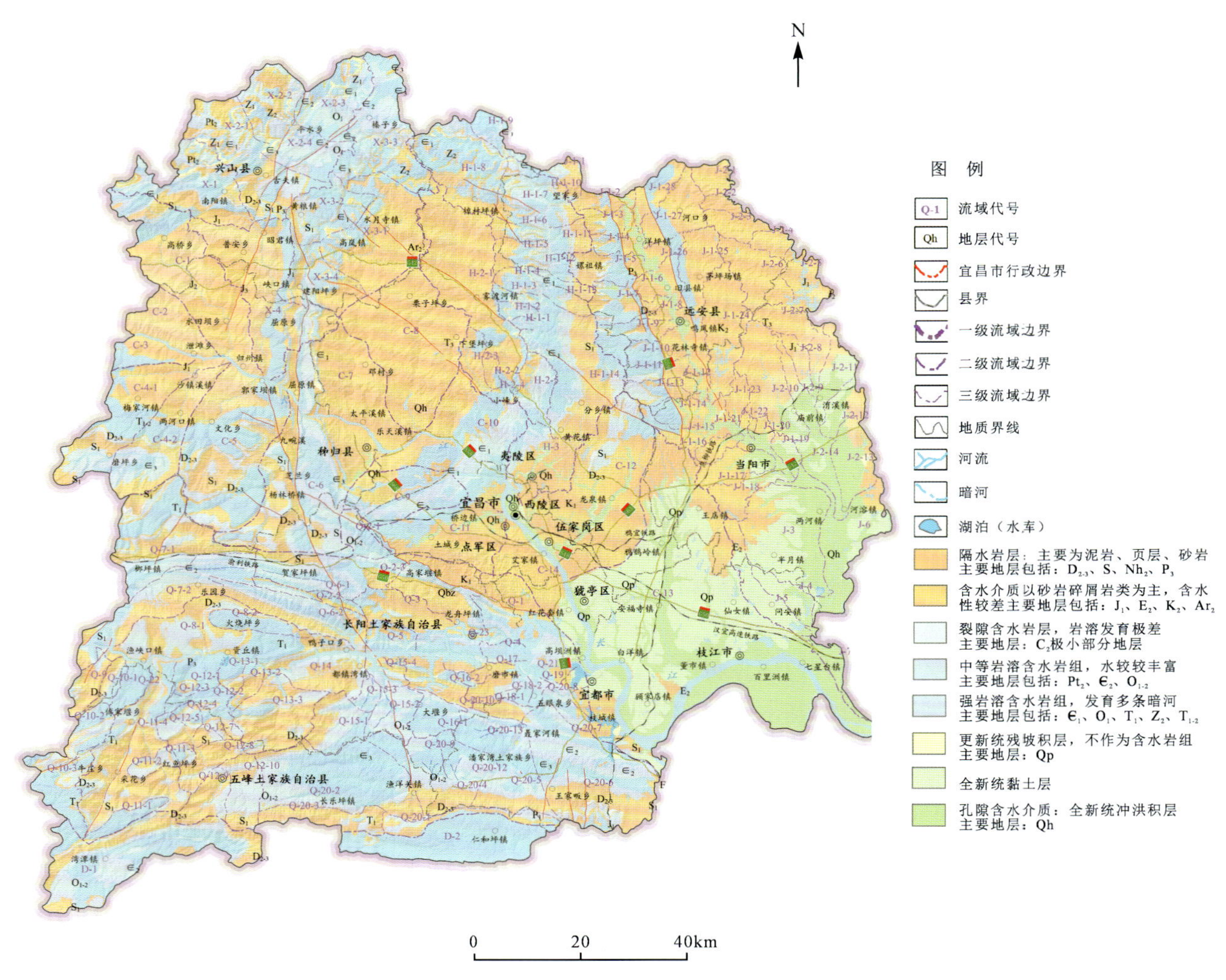

图 2.2.8　宜昌市地区流域水文系统划分图

表 2.2.2 宜昌地区流域系统划分结果表

子流域编号				流域面积/km^2	子流域水文地质特征
沮漳河(J)	J-1	J-1-1		34.8	以志留系为主,主要含有薄中层粉砂质页岩、粉砂岩;地形为低山;河道坡度为1.942%;以地表水为主
		J-1-2	J-1-2-a	8.7	以白垩系为主,主要含有砂岩、粉砂岩;地形为丘陵;河道坡度为3.095%;地下水补给表水,以地表水为主
			J-1-2-b	24.9	以志留系、石炭系、二叠系、三叠系为主,志留系以薄中层粉砂质页岩、粉砂岩为主,石炭系、二叠系、三叠系以灰岩、白云岩为主;地形为低山丘陵;河道坡度为3.065%;地表水补给地下水,以地表水为主
		J-1-3	J-1-3-a	6.6	以白垩系为主,主要含有砂岩、粉砂岩;地形为丘陵;河道坡度为8.472%;地下水补给地表水,以地表水为主
			J-1-3-b	27.7	以志留系、石炭系、二叠系、三叠系为主,志留系以薄中层粉砂质页岩、粉砂岩为主,石炭系、二叠系、三叠系以灰岩、白云岩为主;地形为低山丘陵;河道坡度为17.497%;地表水补给地下水,以地表水为主
		J-1-4	J-1-4-a	6.1	以白垩系为主,以砂岩、粉砂岩为主;地形为丘陵;河道坡度为6.336%;地下水补给地表水,以地表水为主
			J-1-4-b	23.3	以石炭系、二叠系、三叠系为主,以灰岩、白云岩为主;地形为低山丘陵;河道坡度为2.414%;地表水补给地下水,以地下水为主
		J-1-5	J-1-5-a	12.4	以白垩系、石炭系、二叠系、三叠系为主,白垩系主要含有砂岩、粉砂岩,石炭系、二叠系、三叠系以灰岩、白云岩为主;地形为低山丘陵;河道坡度为1.679%;地下水补给地表水,以地表水为主
			J-1-5-b	29.4	以志留系、石炭系、二叠系、三叠系为主,志留系以薄中层粉砂质页岩、粉砂岩为主,石炭系、二叠系、三叠系以灰岩、白云岩为主;地形为低山;河道坡度为6.363%;地表水补给地下水,以地下水为主
			J-1-5-c	42.2	以志留系、石炭系、二叠系、三叠系为主,志留系以薄中层粉砂质页岩、粉砂岩为主,石炭系、二叠系、三叠系以灰岩、白云岩为主;地形为低山;河道坡度为4.975%;地表水补给地下水,以地表水为主
		J-1-6	J-1-6-a	1.8	以白垩系为主,主要含有砂岩、粉砂岩;地形为丘陵;河道坡度为5.534%;以地表水为主
			J-1-6-b	4.9	以石炭系、二叠系、三叠系为主,以灰岩、白云岩为主;地形为低山丘陵;河道坡度为16.633%;以地下水为主
		J-1-7	J-1-7-a	15.7	以白垩系、石炭系、二叠系、三叠系为主,白垩系主要含有砂岩、粉砂岩,石炭系、二叠系、三叠系以灰岩、白云岩为主;地形为低山丘陵;河道坡度为0.645%;以地表水为主
			J-1-7-b	16.4	以志留系、石炭系、二叠系、三叠系为主,志留系以薄中层粉砂质页岩、粉砂岩为主,石炭系、二叠系、三叠系以灰岩、白云岩为主;地形为低山丘陵;河道坡度为1.521%;地下水补给地表水,以地表水为主
			J-1-7-c	22.3	以石炭系、二叠系、三叠系为主,以灰岩、白云岩为主;地形为低山;河道坡度为7.182%;地表水补给地下水,以地下水为主
			J-1-7-d	32.2	以志留系、石炭系、二叠系、三叠系为主,志留系以薄中层粉砂质页岩、粉砂岩为主,石炭系、二叠系、三叠系以灰岩、白云岩为主;地形为低山;河道坡度为8.125%;以地下水为主

续表 2.2.2

子流域编号				流域面积/km^2	子流域水文地质特征
沮漳河(J)	J-1	J-1-8		8.9	以白垩系、石炭系、二叠系、三叠系为主，白垩系主要含有砂岩、粉砂岩，石炭系、二叠系、三叠系以灰岩、白云岩为主；地形为低山丘陵；河道坡度为2.392%；以地表水为主
		J-1-9	J-1-9-a	24.0	以白垩系为主，主要含有砂岩、粉砂岩；地形为低山丘陵；河道坡度为0.973%；以地表水为主
			J-1-9-b	14.3	以志留系、石炭系、二叠系、三叠系为主，志留系以薄中层粉砂质页岩、粉砂岩为主，石炭系、二叠系、三叠系以灰岩、白云岩为主；地形为低山丘陵；河道坡度为4.374%；地下水补给地表水，以地表水为主
			J-1-9-c	40.8	以石炭系、二叠系、三叠系为主，以灰岩、白云岩为主；地形为低山丘陵；河道坡度为8.467%；地下水补给地表水，以地下水为主
		J-1-10	J-1-10-a	19.3	以白垩系为主，主要含有砂岩、粉砂岩；地形为低山丘陵；河道坡度为0.806%；以地表水为主
			J-1-10-b	30.6	以石炭系、二叠系、三叠系为主，以灰岩、白云岩为主；地形为低山；河道坡度为10.143%；以地下水为主
		J-1-11	J-1-11-a	26.0	以白垩系为主，主要含有砂岩、粉砂岩；地形为低山丘陵；河道坡度为1.125%；地下水补给地表水，以地表水为主
			J-1-11-b	5.5	以石炭系、二叠系、三叠系为主，以灰岩、白云岩为主；地形为低山丘陵；河道坡度为4.817%；地下水补给地表水，以地下水为主
			J-1-11-c	16.7	以石炭系、二叠系、三叠系为主，以灰岩、白云岩为主；地形为低山丘陵；河道坡度为9.850%；以地下水为主
		J-1-12		12.6	以白垩系、石炭系、二叠系、三叠系为主，白垩系主要含有砂岩、粉砂岩，石炭系、二叠系、三叠系以灰岩、白云岩为主；地形为低山丘陵；河道坡度为1.872%；以地表水为主
		J-1-13	J-1-13-a	9.5	以白垩系为主，主要含有砂岩、粉砂岩；地形为低山丘陵；河道坡度为1.513%；以地表水为主
			J-1-13-b	33.4	以石炭系、二叠系、三叠系为主，以灰岩、白云岩为主；地形为低山丘陵；河道坡度为6.137%；以地下水为主
		J-1-14	J-1-14-a	32.1	以白垩系为主，主要含有砂岩、粉砂岩；地形为丘陵平原；河道坡度为0.814%；地下水补给地表水，以地下水为主
			J-1-14-b	19.2	以石炭系、二叠系、三叠系为主，以灰岩、白云岩为主；地形为低山丘陵；以地下水为主
		J-1-15		54.8	以白垩系为主，主要含有砂岩、粉砂岩；地形为丘陵平原；河道坡度为1.771%；以地表水为主
		J-1-16		33.8	以白垩系为主，主要含有砂岩、粉砂岩；地形为丘陵平原；河道坡度为0.929%；以地表水为主
		J-1-17		86.0	以第四系、白垩系为主，第四系主要含有黏土、亚黏土，白垩系主要含有砂岩、粉砂岩；河道坡度为0.267%；地形为丘陵平原

续表 2.2.2

子流域编号				流域面积/km^2	子流域水文地质特征
沮漳河(J)	J-1	J-1-18		70.8	以第四系、白垩系为主,第四系主要含有黏土、亚黏土,白垩系主要含有砂岩、粉砂岩;地形为丘陵平原;河道坡度为0.390%;以地表水为主
		J-1-19		31.3	以第四系为主,主要含有黏土、亚黏土;地形为丘陵平原;河道坡度为0.446%;以地表水为主
		J-1-20		15.5	以第四系、侏罗系为主,第四系主要含有黏土、亚黏土,侏罗系主要含有长石石英砂岩、粉砂岩;地形为丘陵平原;河道坡度为0.719%;以地表水为主
		J-1-21		6.2	以第四系、侏罗系为主,第四系主要含有黏土、亚黏土,侏罗系主要含有杂砾岩夹粉砂岩;地形为丘陵平原;河道坡度为2.315%;以地表水为主
		J-1-22		2.9	以第四系、侏罗系为主,第四系主要含有黏土、亚黏土,侏罗系主要含有杂砾岩夹粉砂岩;地形为丘陵平原;河道坡度为2.576%;以地表水为主
		J-1-23		36.3	以侏罗系、三叠系为主,侏罗系主要含有杂砾岩夹粉砂岩,三叠系主要含有长石石英砂岩夹粉砂岩;地形为丘陵平原;河道坡度为0.825%;以地表水为主
		J-1-24		187.0	以三叠系巴东组为主,主要含有砂岩及粉砂质黏土岩;地形为丘陵平原;河道坡度为0.516%;以地表水为主
		J-1-25	J-1-25-a	5.6	以白垩系跑马岗组为主,主要含有砂岩、粉砂岩;地形为丘陵平原;河道坡度为6.046%;地下水补给地表水,以地表水为主
			J-1-25-b	38.8	以三叠系嘉陵江组为主,主要含有中厚层白云岩夹薄层灰岩;地形为丘陵;河道坡度为0.732%;地表水补给地下水,以地下水为主
			J-1-25-c	63.3	以三叠系巴东组为主,主要含有砂岩及粉砂质黏土岩;地形为低山丘陵;河道坡度为0.285%;以地表水为主
		J-1-26	J-1-26-a	18.2	以白垩系跑马岗组为主,主要含有砂岩、粉砂岩;地形为丘陵平原;河道坡度为1.437%;地下水补给地表水,以地表水为主
			J-1-26-b	9.8	以三叠系嘉陵江组为主,主要含有中厚层白云岩夹薄层灰岩;地形为丘陵;河道坡度0.312%;地表水补给地下水;以地下水为主
		J-1-27	J-1-27-a	21.1	以白垩系跑马岗组为主,主要含有砂岩、粉砂岩;地形为丘陵平原;河道坡度为0.886%;地下水补给地表水,以地表水为主
			J-1-27-b	19.3	以三叠系嘉陵江组为主,主要含有中厚层白云岩夹薄层灰岩;地形为丘陵;河道坡度为0.901%;地表水补给地下水,以地下水为主
			J-1-27-c	72.7	以三叠系巴东组为主,主要含有砂岩及粉砂质黏土岩;地形为低山丘陵;河道坡度为1.628%;以地表水为主

续表 2.2.2

子流域编号				流域面积/km²	子流域水文地质特征
沮漳河(J)	J-1	J-1-28	J-1-28-a	24.2	以白垩系跑马岗组为主，主要含有砂岩、粉砂岩；地形为丘陵平原；河道坡度为0.835%；以地表水为主
			J-1-28-b	19.8	以三叠系嘉陵江组、巴东组为主，嘉陵江组主要含有中厚层白云岩夹薄层灰岩，巴东组主要含有砂岩及粉砂质黏土岩；地形为低山丘陵；河道坡度为1.092%；地表水补给地下水，以地表水为主
			J-1-28-c	14.6	以三叠系嘉陵江组、巴东组为主，嘉陵江组主要含有中厚层白云岩夹薄层灰岩，巴东组主要含有砂岩及粉砂质黏土岩；地形为低山丘陵；河道坡度为1.106%；地表水补给地下水，以地下水为主
		J-1-29		296.2	以第四系为主，主要含有黏土、亚黏土；地形为丘陵平原；以地表水为主
	J-2	J-2-1		20.7	以三叠系王龙滩组为主，主要含有长石石英砂岩、粉砂岩；地形为低山丘陵；河道坡度为3.359%；以地表水为主
		J-2-2		14.6	以三叠系王龙滩组为主，主要含有长石石英砂岩、粉砂岩；地形为低山丘陵；河道坡度为8.307%；以地表水为主
		J-2-3		41.6	以三叠系王龙滩组为主，主要含有长石石英砂岩、粉砂岩；地形为低山丘陵；河道坡度为3.593%；以地表水为主
		J-2-4		6.2	以三叠系王龙滩组为主，主要含有长石石英砂岩、粉砂岩；地形为丘陵；河道坡度为3.645%；以地表水为主
		J-2-5		5.8	以三叠系王龙滩组为主，主要含有长石石英砂岩、粉砂岩；地形为丘陵；河道坡度为3.001%；以地表水为主
		J-2-6		154.8	以三叠系王龙滩组为主，主要含有长石石英砂岩、粉砂岩；地形为低山丘陵；河道坡度为1.222%；以地表水为主
		J-2-7		64.4	以侏罗系为主，侏罗系主要含有长石石英砂岩、粉砂岩；地形为丘陵平原；河道坡度为0.921%；以地表水为主
		J-2-8		37.9	以侏罗系为主，侏罗系主要含有长石石英砂岩、粉砂岩；地形为丘陵平原；河道坡度为0.746%；以地表水为主
		J-2-9		65.3	以第四系、侏罗系为主，第四系主要含有黏土、亚黏土，侏罗系主要含有长石石英砂岩、粉砂岩；地形为丘陵平原；河道坡度为0.386%；以地表水为主
		J-2-10		160.0	以第四系、侏罗系为主，第四系主要含有黏土、亚黏土，侏罗系主要含有长石石英砂岩、粉砂岩；地形为丘陵平原；河道坡度为0.596%；以地表水为主
		J-2-11		72.8	以第四系、侏罗系为主，第四系主要含有黏土、亚黏土，侏罗系主要含有长石石英砂岩、粉砂岩；地形为平原；河道坡度为0.341%；以地表水为主
		J-2-12		58.7	以第四系、侏罗系为主，第四系主要含有黏土、亚黏土，侏罗系主要含有长石石英砂岩、粉砂岩；地形为平原；河道坡度为0.352%；以地表水为主
		J-2-13		61.9	以第四系、侏罗系为主，第四系主要含有黏土、亚黏土，侏罗系主要含有长石石英砂岩、粉砂岩；地形为平原；河道坡度为0.255%；以地表水为主
		J-2-14		197.9	以第四系为主，主要含有黏土、亚黏土；地形为丘陵平原；以地表水为主

续表 2.2.2

子流域编号				流域面积/ km^2	子流域水文地质特征
沮漳河(J)	J-3			316.8	以第四系、白垩系跑马岗组为主，第四系主要含有黏土、亚黏土，跑马岗组主要含有砂岩、粉砂岩；河道坡度为0.363%；以地表水为主
	J-4			61.1	以第四系更新统为主，主要含有黏土、亚黏土；地形为丘陵平原；河道坡度为0.235%；以地表水为主
	J-5			103.8	以第四系更新统为主，主要含有黏土、亚黏土；地形为平原；河道坡度为0.332%；以地表水为主
	J-6			12.2	以第四系更新统为主，主要含有黏土、亚黏土；地形为平原；河道坡度为0.596%；以地表水为主
	J-7			373.3	以第四系全新统为主，主要含有黏土、亚黏土；地形为平原；以地表水为主
清江(Q)	Q-1			131.2	以白垩纪为主，主要岩性为紫红色砂岩、泥岩，地形为低山丘陵；以地表水为主
	Q-2	Q-2-1		64.1	以寒武纪娄山关组为主；岩性为厚—中厚层灰岩，岩溶发育强；地形为低山丘陵；以地下水为主
		Q-2-2		192.6	以下寒武统、中寒武统为主；岩性为厚—中厚层灰岩，岩溶发育强；地形地下水补给地表水，以地下水为主
		Q-2-3		216.5	包含白垩系、寒武系；岩性主要为砂岩、中厚层灰岩、泥岩；地形为低山丘陵；地下水补给地表水，以地下水为主
	Q-3			138.2	以寒武系为主；大面积出露娄山关组灰岩，夹杂部分泥岩条带；地形为低山丘陵；地表水补给地下水，以地表水为主
	Q-4			38.6	白垩系、寒武系；岩性为砂岩和岩溶发育中等的灰岩；地形为低山丘陵；地下水补给地表水，以地表水为主
	Q-5			53.5	以寒武纪为主；岩性为灰岩夹杂砂岩，岩溶发育较强；地形为低山丘陵；地下水补给地表水，以地下水为主
	Q-6	Q-6-1		27.1	以寒武系为主；岩性为厚层灰岩，强岩溶发育，地形为低山丘陵；地下水补给地表水，以地下水为主
		Q-6-2		197.6	包括寒武系、奥陶系、志留系；岩性为娄山关组灰岩、泥岩、砂岩；地形为中低山地貌；地下水补给地表水，以地表水为主
	Q-7	Q-7-1		266.3	包含寒武系、奥陶系、志留系、二叠系、三叠系多组地层；岩性以灰岩、白云质灰岩、泥岩；有暗河发育；地形为中低山地貌；地下水补给地表水，以地下水为主
		Q-7-2		192.1	寒武系、奥陶系、志留系；岩性为灰岩、白云岩、砂岩、泥岩；地形为中低山地貌；地下水补给地表水，以地表水为主
	Q-8	Q-8-1		302.5	以二叠系为主，岩性为中等岩溶发育的灰岩、泥岩；地形为中低山地貌；地下水补给地表水，以地下水为主
		Q-8-2		82.3	下二叠统；岩性主要为中厚层灰岩，岩溶发育中等；地形为中低山地貌；以地下水系为主
	Q-9			50.6	志留系、石炭系、寒武系分布；岩性主要为泥岩、砂岩；地形为中低山地貌；地表水补给地下水，以地表水为主

续表 2.2.2

子流域编号				流域面积/km^2	子流域水文地质特征
清江(Q)	Q-10	Q-10-1		40.9	以二叠系、三叠系为主;岩性主要为灰岩,岩溶发育程度较好,有暗河;地形为中低山地貌;以地下水为主
		Q-10-2		56.3	以二叠系、三叠系为主;岩性主要为灰岩,岩溶发育程度较好;地形为中低山地貌;以地下水为主
		Q-10-3		123.3	以二叠系、三叠系为主;岩性主要为灰岩,岩溶发育程度较好;地形为中低山地貌;以地下水为主
	Q-11	Q-11-1		86.0	以二叠系为主;岩性为中等岩溶发育的灰岩,少量薄层粉砂质页岩;地形为中低山地貌;以地下水为主
		Q-11-2		45.9	以二叠系为主;岩性为岩溶发育程度较好的中厚层灰岩,中部为砂页岩;地形为中低山地貌;以地下水为主
		Q-11-3		42.6	以二叠系为主;岩性为岩溶发育程度较好的中厚层灰岩;地形为中低山地貌;地下水补给地表水,地貌以地下水为主
		Q-11-4		323.2	大部分地区为志留系隔水岩层,地形为中低山地貌;以地表水为主
	Q-12	Q-12-1		66.1	以二叠系和下三叠统为主;岩性主要为灰岩,少量砂页岩;地形为中低山地貌;地下水补给地表水,以地表水为主
		Q-12-2		64.2	以二叠系和下三叠统为主;岩性主要为灰岩,少量砂页岩;地形为中低山地貌;地表水补给地下水,以地下水为主
		Q-12-3		18.8	以二叠系和下三叠统为主;岩性主要为灰岩,少量砂页岩;地形为中低山地貌;地表水补给地下水,以地下水为主
		Q-12-4		19.6	以二叠系为主;岩性主要为灰岩,少量砂页岩;地形为中低山地貌;地下水补给地表水,以地表水为主
		Q-12-5		80.1	以志留系为主;岩性主要为泥岩、页岩;地形为中低山地貌;以地表水系为主
		Q-12-6		74.3	以二叠系和下三叠统为主;岩性主要为灰岩、少量砂页岩;地形为中低山地貌;地表水补给地下水,以地表水为主
		Q-12-7		22.6	以二叠系、志留系为主;岩性主要为泥岩、页岩、岩溶发育中等的灰岩;地形为中低山地貌,以地表水为主
		Q-12-8		30.0	以志留系为主;岩性主要为泥岩、页岩;地形为中低山地貌;以地表水系为主
		Q-12-9		72.5	以二叠系、志留系为主;岩性主要为泥岩、页岩、岩溶发育中等的灰岩;地形为中低山地貌,以地表水为主
		Q-12-10		106.1	以二叠系、志留系为主;岩性主要为灰岩、页岩;岩溶发育程度较好;地形为中低山地貌;以地下水为主
	Q-13	Q-13-1		53.6	以二叠系和下三叠统为主;岩性主要为灰岩,少量砂页岩;地形为中低山地貌;以地下水为主
		Q-13-2		60.3	以三叠系和志留系为主;岩性主要为砂岩、页岩,含有少量灰岩;以地表水为主
		Q-13-3		166.1	以志留系、泥盆系为主;隔水层,岩性主要为砂岩、页岩、泥岩等;地形为中低山地貌;以地表水为主
	Q-14			120.3	以志留系、奥陶系为主;岩性主要为页岩、砂岩和部分灰岩;地形为中低山地貌;以地表水为主

续表 2.2.2

子流域编号			流域面积/km^2	子流域水文地质特征
清江(Q)	Q-15	Q-15-1	70.3	以志留系、奥陶系为主;岩性主要为页岩、砂岩和灰岩;地形为中低山地貌;地表水补给地下水,以地表水为主
		Q-15-2	137.1	以寒武系、奥陶系为主;岩性主要为灰岩;岩溶发育程度良好,有暗河;地形为低山丘陵;以地下水为主
		Q-15-3	30.5	以寒武系、奥陶系为主;岩性主要为灰岩;岩溶发育程度良好,有暗河;地形为低山丘陵;以地下水为主
		Q-15-4	37.2	以志留系、奥陶系为主;岩性主要为页岩、砂岩和灰岩;灰岩岩溶发育程度一般;地形为中低山地貌;以地表水为主
	Q-16	Q-16-1	62.5	以寒武系、奥陶系为主;岩性主要为灰岩;岩溶发育程度较高;地形为中低山地貌;以地下水为主
		Q-16-2	90.4	以志留系为主,包含小部分二叠系;岩性主要为砂页岩,少量灰岩;地形为低山丘陵;以地表水为主
	Q-17		46.5	以志留系为主,包含小部分二叠系;岩性主要为砂页岩,少量灰岩;地形为低山丘陵;地下水补给地表水,以地表水为主
	Q-18	Q-18-1	32.1	以寒武系、奥陶系为主;岩性主要为灰岩;岩溶发育程度良好;地形为低山丘陵;地表水补给地下水,以地下水为主
		Q-18-2	33.5	以志留系为主;岩性主要为泥岩、页岩;地形为中低山地貌;地下水补给地表水,以地表水系为主
	Q-19		36.5	以寒武系、奥陶系为主;岩性主要为灰岩;岩溶发育程度良好;地形为低山丘陵;地表水补给地下水,以地下水为主
	Q-20	Q-20-1	159.6	以二叠系、三叠系为主;岩性主要为灰岩,岩溶发育程度较好;地形为低山丘陵;地下水补给地表水,以地下水为主
		Q-20-2	122.8	以寒武系、奥陶系为主;岩性主要为灰岩;岩溶发育程度良好;地形为低山丘陵;地表水补给地下水,以地下水为主
		Q-20-3	88.2	以志留系、泥盆系、上二叠统为主;岩性主要为页岩、砂岩和泥岩;地形为低山丘陵;地下水补给地表水,以地表水系为主
		Q-20-4	40.1	以志留系、奥陶系为主;岩性主要为砂岩、页岩和少部分灰岩;地形为低山丘陵;以地表水系为主
		Q-20-5	66.4	以志留系、奥陶系为主;岩性主要为砂岩、页岩和少部分灰岩;地形为低山丘陵;以地表水系为主
		Q-20-6	112.5	以志留系、奥陶系、寒武系为主;岩性以灰岩为主;岩溶发育情况较好;地形为低山丘陵;地表水补给地下水,以地下水系为主
		Q-20-7	24.3	以寒武系为主;岩性为中厚层灰岩;地形为低山丘陵;地下水补给地表水,以地下水为主
		Q-20-8	53.4	以寒武系为主;岩性为中厚层灰岩;地形为低山丘陵;地下水补给地表水,以地下水为主
		Q-20-9	268.5	寒武系、奥陶系;岩性主要为灰岩;岩溶发育程度良好;地形为低山丘陵;地表水补给地下水,以地下水为主
		Q-20-10	49.6	寒武系、奥陶系;岩性主要为灰岩;岩溶发育程度良好;地形为低山丘陵;地表水补给地下水,以地下水为主
		Q-20-11	52.4	以寒武系、奥陶系、白垩系为主;岩性主要为灰岩和砂岩;地形为低山丘陵;地下水补给地表水,以地表水为主
		Q-20-12	100.2	以寒武系、奥陶系为主;岩性主要为灰岩;岩溶发育程度良好;地形为低山丘陵;地表水补给地下水,以地下水为主
		Q-20-13	113.5	以寒武系、奥陶系为主;岩性主要为灰岩;岩溶发育程度良好;地形为低山丘陵;地表水补给地下水,以地下水为主

续表 2.2.2

子流域编号				流域面积/km^2	子流域水文地质特征
清江(Q)	Q-21			16.2	以寒武系、奥陶系、白垩系为主；岩性主要为灰岩和砂岩；地形为低山丘陵；地下水补给地表水，以地表水为主
	Q-22			39.7	三叠系嘉陵江组；岩性为灰岩，强岩溶发育；地形为中低山地貌；地表水补给地下水，以地下水为主
	Q-23			115.3	奥陶系、寒武系；岩性为灰岩夹泥质条带，岩溶发育程度一般；地形为低山丘陵；地下水补给地表水，以地表水为主
香溪河(X)	X-1			198.6	包含奥陶系、志留系；岩性主要为中厚层灰岩、白云岩、页岩；地下水补给地表水，以地表水为主
	X-2	X-2-1		235.1	包含奥陶系、志留系、二叠系；岩性主要为中厚层灰岩、白云岩、粉砂岩、页岩；地表水补给地下水，以地下水为主
		X-2-2		115.8	包含震旦系、寒武系、奥陶系；岩性主要为灰泥灰岩、白云岩；以地下水为主
		X-2-3		137.9	主要为奥陶系；岩性主要为中厚层灰岩、白云岩；以地下水为主
		X-2-4		94.0	主要为奥陶系；岩性主要为中厚层灰岩、白云岩；以地下水为主
	X-3	X-3-1		265.0	包含黄陵岩体、奥陶系；岩性主要为中厚层灰岩、白云岩、片麻岩、斜长角闪岩；以地表水为主
		X-3-2		119.6	包含寒武系、奥陶系；岩性主要为中厚层灰岩、白云岩；以地下水为主
		X-3-3		223.6	包含寒武系、奥陶系、志留系；岩性主要为中厚层灰岩、白云岩，页岩；地表水补给地下水，以地下水为主
		X-3-4		112.9	包含奥陶系、志留系；岩性主要为中厚层灰岩、白云岩、页岩；地下水补给地表水，以地表水为主
	X-4			331.3	包含二叠系系、侏罗系；岩性主要为灰岩、粉砂岩；地表水补给地下水，以地表水为主
黄柏河(H)	H-1	H-1-1		7.8	包含震旦系、寒武系；岩性主要为中厚层灰岩、白云岩；以地下水为主
		H-1-2		18.3	包含震旦系、寒武系；岩性主要为中厚层灰岩、白云岩；以地下水为主
		H-1-3		18.0	包含震旦系、寒武系；岩性主要为中厚层灰岩、白云岩；以地下水为主
		H-1-4		35.0	包含震旦系、寒武系；岩性主要为中厚层灰岩、白云岩；以地下水为主
		H-1-5		55.7	包含震旦系、寒武系；岩性主要为中厚层灰岩、白云岩；以地下水为主
		H-1-6		34.1	包含震旦系、寒武系；岩性主要为中厚层灰岩、白云岩；以地下水为主
		H-1-7		67.7	包含震旦系、寒武系；岩性主要为中厚层灰岩、白云岩；以地下水为主
		H-1-8		199.5	包含寒武系、奥陶系、志留系；岩性主要为中厚层灰岩、白云岩、页岩；地表水补给地下水，以地下水为主
		H-1-9		36.7	包含寒武系、奥陶系、志留系；岩性主要为中厚层灰岩、白云岩、页岩；地表水补给地下水，以地下水为主
		H-1-10		57.8	包含寒武系、奥陶系、志留系；岩性主要为中厚层灰岩、白云岩、页岩；地表水补给地下水，以地下水为主

续表 2.2.2

子流域编号				流域面积/km^2	子流域水文地质特征
黄柏河(H)	H-1	H-1-11		41.7	包含寒武系、奥陶系、志留系;岩性主要为中厚层灰岩、白云岩、页岩;地表水补给地下水,以地下水为主
		H-1-12		17.0	包含寒武系、奥陶系;岩性主要为中厚层灰岩、白云岩;以地下水为主
		H-1-13		46.6	包含寒武系、奥陶系、志留系;岩性主要为中厚层灰岩、白云岩、页岩;地表水补给地下水,以地下水为主
		H-1-14		273.8	包含寒武系、奥陶系、志留系;岩性主要为中厚层灰岩、白云岩、页岩;地表水补给地下水,以地表水为主
	H-2	H-2-1		322.8	包含黄陵岩体、震旦系,岩性主要为片麻岩、斜长角闪岩、灰岩;地表水补给地下水,以地表水为主
		H-2-2		22.4	主要为黄陵岩体,岩性主要为片麻岩、斜长角闪岩;以地表水为主
		H-2-3		41.7	主要为黄陵岩体,岩性主要为片麻岩、斜长角闪岩;以地表水为主
		H-2-4		8.3	主要为震旦系,岩性主要为泥灰岩、灰泥灰岩;以地下水为主
		H-2-5		67.8	包含震旦系、寒武系;岩性主要为中厚层灰岩、白云岩;以地表水为主
	H-3			135.4	包含震旦系、寒武系;岩性主要为中厚层灰岩、白云岩;以地表水为主
长江干流(C)	C-1			291.5	包含二叠系、侏罗系;岩性主要为灰岩、粉砂岩;地下水补给地表水,以地表水为主
	C-2			96.0	主要为侏罗系;岩性主要为石英砂岩、粉砂岩;以地表水为主
	C-3			71.3	主要为二叠系;岩性主要为灰岩夹少量粉砂岩;以地下水为主
	C-4	C-4-1		177.7	包含志留系、三叠系、侏罗系;岩性主要为灰岩、粉砂岩、页岩;地下水补给地表水,以地下水为主
		C-4-2		198.8	包含志留系、三叠系、侏罗系;岩性主要为灰岩、粉砂岩、页岩;地下水补给地表水,以地下水为主
	C-5			422.1	包含志留系、三叠系、侏罗系;岩性主要为灰岩、粉砂岩、页岩;地下水补给地表水,以地下水为主
	C-6			392.8	包含志留系、二叠系、三叠系;岩性主要为灰岩、粉砂岩、页岩;以地下水为主
	C-7			296.3	主要为黄陵岩体;岩性主要为片麻岩、斜长角闪岩;以地表水为主
	C-8			330.5	主要为黄陵岩体;岩性主要为片麻岩、斜长角闪岩;以地表水为主
	C-9			170.0	包含二叠系、三叠系;岩性主要为灰岩、粉砂岩;以地下水为主
	C-10			200.8	包含寒武系、奥陶系;岩性主要为灰岩、白云岩;以地下水为主
	C-11			209.3	包含志留系、三叠系;岩性主要为灰岩、粉砂岩、页岩;地下水补给地表水,以地表水为主
	C-12			373.8	包含志留系、二叠系;岩性主要为灰岩、粉砂岩、页岩;地下水补给地表水,以地表水为主
	C-13			405.2	主要为第四系;岩性主要为黏土亚黏土;以地表水为主
	C-14			315.9	主要为志留系;岩性主要为粉砂岩、页岩;以地表水为主
	C-15			418.5	直接汇入长江流域,涉及岩性较为广泛,包含研究区内大部分地层,地下水补给地表水

第三节　水资源量评价

在宜昌市流域系统划分的基础上，以最小流域为计算单元，根据水均衡原理，计算各子流域内的水资源总量 $R_{总}$，再根据各子流域降雨入渗条件，分别计算地表水资源量和地下水资源量。

$$R_{总}=P\cdot 产流系数$$

$$R_{G}=\alpha\cdot R_{总}$$

$$R_{S}=R_{总}-R_{G}$$

式中：P 为降雨量；R_G 为地下水径流量；R_S 为地表水径流量；α 为降雨入渗系数。

降雨量、产流系数以及降雨入渗系数的确定是开展水资源评价的关键。降雨量的时空分布特征决定了水资源量的时空分布的总体特征，蒸发蒸腾、包气带截流等共同影响区域的产流量，根据流域的降雨量和出口断面的径流量监测数据，可计算流域的产流系数，再根据子流域的面积即可计算各子流域的水资源总量。

降雨入渗系数决定了地表水和地下水资源的分配比例，该参数不仅受地层岩性、地形地貌、岩溶发育程度的影响，同时还与降雨特征有关，通过对宜昌市不同降雨强度下降雨频率和降雨量进行统计分析，可计算不同降雨强度条件下的降雨入渗系数，获取不同季节的地下水和地表水资源量的分配特征。

通过对不同年份降雨量的差异，统计宜昌市不同保证率下降雨的时空间分布，按照降雨强度和空间分布的差异，进一步对宜昌市不同保证率下降雨水文年的地下水资源补给量和地表水资源补给量进行计算，确定宜昌市在不同水文年的可利用水资源量。

一、降水特征分析

1. 年降水时空分布特征

通过对宜昌市境内气象监测站数据进行筛选，利用其中 105 个数据较为完整的气象站，整理各降雨监测站年降雨数据，以 2019 年降雨数据为基础通过克里金插值分析方法得到降雨量的空间分布，如图 2.3.1 所示。

从图中能够看出在宜昌市境内年降雨量具有明显的空间差异性，降雨中心分布在五峰县和宜都市交界处，最大降雨量约为 1110mm。降雨量自长阳县降雨中心向四周逐渐减弱，其中向东、西两侧清江以及沮漳河流域衰减速度较快，宜昌市 2019 年降雨量最小为 783mm，位于沮漳河流域当阳市附近区域。向北部香溪河、黄柏河流域降雨量衰减趋势不明显。次降雨中心北侧降雨量呈现先减小、后增大的趋势，香溪河流域北部降雨量可达 1020mm。从流域角度分析，宜昌市境内四大子流域中，宜昌市南侧清江流域年均降雨量最大，沮漳河流域年均降雨量较小。最大年降雨量差异约为 320mm。

2. 年降雨量时间分布特征

根据宜昌市 1956—1983 年以及 2017—2019 年多年降雨资料，选取记录完整的气象监测站，对其不同年份的降雨量进行统计，得到在不同保证率下的大气降雨量数据见表 2.3.1。

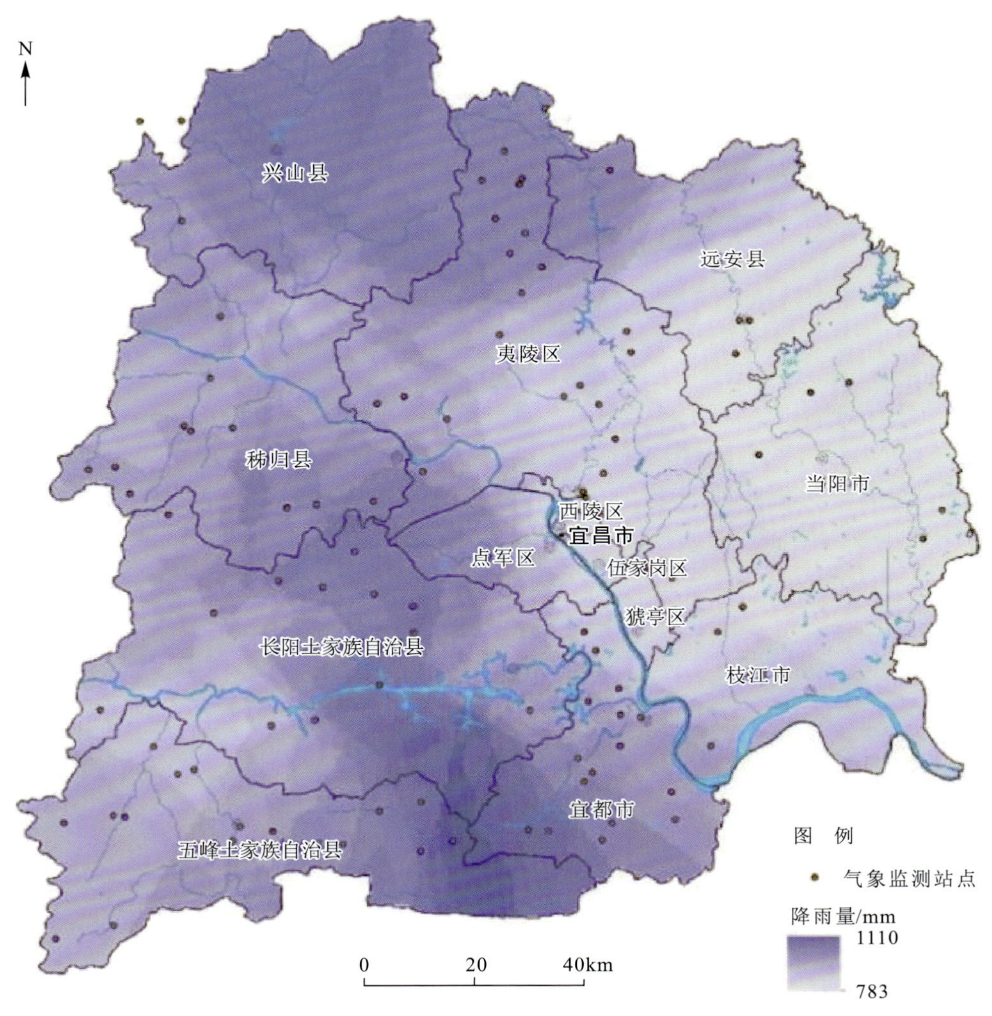

图 2.3.1　宜昌市降雨空间分布图

表 2.3.1　宜昌市不同保证率下年降雨量统计表

降雨保证率/%	12.50	25	50	75	87.50
秭归站/mm	1 089.7	1 054.3	966.3	912.6	877.2
水果园站/mm	1 212.7	1 183.5	1 092.4	1 006.5	857.3
中阳垭站/mm	1 283.9	1 210.7	1 105.7	1 011.2	894.7
青山站/mm	1 140.0	1 107.1	997.5	915.2	796.4
郑家坪站/mm	1 144.0	976.5	949.3	807.6	732.5
红花站/mm	1 394.0	1 270.9	1 166.9	958.2	772.0
九冲站/mm	1 459.9	1 359.5	1 225.6	962.1	770.1
南阳河站/mm	1 305.4	1 149.6	1 045.3	943.5	834.3
兴山站/mm	1 164.3	1 123.8	970.7	860.7	784.8
水月寺站/mm	1 225.5	1 163.2	1 034.6	917.2	851.6
峡口站/mm	1 149.4	1 106.9	940.2	856.4	805.8
花桥站/mm	1 397.8	1 368.7	1 202.9	972.9	766
平均降雨量/mm	1 247.2	1 172.9	1 058.1	927.0	811.9

随着保证率的不断降低，宜昌市年降雨量逐渐增加。在保证率为 87.5%的枯水年平均降雨量为 811.9mm；在保证率为 50%的平水年中，宜昌市全域平均年降雨量为 1 058.1mm；在保证率为 12.5%的丰水年中，宜昌市全域平均年降雨量为 1 247.2mm。通过对不同气象站进行统计分析能够发现在不同年份、不同气象站的降雨监测数据中，降雨的空间分布规律基本符合前文中描述的宜昌市降雨情况空间分布差异，说明宜昌市境内的年降雨量具有明显的时空分布规律。

3. 季度降水分布特征

宜昌市属于温带季风性气候，降雨量具有一定的规律性，依据其降雨量的分布及频次可将宜昌市一个水文年分为丰水期、平水期和枯水期 3 个降雨周期。丰水期主要为每年的 5—8 月，枯水期为 1—2 月、11—12 月，每年剩余月份依据降雨量的情况，划分为平水期。

依据资料收集情况，选取 9 处气象监测站对宜昌市降雨情况进行统计，如图 2.3.2 所示。选取站点尽量空间分布均匀，且数据连续性较好。通过对上述气象站 2018—2019 年各季度降雨情况进行统计，按照 1—2 月、11—12 月作为枯水期、5—8 月作为丰水期，其余 4 个月作为平水期对宜昌市降雨情况进行统计（数据来源于国家降雨监测站点），结果见表 2.3.2、表 2.3.3。

图 2.3.2　宜昌市季度降雨量统计选站分布图

表 2.3.2　2018 年宜昌市气象监测站季度降雨量统计情况表

单位:mm

气象站	文化站	柏木坪	花林寺	玉泉寺	袁家冲	木林	西北路	天柱山	染坊坪
总降雨量	960.50	1209.0	1211.0	1042.5	885.50	1261.5	1251.5	878.50	1409.0
枯水季降雨量	158.00	196.00	158.00	127.00	130.00	150.00	149.00	160.00	232.50
平水季降雨量	293.00	300.00	442.00	343.50	225.50	352.50	454.00	236.00	441.00
丰水季降雨量	509.50	713.00	611.00	572.00	530.00	759.00	648.50	482.50	735.50

表 2.3.3　2019 年宜昌市气象监测站季度降雨量统计情况表

单位:mm

气象站	文化站	柏木坪	花林寺	玉泉寺	袁家冲	木林	西北路	天柱山	染坊坪
总降雨量	835	713	747	776	829	800.5	819	1270.5	1 114.5
枯水季降雨量	100	68	73.5	57.5	61.5	79.5	98.5	170	164.5
平水季降雨量	327.5	240.5	244	190	223	134.5	241.5	378.5	328.5
丰水季降雨量	407.5	404.5	429.5	528.5	544.5	586.5	479	722	621.5

根据表 2.3.3,依照 2019 年宜昌市降雨情况按照季度进行划分,丰水期降雨量平均为 518.85mm,占比约为 57%。平水期降雨量平均为 288.85mm,占比约为 32%;枯水期降雨量平均为 99.5mm,占比约为 11%。依照 2018 年宜昌市降雨情况按照季度进行划分,丰水期降雨量平均为 735.5mm,占比约为 55.01%。平水期和枯水期降雨分别占比约为 30.54%、14.45%。

根据宜昌市境内 9 个典型气象监测站 2018—2019 年降雨量数据进行处理,划分丰水期、平水期、枯水期 3 种类型,通过对两年数据对比可知,宜昌市降雨主要集中在丰水期(5—8 月)内,降雨量占全年总降雨量的 55%~57%;平水期主要是每年的 3—4 月、9—10 月,降雨量约占全年总降雨量的 31%;枯水期降雨较少,降雨量占全年降雨量的 11%~14%,该时期降雨的单次降雨量相对较小,以 0~14mm 强类型降雨为主,对水资源的补给量较少。

通过对宜昌市丰水期、平水期、枯水期降雨频率和降雨强度数据进行整理,宜昌市枯水期降雨量主要集中在 0~80mm 之间,次降雨量较小,对地下水资源量的补给有限。平水期 0~14mm 的降雨量减小,80~120mm 的降雨量增加至 38%。在 5—8 月的丰水期次降雨量主要集中在 50mm 以上,对宜昌市水资源量具有良好的补给作用。

4. 次降雨分布特征

次降雨量的大小对降水的入渗补给有很大的影响,为保证水资源计算的精确,选取宜昌市境内文化、湘坪等 10 个处于不同空间位置的气象监测站对研究区降水的特征规律进行统计。将次降雨量按照 0~14mm、14~50mm、50~80mm、80~120mm、大于 120mm 共 5 个分段进行统计,统计标准为同一次降水期内连续无降水时间不超过 3d,得到各气象站多年降水数据统计结果如图 2.3.3 所示。

统计结果显示,不同强度的降雨在全年降雨中所占的比重具有一定的规律性。在对典型气象站降雨数据的统计过程中发现宜昌市全年降雨过程中次降雨量 0~14mm 的频率为 13.83%。降雨强度主要分布在 14~50mm 之间,各监测站之间的平均数值为 51.59%,50~80mm 降雨强度内的频率为 19.03%。80~120mm 和单次降雨大于 120mm 的频率分别为 11.72%和 3.80%。

综合分析宜昌市降雨强度由降雨中心向东、西两侧逐渐减弱,符合宜昌市总体降雨分布情况特征。根据次降雨数据和降雨空间分布规律的差异性,结合水文流域系统对流域水资源进行评价,提高水资源

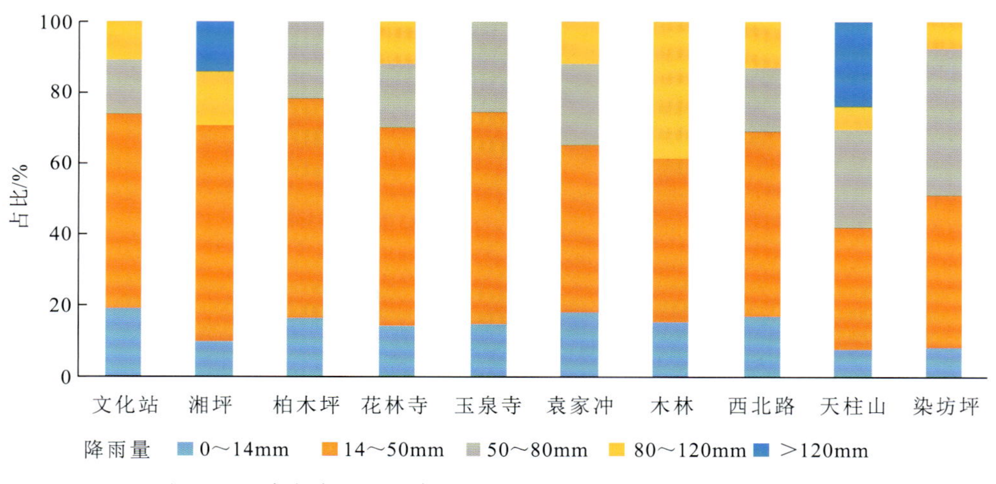

图 2.3.3　各气象站不同降雨强度次降水量占年均总降水量的比重

评价的准确度。

除此之外，还有几个规律性特点：1—7 月，小强度次降水逐月减少，大强度次降水逐月增多；8—12 月，大强度次降水逐月减少，小强度次降水逐月增多；4—9 月以次降水量大于 50mm 的降雨为主；10 月至次年 3 月，降水主要以次降水量小于 50mm 为主，呈现周期性变化。

二、水资源评价参数的确定

本次水资源计算涉及参数主要包括产流系数和次降雨入渗补给系数。依据上述两种水文地质参数对水资源进行评价，首先依据在降雨条件下流域产流系数对流域内总水资源量进行总量的计算，从流量衰减方程中对次降雨过程中地下水和地表水的补给量进行计算，分析在不同流域类型和不同降雨量情况下对地下水补给资源量进行计算。

1. 产流系数

产流是指降雨量扣除损失形成的有效降雨的过程。降雨损失主要包括植物截留、下渗蒸发，其中以蒸发和下渗为主。产流量是指降雨形成径流的那部分水量。由于各流域所处地理位置差异、水文地质条件差异产流情况相当复杂。针对不同地层依据水文地质条件可概括为强岩溶发育地层、中等岩溶发育地层、砂岩裂隙发育地层、志留—泥盆系变质岩风化裂隙含水层和宜昌市东南部第四系孔隙含水层。

依据降雨量和流域汇水面积与地表流量变化关系计算不同流域类型地表降雨产流情况，本次地表水流量监测站点共计 18 个。地表水流量监测站点如图 2.3.4 所示。

通过该降雨产生的总径流量与降雨总量的比值确定该地层在降雨响应过程中的产流情况并对宜昌市地区其他地层流域计算得到不同含水类型地层的产流系数。其计算公式如下：

$$产流系数 = \frac{R_{总}}{P \cdot A}$$

式中：$R_{总}$ 为流域总径流量，通过对流域出口总径流量进行计算；P 为该流域面积内的降雨总量；A 为该流域内的汇水总面积。计算结果见表 2.3.4。

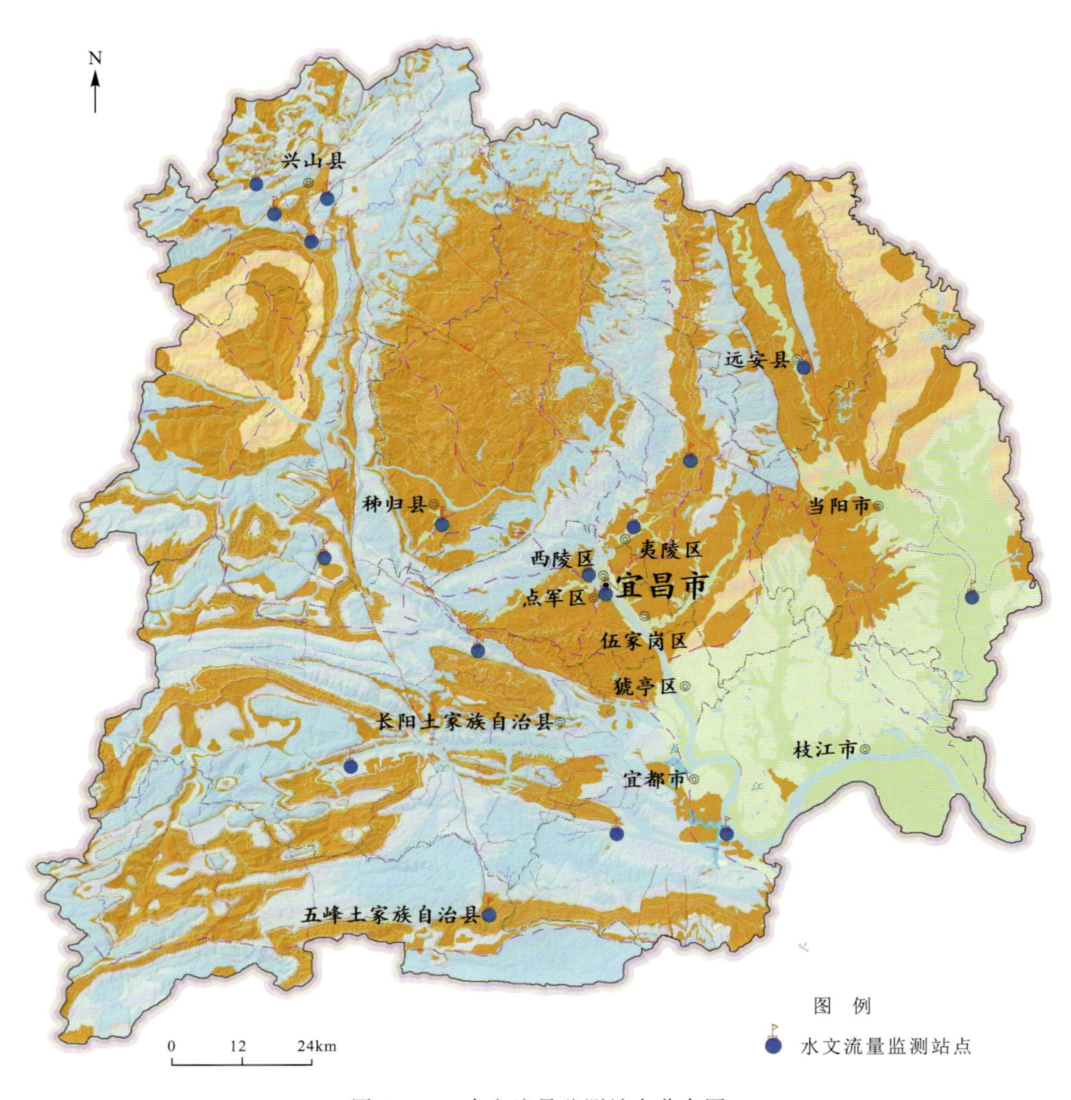

图 2.3.4　水文流量监测站点分布图

表 2.3.4　不同含水层产流系数计算结果表

含水岩组	产流系数/%
强岩溶地层(寒武系,奥陶系,三叠系大冶组、嘉陵江组)	78.6
中等岩溶地层(栖霞组、茅口组等可溶岩地层)	69.0
裂隙含水层(侏罗系、白垩系、黄陵岩体等)	55.0
孔隙含水层(第四系更新统、全新统)	44.0

从表 2.3.4 中能够看出在宜昌市区域中岩溶地层的产流系数在不同流域内的数值具有较大的差异,台塬型溶蚀洼地可溶岩流域产流系数为 78.6%,降雨对水资源量的补给量较多,蒸发、植被截留量相对较少。溶蚀侵蚀中低山岩溶裂隙含水地层流域产流系数为 69.0%,对比强岩溶发育流域产流系数相对较小,岩溶发育程度差,地下水在含水层中的平均驻留时间相对较长。剥蚀侵蚀中低山裂隙含水层产流系数为 55.0%,约 45%的降雨不能转化为水资源进行评价,降雨量主要损失发生在蒸发以及植被截留方面。第四系平原岗地孔隙含水层由于地下水深度较浅,地表植被相对丰富,产流系数相对较小,

为 44.0%，蒸发量和植被截留量相对较多。

2. 降雨入渗系数

大气降水补给地下水的影响因素众多，大体可分为气候、地质、地形、植被、土地利用等几个方面。不同因素组合下的地下水补给量占总补给量的百分数也会有所差异。由于宜昌市区域地质结构、水文地质条件相对复杂，依据宜昌市降雨类型以及降雨分布对流域接受不同强降雨的地下水补给资源量进行详细计算。将计算结果作为该次降雨对流域地下水资源量的补给情况进行说明。将流域水资源量分割为地表水资源量和地下水资源量两部分，以次降雨入渗补给系数 α 进行划分。

次降雨入渗补给系数 α 获取，主要根据汇水区地下水排泄量（地表水基流量）推算求出。不同评价分区地下水补给、径流、排泄特点不同，其地下水降雨补给系数获取计算需依据其水资源构成特点及规律，采取不同方法进行地下水降雨补给系数计算：以泉点集中排泄型主要通过泉流量观测数据求取，河流分散排泄型主要通过水文学流量过程分割法求取（图 2.3.5）。

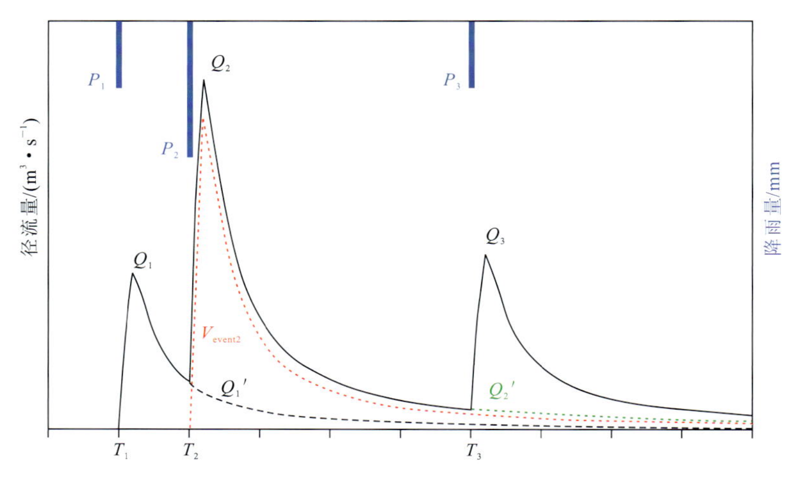

图 2.3.5　地下水降雨补给系数的计算方法原理示意图

对各典型区各次降雨事件所对应的水文过程进行恢复：

$$Q_1' = Q_{T_2} e^{-\beta t}$$

计算每次降雨事件产生的补给增加量体积：

$$V_{\text{event2}} = \int_{T_2}^{+\infty} (Q_2 + Q_2' - Q_1')\,dt$$

计算每次降雨事件产生的径流深度：

$$R_{\text{event2}} = P_{\text{eff}} = \frac{V_{\text{event2}}}{A}$$

计算每次降雨事件的次降雨入渗补给系数：

$$\alpha = \frac{V_{\text{event2}}}{A \cdot P_2}$$

对于可溶岩地层流域，地表存在落水洞、溶蚀裂隙等利于降雨入渗形成补给的流通条件，并且地表水系不发育，地表水资源主要为大型降雨产生的超渗产流，地表常年性河流主要为岩溶泉排泄由地下水转化为地表水资源。在非可溶岩流域，地下水主要以泄流形式排泄于地表水，地下水的排泄量可用地表水的基流量代替，可采用流量衰减分析法对地表水资源量和地下水资源量进行分割。以渔洋关流域 Q－20－2 子流域含水系统 2018 年 10 月 13 日至 2018 年 10 月 31 日降雨过程为例，进行系数计算。

根据图 2.3.6 流量过程曲线分析，此次降水发生于上次降水引起洪峰衰减的终末阶段。自 2018 年 10 月 20 日降水开始之后地下河流量开始增大，在降水影响下，地下河出现明显的洪峰过程，与降水量大小有很好的对应关系，之后随着降水的停止，流量缓慢衰减。若无此次降水，流量将按照上图中红色曲线进行衰减，记为 $Q_1(t)$；将由于此次降水引起的流量变化，及降水停止后流量按规律衰减过程记为 $Q_2(t)$，如图中黑色曲线所示。

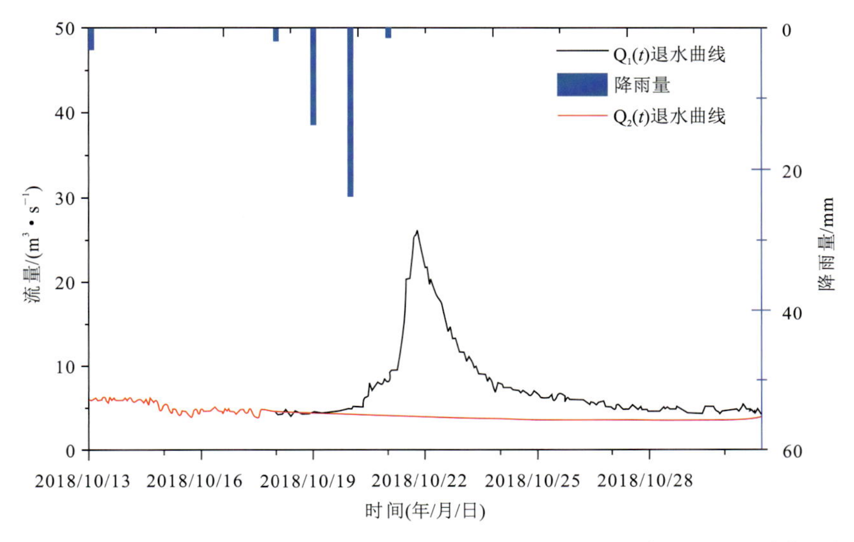

图 2.3.6　2018 年 10 月 13 日至 2018 年 10 月 31 日子流域次降雨补给量计算图解

图 2.3.6 中红色退水曲线与黑色曲线所包络面积为此次降水对渔洋关子流域系统地下水补给资源量，计算公式及计算结果为：$V=\int_{t_0}^{\infty}[Q_2(t)-Q_1(t)]\mathrm{d}t=7.550\times10^6(\mathrm{m}^3)$。

Q-20-2 代表的渔洋河子流域的降雨补给面积为 $387.7\mathrm{km}^2$，此次降雨总量为 41.5mm。补给区有效降雨总量为 $1.26\times10^7\mathrm{m}^3$。故在此次降雨过程中，次降雨入渗补给系数 α 为 0.597。

依据流量衰退曲线中各阶段的曲线的斜率不同，对次降雨流量相应情况进行衰退阶段划分（图 2.3.7），图中第Ⅰ衰减阶段在岩溶地区依据降雨量的大小可划分为超渗产流地表水资源量或岩溶大型管道内部地下水资源量；第Ⅱ衰减阶段为地下水资源量；第Ⅲ阶段主要成分为地下水基流量。

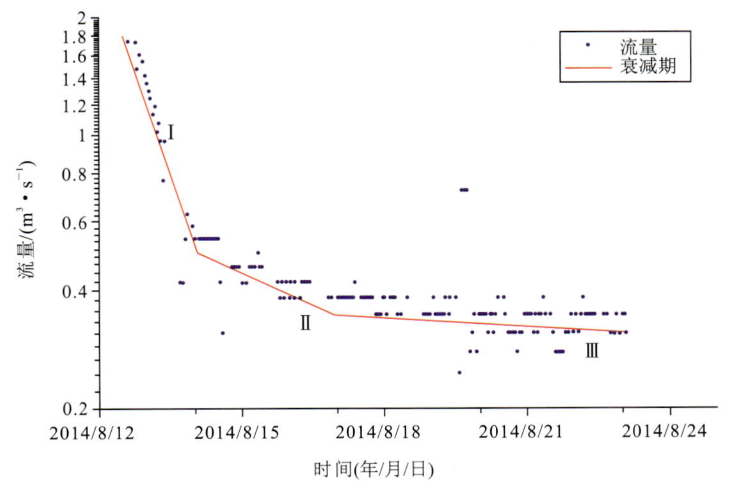

图 2.3.7　次降雨流量及衰减期划分图

对于非岩溶流域，以地表水基流量作为地下水排泄量反求降雨入渗系数。选取凉伞沟2014年8月12日和2014年9月22日次流量衰减过程（数据来源于地质调查项目香溪河岩溶流域水资源评价专题），进行流量衰减阶段划分及流量衰减系数计算（图2.3.8）。

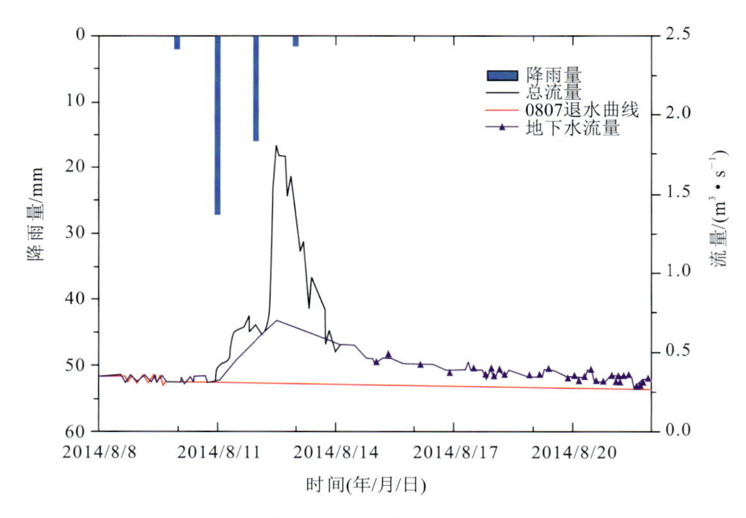

图2.3.8　凉伞沟流域次降雨入渗补给量计算图

此次降水引起洪峰水文过程如图2.3.8所示，黑色曲线为洪峰流量，蓝色曲线为地下水径流量，红色曲线为上次洪峰退水曲线按规律延伸。蓝色曲线与红色曲线所包络面积即为2014年8月12日降水对地下水资源的补给量。黑色曲线与蓝色曲线的包络面积该次降雨产生的地表水资源量。经计算，此次地下水资源补给量V为$2.96\times10^5m^3$，降水资源总量P为$1.35\times10^6m^3$。次降雨入渗补给系数α为0.22。

结合收集到的流量监测数据（清江流域水文地质调查项目）及降雨数据（数据来源于国家降雨监测站数据收集资料），通过对不同含水地层不同降雨强度次降雨情况进行分析，总结宜昌地区各类型含水层的地下水补给资源量，确定区内主要含水层的降雨入渗系数其与降雨强度之间的关系。

1）岩溶含水层

宜昌市境内岩溶含水地层主要可分为寒武—奥陶系、下二叠统、中三叠统3组岩溶含水地层，各含水层在不同降雨量条件下的次降雨入渗系数如表2.3.5所示。

表2.3.5　岩溶含水层次降雨入渗补给系数计算结果表

二叠系		奥陶系		下三叠统	
降雨量/mm	入渗系数	降雨量/mm	入渗系数	降雨量/mm	入渗系数
17.50	0.38	17.50	0.37	18.00	0.39
24.50	0.52	24.50	0.47	23.50	0.50
25.50	0.54	25.50	0.52	24.50	0.52
25.50	0.54	25.50	0.53	27.00	0.56
29.00	0.60	29.00	0.53	30.00	0.61
33.00	0.65	33.00	0.69	33.00	0.65

续表 2.3.5

二叠系		奥陶系		下三叠统	
降雨量/mm	入渗系数	降雨量/mm	入渗系数	降雨量/mm	入渗系数
36.00	0.69	36.00	0.68	46.50	0.78
40.00	0.73	40.00	0.66	47.50	0.78
41.50	0.74	41.50	0.66	51.00	0.79
51.00	0.79	51.00	0.63	56.50	0.80
59.50	0.79	59.50	0.62	68.00	0.75
61.00	0.79	61.00	0.61	85.50	0.52
84.50	0.54	84.50	0.57	109.00	0.40
152.00	0.40	152.00	0.50	176.00	0.40
176.50	0.40	176.50	0.48	268.00	0.40
430.00	0.40	430.00	0.37	386.00	0.40

对次降雨入渗补给系数按照不同地层进行总结，岩溶含水层具有以下几个特征：①次降雨入渗补给系数随降雨强度的增大具有先增大后减小的趋势。在 0～50mm 降雨强度下，降雨入渗系数普遍增大，且增大趋势相对较快，主要是随降雨强度不断增大，产流系数不断增大能够更好地转化为水资源量；②降雨强度达到 80mm 之后，次降雨入渗补给系数相对开始减小，单次降雨对流域地下水资源的补给趋于饱和，入渗程度开始减弱；③单次降雨强度超过 120mm 之后，地下水降雨补给系数趋于稳定且上述集中可溶岩含水层中的地下水降雨补给系数基本稳定在 0.4 左右，地下水补给量较多。

2)裂隙含水层

宜昌市境内基岩裂隙含水层主要包括侏罗系、白垩系，以及其他砂岩、火成岩地层，将上述地层选取部分代表性监测站进行次降雨入渗补给系数计算。基岩类裂隙含水层广泛分布在宜昌市境内香溪河、黄柏河、沮漳河流域，以侏罗系、白垩系和黄陵岩体为主。通过对不同次降雨强度下降雨流量的响应关系计算得到上述含水层的次降雨入渗补给系数。随单次降雨强度不断增大，由于地层自身发育裂隙有限，次降雨入渗补给系数逐渐减小(图 2.3.9、图 2.3.10)。降雨在该含水层流域内，只有少部降雨转化为地下水资源，大部分作为地表径流的形式汇入河流。

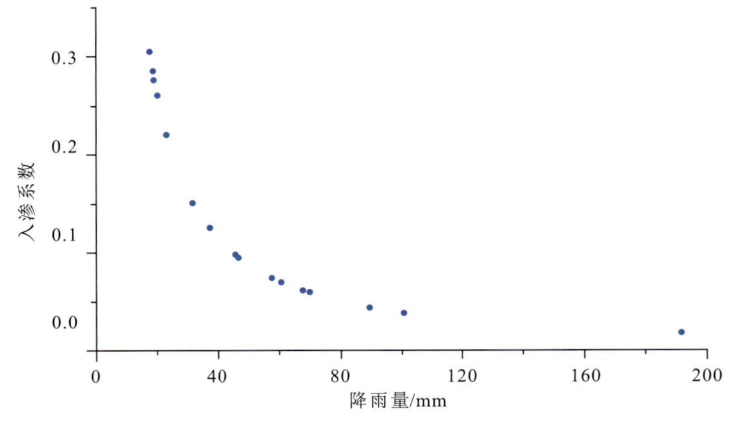

图 2.3.9　侏罗—白垩系裂隙含水层次降雨入渗补给系数与降雨量的关系

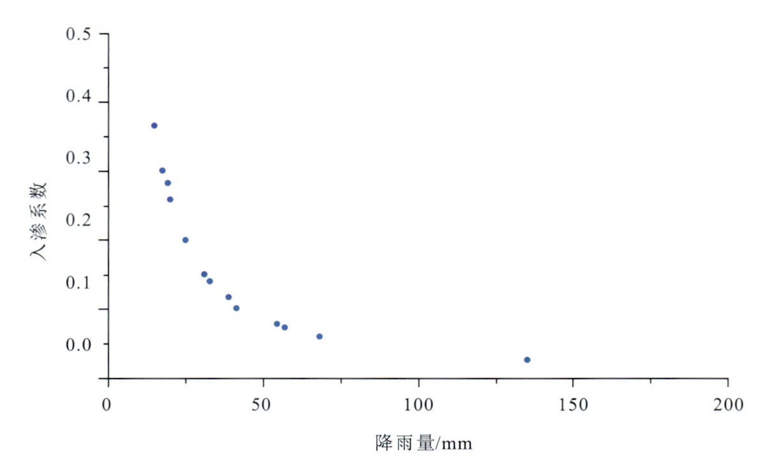

图 2.3.10　巴东组裂隙含水层次降雨入渗补给系数与降雨量的关系

3. 参数计算结果

通过次降雨降雨量与流量之间的关系，计算在不同降雨条件下不同含水层的降雨入渗系数，对于本次水资源评价将对降雨量进行分级：小于 14mm、14～50mm、50～80mm、80～120mm 和大于 120mm，按照上述 5 类次降雨强度对不同流域中的降雨入渗系数进行赋值。由于宜昌市地层、构造条件复杂，在单一子流域中存在多种类型地下水含水层，因此对于子流域中次降雨入渗系数赋值主要依据前述计算得到单一含水层降雨入渗系数和子流域内含水层地表出露面积所占比例进行赋值。

不同子流域之间降雨入渗系数差异较大，同一子流域不同降雨强度条件下同样存在较大差异。0～14mm 降雨条件下受到地表截流、蒸发等因素的影响，基本不会形成对地下水的有效补给，降雨入渗系数 α 均为 0；14mm 以上次降雨依照流域含水层条件的差异进行赋值。各子流域参数赋值如表 2.3.6 所示。

三、水资源量评价结果

1. 季节性水资源量评价

通过收集到的 2019 年宜昌市境内降雨监测数据，对丰水期、平水期、枯水期的降雨量进行整理分析，将不同水期的降雨量、不同降雨强度的次降雨频率进行计算、总结以次降雨入渗系数法对水资源量进行计算可以得到，方法与宜昌市年度水资源量计算方法一致。

从计算结果可以看出，宜昌市地区地下水资源和地表水资源丰水期补给量约占全年补给量的 54%，是水资源补给的主要时期，平水期水资源补给量为 31%，枯水期补给量仅为 15%，与降雨量分布吻合程度较高。枯水期由于降雨量相对较小且次降雨在 0～14mm 范围内较多，对地下水资源形成的补给量较小，降雨量难以形成有效的水资源量，主要以蒸发蒸腾和植被截留的方式消耗、利用。平水期次降雨量相对于枯水期有所增加，对水资源的补给情况有所增加，蒸腾蒸发量和植被截留消耗量所占比例相对较小。

2. 年度水资源量评价

以 2019 年整年降雨量为依托，对区域水资源量进行计算，按 2019 年宜昌市不同降雨强度的降雨频率进行划分，依据计算得到的不同降雨条件下的降雨入渗补给系数，结果显示：2019 年宜昌市水资源总量为 128.36 亿 m^3，地下水资源为 41.25 亿 m^3；地表水资源量为 87.11 亿 m^3，地表水的补给资源量约

表 2.3.6 流域水资源评价参数取值表

流域名称			流域面积/km^2	年降雨量/mm	产流系数	降雨入渗系数				
						次降雨量 0～14mm	次降雨量 14～50mm	次降雨量 50～80mm	次降雨量 80～120mm	次降雨量 >120mm
清江Q	Q-1		203.1	917.14	0.690	0.000	0.202	0.067	0.041	0.016
	Q-2	Q-2-1	58.6	1 067.52	0.786	0.000	0.703	0.620	0.572	0.450
		Q-2-2	217.2	1 064.31	0.786	0.000	0.527	0.465	0.429	0.337
		Q-2-3	189.4	998.37	0.690	0.000	0.316	0.279	0.257	0.202
	Q-3		138.2	1 002.37	0.550	0.000	0.202	0.067	0.041	0.016
	Q-4		39.0	991.07	0.786	0.000	0.705	0.610	0.542	0.459
	Q-5		63.2	1 008.94	0.786	0.000	0.564	0.488	0.434	0.367
	Q-6	Q-6-1	43.5	988.25	0.690	0.000	0.605	0.502	0.442	0.371
		Q-6-2	176.2	994.28	0.690	0.000	0.572	0.476	0.417	0.348
	Q-7	Q-7-1	315.5	992.41	0.690	0.000	0.386	0.427	0.250	0.207
		Q-7-2	245.5	960.17	0.690	0.000	0.386	0.427	0.250	0.207
	Q-8	Q-8-1	349.0	897.32	0.690	0.000	0.428	0.501	0.315	0.245
		Q-8-2	64.9	984.23	0.690	0.000	0.598	0.791	0.537	0.400
	Q-9		79.8	879.16	0.550	0.000	0.174	0.074	0.041	0.013
	Q-10	Q-10-1	36.3	870.27	0.690	0.000	0.386	0.427	0.250	0.207
		Q-10-2	58.3	918.24	0.690	0.000	0.479	0.623	0.367	0.320
		Q-10-3	129.4	917.52	0.690	0.000	0.599	0.779	0.459	0.400
	Q-11	Q-11-1	44.4	915.49	0.786	0.000	0.599	0.779	0.459	0.400
		Q-11-2	20.4	900.19	0.690	0.000	0.429	0.497	0.292	0.245
		Q-11-3	31.8	920.56	0.690	0.000	0.429	0.497	0.292	0.245
		Q-11-4	295.1	929.24	0.550	0.000	0.514	0.638	0.376	0.323

续表 2.3.6

流域名称			流域面积/km²	年降雨量/mm	产流系数	降雨入渗系数				
						次降雨量 0～14mm	次降雨量 14～50mm	次降雨量 50～80mm	次降雨量 80～120mm	次降雨量 ＞120mm
清江Q	Q－12	Q－12－1	82.0	849.97	0.786	0.000	0.599	0.779	0.459	0.400
		Q－12－2	65.0	874.00	0.690	0.000	0.514	0.638	0.376	0.323
		Q－12－3	53.1	874.54	0.786	0.000	0.514	0.638	0.376	0.323
		Q－12－4	25.3	885.04	0.690	0.000	0.386	0.427	0.250	0.207
		Q－12－5	87.1	890.65	0.690	0.000	0.276	0.243	0.141	0.106
		Q－12－6	20.0	887.05	0.550	0.000	0.276	0.243	0.141	0.106
		Q－12－7	16.9	905.34	0.550	0.000	0.225	0.159	0.091	0.060
		Q－12－8	37.1	938.79	0.550	0.000	0.196	0.073	0.044	0.018
		Q－12－9	77.5	940.89	0.690	0.000	0.330	0.293	0.195	0.134
		Q－12－10	101.7	925.64	0.690	0.000	0.330	0.293	0.195	0.134
	Q－13	Q－13－1	30.2	901.46	0.690	0.000	0.484	0.569	0.336	0.286
		Q－13－2	34.6	895.19	0.550	0.000	0.196	0.073	0.044	0.018
		Q－13－3	197.5	948.94	0.550	0.000	0.196	0.073	0.044	0.018
	Q－14		117.7	1 047.39	0.550	0.000	0.196	0.073	0.044	0.018
	Q－15	Q－15－1	109.4	1 034.57	0.786	0.000	0.428	0.348	0.313	0.241
		Q－15－2	86.2	1 078.89	0.786	0.000	0.703	0.620	0.572	0.450
		Q－15－3	26.7	1 069.79	0.786	0.000	0.703	0.620	0.572	0.450
		Q－15－4	41.1	1 077.89	0.690	0.000	0.174	0.074	0.041	0.013
	Q－16	Q－16－1	67.9	1 078.89	0.786	0.000	0.703	0.620	0.572	0.450
		Q－16－2	100.2	1 098.19	0.550	0.000	0.196	0.073	0.044	0.018
	Q－17		31.2	989.24	0.550	0.000	0.297	0.182	0.150	0.104

续表 2.3.6

流域名称			流域面积/km²	年降雨量/mm	产流系数	降雨入渗系数				
						次降雨量 0～14mm	次降雨量 14～50mm	次降雨量 50～80mm	次降雨量 80～120mm	次降雨量 ＞120mm
清江Q	Q-18	Q-18-1	36.7	989.58	0.550	0.000	0.399	0.292	0.255	0.191
		Q-18-2	32.9	976.12	0.786	0.000	0.601	0.511	0.466	0.363
	Q-19		15.5	905.34	0.786	0.000	0.703	0.620	0.572	0.450
	Q-20	Q-20-1	74.7	1 088.04	0.690	0.000	0.343	0.361	0.239	0.168
		Q-20-2	387.7	1 008.84	0.786	0.000	0.597	0.511	0.465	0.362
		Q-20-3	92.0	996.69	0.550	0.000	0.174	0.074	0.041	0.013
		Q-20-4	76.5	1057.59	0.690	0.000	0.332	0.238	0.200	0.144
		Q-20-5	148.1	1 049.54	0.690	0.000	0.544	0.456	0.412	0.319
		Q-20-6	428.6	976.39	0.690	0.000	0.491	0.402	0.359	0.275
		Q-20-7	31.4	928.79	0.690	0.000	0.703	0.620	0.572	0.450
		Q-20-8	16.3	915.49	0.550	0.000	0.227	0.129	0.094	0.057
		Q-20-9	96.7	1 097.59	0.786	0.000	0.703	0.620	0.572	0.450
		Q-20-10	49.7	986.54	0.550	0.000	0.174	0.074	0.041	0.013
		Q-20-11	37.9	917.06	0.690	0.000	0.438	0.347	0.306	0.231
		Q-20-12	76.2	1 066.94	0.786	0.000	0.703	0.620	0.572	0.450
		Q-20-13	79.2	1 065.74	0.786	0.000	0.703	0.620	0.572	0.450
	Q-21		19.1	935.79	0.690	0.000	0.332	0.238	0.200	0.144
	Q-22		58.2	883.65	0.690	0.000	0.599	0.779	0.459	0.400
	Q-23		96.9	990.57	0.786	0.000	0.650	0.566	0.518	0.406

续表 2.3.6

流域名称			流域面积/km²	年降雨量/mm	产流系数	降雨入渗系数				
						次降雨量 0～14mm	次降雨量 14～50mm	次降雨量 50～80mm	次降雨量 80～120mm	次降雨量 >120mm
沮漳河J	J-1	J-1-1	37.8	1 005.43	0.550	0.000	0.196	0.073	0.044	0.018
		J-1-2	38.1	975.96	0.690	0.000	0.317	0.285	0.169	0.150
		J-1-3	43.7	905.69	0.690	0.000	0.357	0.355	0.210	0.195
		J-1-4	43.2	910.28	0.690	0.000	0.397	0.426	0.252	0.239
		J-1-5	92.2	842.85	0.690	0.000	0.397	0.426	0.252	0.239
		J-1-6	34.6	820.06	0.550	0.000	0.236	0.143	0.086	0.062
		J-1-7	86.9	815.31	0.690	0.000	0.437	0.497	0.293	0.283
		J-1-8	18.9	824.71	0.550	0.000	0.196	0.073	0.044	0.018
		J-1-9	77.0	747.68	0.690	0.000	0.397	0.426	0.252	0.239
		J-1-10	66.2	795.40	0.690	0.000	0.437	0.497	0.293	0.283
		J-1-11	42.3	806.37	0.690	0.000	0.397	0.426	0.252	0.239
		J-1-12	22.3	809.00	0.550	0.000	0.196	0.073	0.044	0.018
		J-1-13	51.8	796.84	0.786	0.000	0.437	0.497	0.293	0.283
		J-1-14	60.9	805.42	0.690	0.000	0.317	0.285	0.169	0.150
		J-1-15	65.2	799.36	0.550	0.000	0.202	0.067	0.041	0.016
		J-1-16	123.1	783.54	0.550	0.000	0.216	0.109	0.091	0.073
		J-1-17	11.0	790.35	0.440	0.000	0.216	0.109	0.091	0.073
		J-1-18	76.0	807.21	0.500	0.000	0.216	0.109	0.091	0.073
		J-1-19	39.3	785.04	0.440	0.000	0.238	0.211	0.206	0.201
		J-1-20	18.9	798.67	0.550	0.000	0.225	0.157	0.144	0.132
		J-1-21	15.6	802.56	0.550	0.000	0.202	0.067	0.041	0.016
		J-1-22	22.3	804.77	0.500	0.000	0.202	0.067	0.041	0.016

续表 2.3.6

流域名称			流域面积/km^2	年降雨量/mm	产流系数	降雨入渗系数				
						次降雨量 0～14mm	次降雨量 14～50mm	次降雨量 50～80mm	次降雨量 80～120mm	次降雨量 >120mm
沮漳河J	J-1	J-1-23	35.3	815.49	0.550	0.000	0.202	0.067	0.041	0.016
		J-1-24	255.5	820.17	0.550	0.000	0.202	0.067	0.041	0.016
		J-1-25	140.6	806.33	0.690	0.000	0.353	0.230	0.191	0.149
		J-1-26	31.8	846.90	0.690	0.000	0.353	0.230	0.191	0.149
		J-1-27	121.5	868.42	0.690	0.000	0.353	0.230	0.191	0.149
		J-1-28	75.9	912.70	0.690	0.000	0.353	0.230	0.191	0.149
	J-2	J-2-1	44.8	880.36	0.550	0.000	0.202	0.067	0.041	0.016
		J-2-2	26.2	860.17	0.550	0.000	0.202	0.067	0.041	0.016
		J-2-3	54.9	797.20	0.550	0.000	0.202	0.067	0.041	0.016
		J-2-4	36.0	822.70	0.550	0.000	0.202	0.067	0.041	0.016
		J-2-5	78.8	795.87	0.550	0.000	0.202	0.067	0.041	0.016
		J-2-6	138.0	817.23	0.550	0.000	0.202	0.067	0.041	0.016
		J-2-7	100.4	800.24	0.550	0.000	0.202	0.067	0.041	0.016
		J-2-8	36.4	810.00	0.550	0.000	0.211	0.103	0.082	0.062
		J-2-9	46.8	825.76	0.550	0.000	0.211	0.103	0.082	0.062
		J-2-10	188.0	805.60	0.500	0.000	0.211	0.103	0.082	0.062
		J-2-11	76.3	819.43	0.500	0.000	0.247	0.247	0.247	0.247
		J-2-12	62.4	785.04	0.440	0.000	0.247	0.247	0.247	0.247
		J-2-13	146.7	790.09	0.440	0.000	0.247	0.247	0.247	0.247
		J-2-14	64.7	797.42	0.440	0.000	0.247	0.247	0.247	0.247
	J-3		314.1	905.67	0.440	0.000	0.247	0.247	0.247	0.247

续表 2.3.6

流域名称			流域面积/km²	年降雨量/mm	产流系数	降雨入渗系数				
						次降雨量 0～14mm	次降雨量 14～50mm	次降雨量 50～80mm	次降雨量 80～120mm	次降雨量 ＞120mm
沮漳河J	J－4		60.6	803.84	0.440	0.000	0.247	0.247	0.247	0.247
	J－5		146.7	813.99	0.440	0.000	0.247	0.247	0.247	0.247
	J－6		211.2	850.04	0.440	0.000	0.247	0.247	0.247	0.247
黄柏河H	H－1	H－1－1	10.4	900.82	0.786	0.000	0.705	0.610	0.542	0.459
		H－1－2	23.4	930.21	0.786	0.000	0.705	0.610	0.542	0.459
		H－1－3	23.5	912.18	0.786	0.000	0.705	0.610	0.542	0.459
		H－1－4	44.3	959.17	0.786	0.000	0.655	0.556	0.492	0.415
		H－1－5	69.9	994.59	0.69	0.000	0.504	0.393	0.342	0.282
		H－1－6	43.9	1 012.94	0.69	0.000	0.454	0.339	0.292	0.238
		H－1－7	88.6	1 014.72	0.69	0.000	0.504	0.393	0.342	0.282
		H－1－8	247.6	1 001.69	0.69	0.000	0.504	0.393	0.342	0.282
		H－1－9	46.5	998.17	0.786	0.000	0.705	0.610	0.542	0.459
		H－1－10	74.4	998.73	0.69	0.000	0.554	0.447	0.392	0.326
		H－1－11	51.9	970.01	0.69	0.000	0.454	0.339	0.292	0.238
		H－1－12	21.8	956.60	0.786	0.000	0.655	0.556	0.492	0.415
		H－1－13	57.0	889.25	0.69	0.000	0.454	0.339	0.292	0.238
		H－1－14	344.8	840.00	0.69	0.000	0.400	0.288	0.244	0.195
	H－2	H－2－1	407.8	991.04	0.55	0.000	0.202	0.067	0.041	0.016
		H－2－2	21.9	849.52	0.69	0.000	0.303	0.176	0.141	0.105
		H－2－3	53.0	893.73	0.55	0.000	0.303	0.176	0.141	0.105
		H－2－4	15.3	837.29	0.69	0.000	0.554	0.447	0.392	0.326
		H－2－5	85.5	866.99	0.69	0.000	0.554	0.447	0.392	0.326
	H－3		174.9	829.21	0.69	0.000	0.303	0.176	0.141	0.105

续表 2.3.6

流域名称			流域面积/km²	年降雨量/mm	产流系数	降雨入渗系数				
						次降雨量 0～14mm	次降雨量 14～50mm	次降雨量 50～80mm	次降雨量 80～120mm	次降雨量 >120mm
香溪河X	X－1		250.422	987.49	0.690	0.000	0.554	0.447	0.392	0.326
	X－2	X－2－1	151.363	1 032.06	0.690	0.000	0.504	0.393	0.342	0.282
		X－2－2	147.030	1 047.15	0.690	0.000	0.504	0.393	0.342	0.282
		X－2－3	173.489	1 045.06	0.786	0.000	0.554	0.447	0.392	0.326
		X－2－4	262.423	1 025.39	0.786	0.000	0.605	0.502	0.442	0.371
	X－3	X－3－1	325.432	1 037.29	0.600	0.000	0.303	0.176	0.141	0.105
		X－3－2	151.516	1 027.14	0.786	0.000	0.655	0.556	0.492	0.415
		X－3－3	284.108	1 022.63	0.786	0.000	0.655	0.556	0.492	0.415
		X－3－4	148.577	990.68	0.690	0.000	0.454	0.339	0.292	0.238
	X－4		418.866	980.64	0.690	0.000	0.353	0.230	0.191	0.149
长江干流C	C－1		441.4	990.68	0.600	0.000	0.278	0.148	0.116	0.083
	C－2		133.4	968.29	0.550	0.000	0.202	0.067	0.041	0.016
	C－3		72.7	979.18	0.650	0.000	0.353	0.230	0.191	0.149
	C－4	C－4－1	296.4	967.39	0.690	0.000	0.369	0.320	0.219	0.183
		C－4－2	249.9	977.89	0.690	0.000	0.369	0.320	0.219	0.183
	C－5		534.2	1 014.71	0.690	0.000	0.375	0.422	0.232	0.209
	C－6		575.5	1 056.09	0.690	0.000	0.501	0.395	0.343	0.283
	C－7		362.3	980.67	0.600	0.000	0.278	0.148	0.116	0.083
	C－8		498.7	945.32	0.550	0.000	0.202	0.067	0.041	0.016
	C－9		356.8	1 004.78	0.690	0.000	0.554	0.447	0.392	0.326
	C－10		266.8	856.19	0.690	0.000	0.554	0.447	0.392	0.326

续表 2.3.6

流域名称		流域面积/km^2	年降雨量/mm	产流系数	降雨入渗系数				
					次降雨量 0～14mm	次降雨量 14～50mm	次降雨量 50～80mm	次降雨量 80～120mm	次降雨量 >120mm
长江干流C	C－11	265.8	926.17	0.690	0.000	0.298	0.180	0.144	0.106
	C－12	611.9	823.16	0.650	0.000	0.247	0.247	0.247	0.247
	C－13	1645.3	873.63	0.440	0.000	0.247	0.247	0.247	0.247
	C－14	356.5	854.59	0.500	0.000	0.247	0.247	0.247	0.247
D－1		430.782	935.79	0.786	0.000	0.552	0.449	0.393	0.327
D－2		281.3508	1 108.34	0.786	0.000	0.554	0.772	0.420	0.400

为地下水补给资源量的2倍。由于宜昌市年降雨量空间分布存在差异，在同一水文年内宜昌市各流域的子流域内降雨分布极不均匀，降雨量自清江流域降雨中心向四周逐渐减弱，其中向东西两侧清江以及沮漳河流域衰减速度较快，宜昌市2019年降雨量最小，为783mm，位于沮漳河流域当阳市附近区域，向北部香溪河、黄柏河流域降雨量衰减趋势不明显。依据2019年降雨量数据，单位面积地下水资源量空间分布差异如图2.3.11所示，单位面积地下水补给资源量变化幅度为5.00万～35.00万 $m^3/km^2 \cdot a$。

地下水补给资源量较多的流域主要为台塬型岩溶洼地类型流域和溶蚀侵蚀中低山流域，由于岩溶的发育，降雨对地下含水层的补给途径相对较多，岩溶管道、岩溶裂隙等发育良好，更易于对地下水资源形成补给。依据2019年降雨量对宜昌市5个主要流域进行水资源计算。

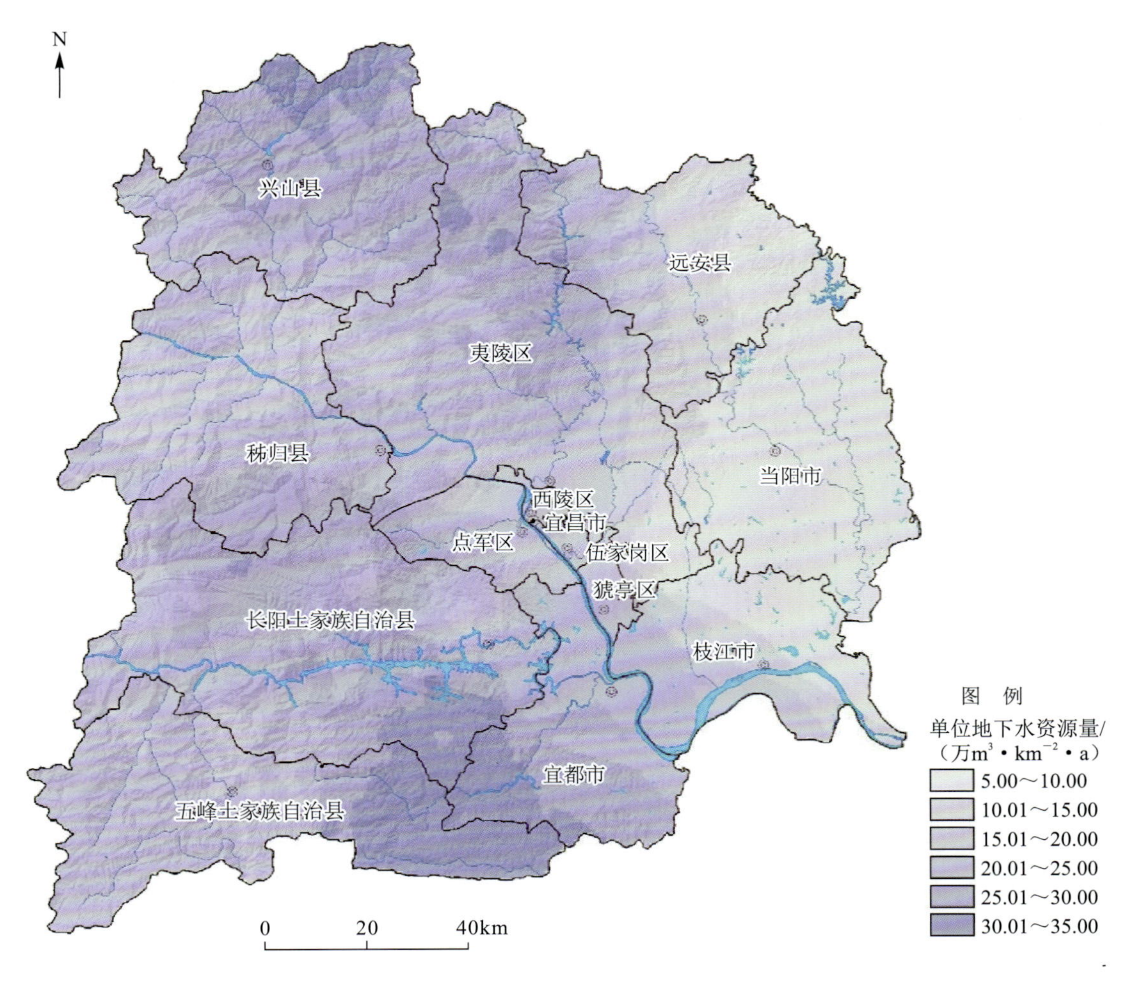

图2.3.11　宜昌市地下水径流模数空间分布图

宜昌市地下水资源量情况与宜昌市降雨空间分布、流域类型具有明显的相关性，降雨中心附近由于降雨量相对较大，且所处流域类型为台塬型岩溶洼地，流域次降雨入渗系数较大，年补给地下水资源较多，单位地下水资源量为30万～35万 $m^3/km^2 \cdot a$。侵蚀溶蚀中低山地区地下水主要赋存在岩溶裂隙和基岩裂隙中，降雨入渗系数相对存在岩溶管道的流域较小，单位地下水资源量主要为20万～30万 $m^3/km^2 \cdot a$，由于岩溶发育程度的不同以及地形地貌的差异，单位地下水资源量的变化幅度较大。宜昌市侵蚀剥蚀中低山流域和第四系平原岗地流域地区的单位地下水资源量相对较小，单位地下水资源量为5万～20万 $m^3/km^2 \cdot a$，全新统亚黏土地层的单位地下水资源量为15万～20万 $m^3/km^2 \cdot a$，其余基岩裂隙含水层、变质岩风化裂隙含水层和黏土地层的水资源量均在10万$m^3/km^2 \cdot a$左右，可利用地下水资源量相对较少。

宜昌市年单位面积地表水资源补给量空间分布差异如图2.3.12所示，单位面积地表水资源量分布范围为25万～55万$m^3/km^2 \cdot a$。其中分布范围与降雨的空间分布为正相关性，与流域地层的降雨入渗系数具有负相关性；在侵蚀剥蚀中低山流域地区，单位地表水资源变化范围为40万～55万$m^3/km^2 \cdot a$，该流域分布范围主要在宜昌市降雨强度较大的西侧的中北部地区，地表水系较为发育。台塬型溶蚀洼地流域地区地表水资源量为30万～35万$m^3/km^2 \cdot a$，降雨入渗补给系数较大，地表水系不发育，水资源以地下水资源为主，但由于降雨量较多，且在丰水期单次降雨强度较大，形成超汇产流暂时性地表流体。侵蚀溶蚀中低山流域的地表水资源量主要分布在30万～40万$m^3/km^2 \cdot a$之间。该类型流域的降雨入渗系数比台塬型溶蚀洼地小，年降雨量相对中等，单位地表水资源量比台塬型溶蚀洼地多，具备地表水资源开发利用的潜力。第四系平原岗地地区的面积较小，地表水资源量较少，但过境水资源量较多。

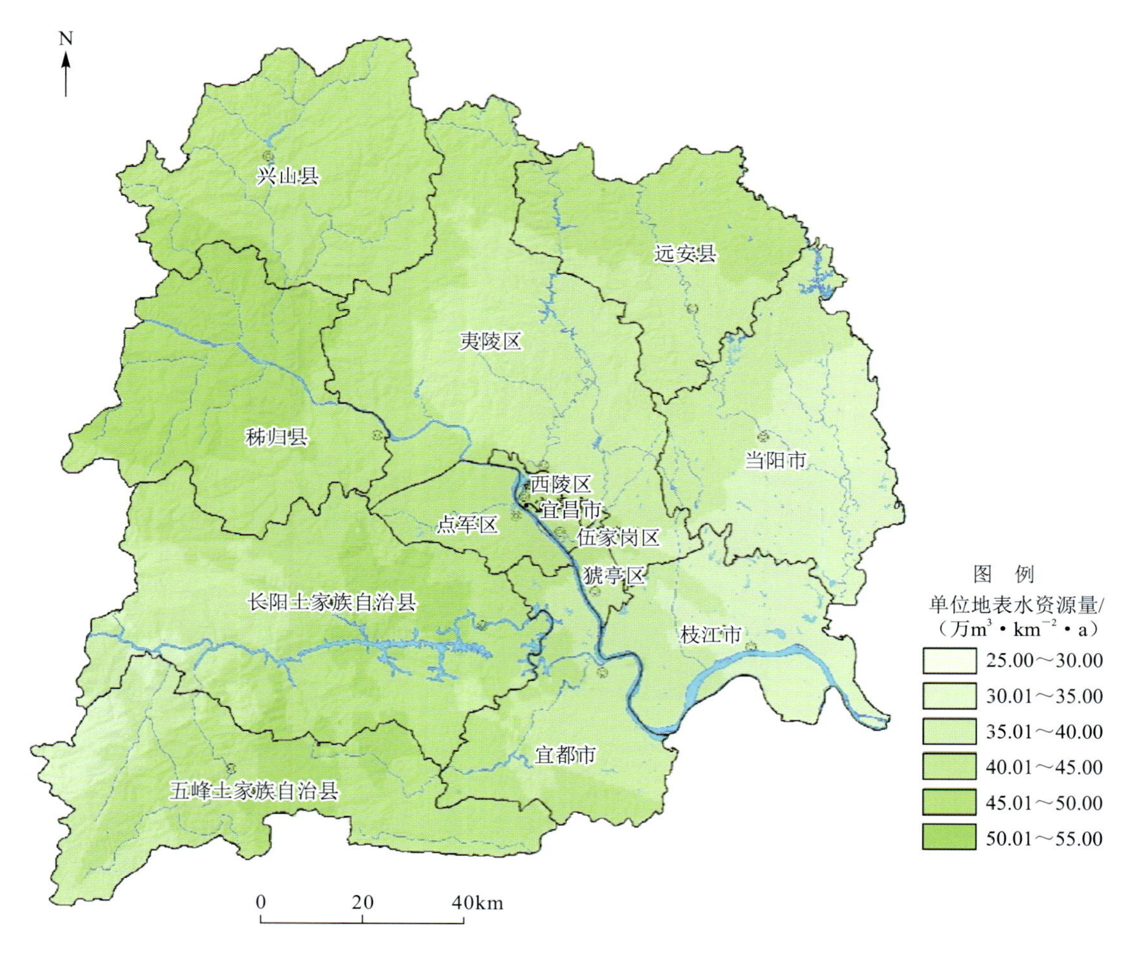

图2.3.12 宜昌市单位面积地表水资源量空间分布差异图

3. 不同水文年水资源量

依据宜昌市降雨分布特征不同水文年有很大差异，其中空间分布与2019年降雨基本一致，降雨中心向东西两侧逐渐降低，向北侧降低幅度不明显。在87.5%保证率下的枯水年，宜昌市年降雨量为

811.9mm，在 50.0%保证率下的枯水年，宜昌市年降雨量为 1 058.1mm，在 12.5%保证率下的枯水年，宜昌市年降雨量为 1 247.2mm，依据不同保证率下的年降雨量，结合不同降雨强度频次，进行水资源量计算，计算方法依然按照水均衡原理进行计算，通过不同的降雨量进行计算结果如图 2.3.13 所示。

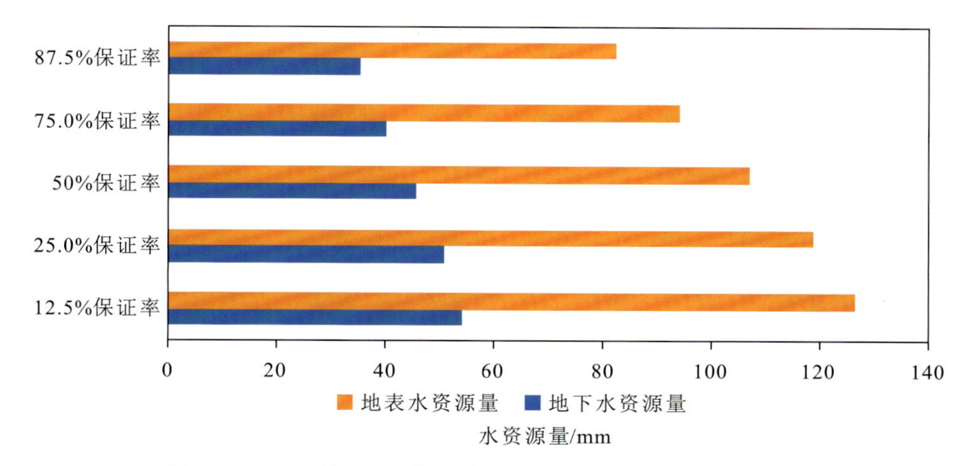

图 2.3.13　宜昌市不同保证率下的地下水-地表水补给资源量

通过对不同保证率下的水资源量进行计算，地下水资源补给量约占水资源补给总量的 1/3。随保证率降低降雨量增大，水资源总量逐渐增加，地下水资源补给量增加的趋势随降雨量增大的趋势相对地表水要较低。

4. 水资源量计算结果验证

通过对以往不同水文年宜昌市降雨总量的降雨特征和地下水资源量、地表水资源量的数据进行收集，对不同保证率水资源量的计算情况进行验证，结合宜昌市水资源公报统计境内不同年份的降雨和水资源量的情况。宜昌市不同水文年降雨量(mm)和宜昌市水资源总量(亿 m^3)，运用统计所得趋势线的方程 $y=0.1444x+0.0668$，得出水资源总量与降雨量具有高度的正相关性，宜昌市以往不同年份的水资源量计算得到的结果如图 2.3.14 所示。

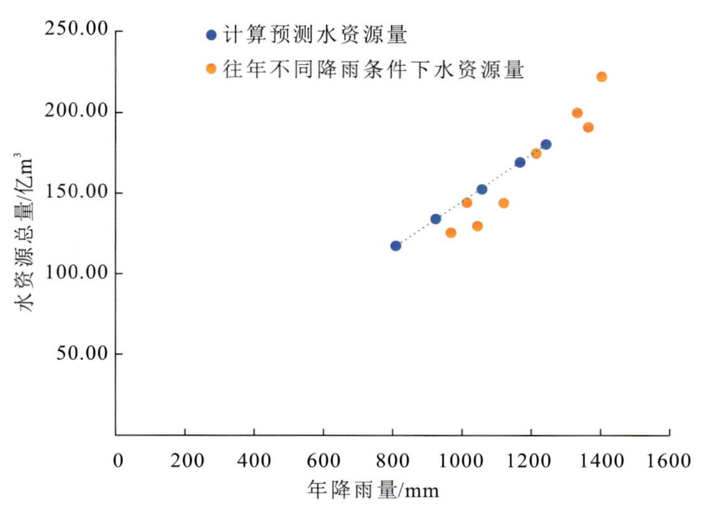

图 2.3.14　水资源计算结果与实际资源量对比图

在不同水文年的降雨情况统计中，往年不同降雨条件下的水资源总量与计算得到水资源量情况吻合程度较高，实际降雨情况与水资源总量同样为高度正相关的线性关系。从图中能够看出：计算的保证率与地下水资源量的理论预测值符合程度较高，说明在不同保证率条件下计算的水资源量情况可以对宜昌市的水资源量情况进行一定精度的预测。

5. 水资源可持续利用资源量

上述水资源量为按照流域计算水资源量，将水资源量分配至各行政区域，结合行政区域内人口、产业结构对宜昌市境内的水资源情况按照县（市、区）级行政区划进行计算，通过收集资料对宜昌市境内的人口产业结构、水资源消耗量进行归纳整理，结果见表 2.3.7。

表 2.3.7　宜昌市各县（市、区）人口及耗水量统计表　　单位：亿 m^3/a

区域	人口	农业用水	工业用水	生活用水	总耗水量
伍家岗区	23.50	0.00	0.14	0.27	0.42
西陵区	45.90	0.00	0.04	0.61	0.65
猇亭区	5.90	0.02	1.02	3.82	4.86
枝江市	49.02	1.67	0.98	0.48	3.13
点军区	10.50	0.04	0.09	0.09	0.22
远安县	19.50	0.53	0.30	0.18	1.01
当阳市	47.80	1.27	0.79	0.42	2.47
宜都市	43.60	0.51	1.24	0.42	2.17
夷陵区	58.90	0.51	0.98	0.44	1.93
五峰县	23.40	0.30	0.05	0.15	0.50
秭归县	42.50	0.30	0.05	0.25	0.60
兴山县	18.20	0.55	0.26	0.14	0.95
长阳县	41.60	0.21	0.10	0.31	0.63

宜昌市总人口 391 万人，对水资源的消耗量主要集中在农业用水、工业用水、生活用水 3 个方面，总耗水量为 19.54 亿 m^3/a。其中耗水量最多的 3 个区域为猇亭区、枝江市、当阳市，人口比较集中或工业发展较好。由县（市、区）水资源总量和耗水量进行对比，分析宜昌市境内水资源量和耗水量的关系，宜昌市伍家岗区、西陵区、猇亭区的水资源消耗量大于水资源补给量，其他地区水资源补给量均能满足该区域的水资源消耗量，宜昌市整体水资源消耗量小于补给量，能够满足境内人口生活生产需求。

数据显示宜昌市地区，可持续利用水资源量分布极不均衡，在宜昌市西陵区、伍家岗区由于区域面积较小，且人口分布密集，区内居民生活用水和工业耗水量相对较高。年水资源补给量不能够满足居民生活和经济发展需求，除上述两个区域中，其余各行政区的水资源补给量均高于水资源消耗量，在不破坏生态的情况下能够基本满足居民生活和经济发展需求，其中长阳县的可持续利用水资源量远大于水资源消耗量（表 2.3.8）。

表 2.3.8 宜昌市水资源量及耗水量差值计算表

区域	总耗水量/亿 m^3	水资源量/亿 m^3	差额
伍家岗区	0.42	0.28	−0.13
西陵区	0.65	0.43	−0.22
猇亭区	4.86	0.52	−4.34
枝江市	3.13	4.89	1.76
点军区	0.22	3.73	3.52
远安县	1.01	7.53	6.53
当阳市	2.47	8.09	5.62
宜都市	2.17	10.70	8.53
夷陵区	1.93	19.77	17.84
五峰县	0.50	22.95	22.45
秭归县	0.60	19.62	19.02
兴山县	0.95	17.84	16.89
长阳县	0.63	32.31	31.69

第四节 水环境及动态变化特征

一、水化学特征

2019—2021 年对宜昌市境内主要河流进行地表水与地下水多期次取样，共布设采样点 136 处，送至中国地质调查局武汉地质调查中心测试，采样点分布如图 2.4.1 所示。

地表水温度、pH、电导率采用多参数水质分析测定仪现场测定。样品采集后用 0.45μm 醋酸纤维滤膜过滤，过滤后在用于阳离子分析的样品中加入浓硝酸酸化至 pH 值小于 2，用于阴离子分析的样品不添加保护剂，然后存储于聚乙烯瓶密封避光冷藏保存。HCO_3^- 浓度为现场滴定，滴定盒精度为 0.1mmol/L。用 ICP-OES(ICAP 6300)测定其中阳离子含量，用离子色谱仪(ICS-1100)测定阴离子含量，测试精度均为±0.001mg/L。样品测定过程中定期加入标准、平行和空白样品以保证数据质量。

1. 总体水化学特征

宜昌市地下水水样温度随季节温度变化幅度较小，平均温度为 15～18℃，冬季、夏季变化幅度较小。pH 值一般小于 6.5，主要为酸性水。TDS($TDS=K^+ + Na^+ + Ca^{2+} + Mg^{2+} + HCO_3^- + Cl^- + SO_4^{2-} + NO_3^-$)的含量多为 89.5～1875mg/L，平均值为 428.9mg/L，略高于我国长江 TDS 平均值(220mg/L)。

宜昌市地下水水化学类型较为简单，依据水中主要阴阳离子成分与含量不同，对地下水进行水化学类型划分，主要分为 3 种基本水化学类型：$HCO_3-Ca+Mg$、$HCO_3+SO_4-Ca+Mg$、$HCO_3+SO_4-Ca+Mg+Na$。出现不同水化学类型的原因在于，大气降雨转化为地下水资源时，随溶滤和蒸发过程中增

图 2.4.1　宜昌市 2019—2021 年水样取样点

加，水中阴阳离子组分会发生一定程度的变化，Na、Cl^- 组分会逐渐增多，水中 TDS 含量也逐渐增大。地下水类型 Piper 三线图如图 2.4.2 所示。

宜昌市地下水阴离子中 SO_4^{2-} 含量较高，与 HCO_3^- 构成地下水中的主要常规阴离子组分，阴离子主要来源为三叠系嘉陵江组和二叠系梁山组含水地层。嘉陵江组由于受华南海侵影响，海水来源充裕，这一地层形成时期，湖北省及其邻区处于气候炎热干燥的浅海沉积环境，海水蒸发而浓缩，依次析出方解石、白云石、石膏、硬石膏、石盐等蒸发岩类矿物，最终固结成岩，造成地层中碳酸盐与硫酸盐成分较高。梁山组由于内部地层为页岩夹杂煤层，内部含有一定量的硫铁矿，在清江流域分布大面积的二叠系、三叠系，因此清江流域水化学类型 SO_4^{2-} 成分偏多。

地下水中阳离子以 Ca^{2+} 和 Mg^{2+} 为主，主要来源地层包括寒武系、奥陶系以及二叠系、三叠系的岩溶含水地层。宜昌市广泛分布碳酸盐岩地层，因此在大气降雨通过地表孔隙、裂隙或岩溶管道进入地下含水层，通过溶滤作用等一系列水化学作用之后，造成钙镁离子在地下水中的含量逐渐增加。而由于宜昌市地表水交替速度较快，水体的浓缩作用不明显，钠离子相对含量较少。

地表水水文趋势年际变化较为明显，与气温温度相差 2～5℃，其感官上多呈无色、无味、无嗅、透明状。pH 偏弱碱性，除个别受污染影响呈酸性外，pH 值变化范围为 6.71～8.98，平均值为 7.89。电导率(EC)变化范围较大，为 68.7～686μs/cm，平均值为 333.5μs/cm。地表水类型 Piper 三线图见图 2.4.3。

地表水中，总溶解性固体($TDS = K^+ + Na^+ + Ca^{2+} + Mg^{2+} + HCO_3^- + Cl^- + SO_4^{2-} + NO_3^-$)的含量

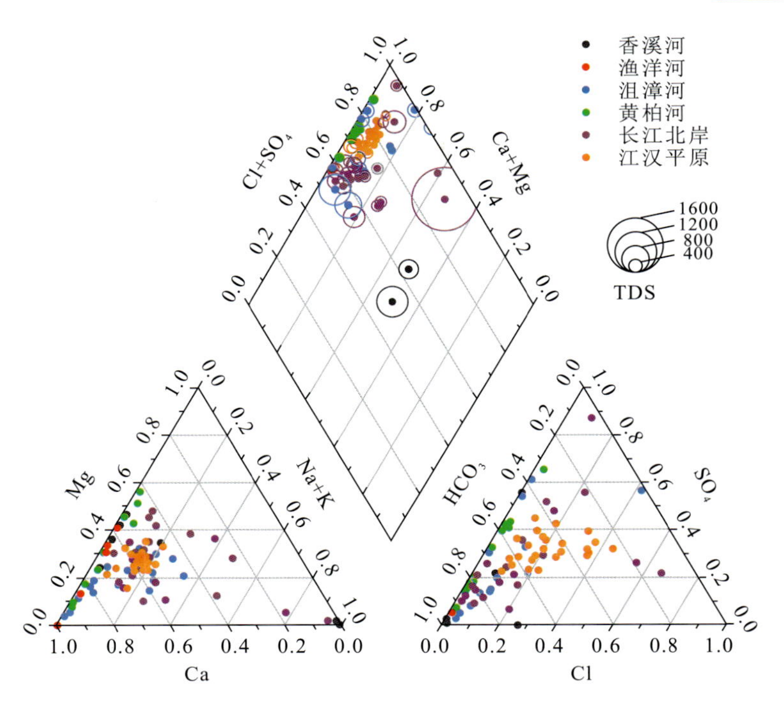

图 2.4.2 宜昌市地下水主要离子 Piper 图(2020 年 9 月样品)

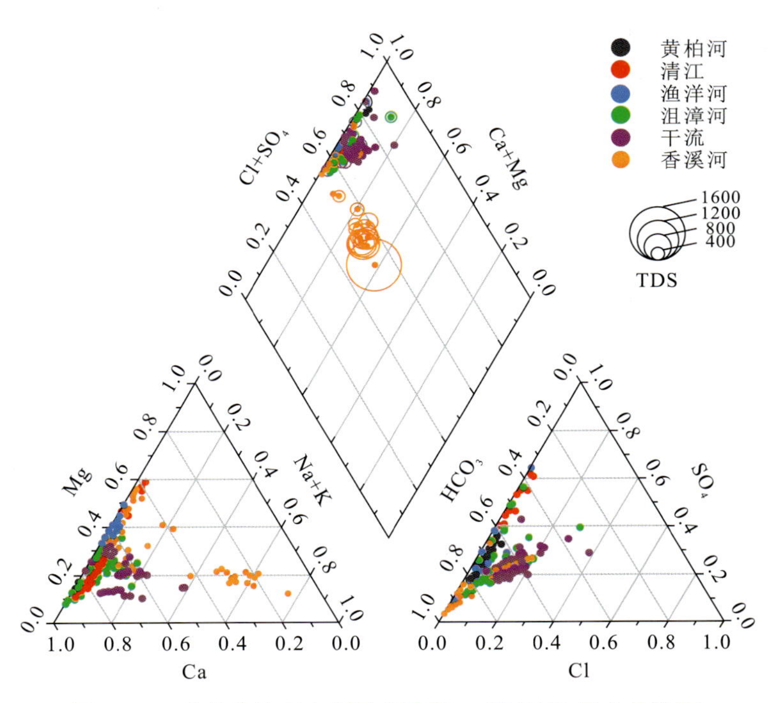

图 2.4.3 宜昌市地表水主要离子 Piper 图(2020 年 9 月样品)

多为 67.24～761.32mg/L,平均值为 318.9mg/L,略高于我国长江 TDS 平均值(220mg/L)。流域主要阳离子含量依次为 $Ca^{2+}>Mg^{2+}>Na^{+}>K^{+}$,其中 Ca^{2+}、Mg^{2+} 为主要的阳离子,平均浓度分别为 55.69mg/L、11.68mg/L,Na^{+}、K^{+} 含量较少,平均浓度分别为 0.36mg/L、0.20mg/L。主要阴离子含量依次为 $HCO_3^{-}>SO_4^{2-}>NO_3^{-}>Cl^{-}$,其中 HCO_3^{-} 为主要的阳离子,平均浓度分别为 204.12mg/L,SO_4^{2-}、NO_3^{-}、Cl^{-} 含量较少,平均浓度分别为 35.82mg/L、6.51mg/L、6.46mg/L。由于地表水多来源于地下水,因此水化学特征和阴阳离子组分受流域地下水的控制。

2. 区域水化学类型

依据水中主要阴阳离子成分对宜昌市地表水按照水化学类型进行分类，在106组地表水水样中，主要划分为3种基本水化学类型：$HCO_3-Ca+Mg$、$HCO_3+SO_4-Ca+Mg$、$HCO_3+SO_4-Ca+Mg+Na$（图2.4.4）。

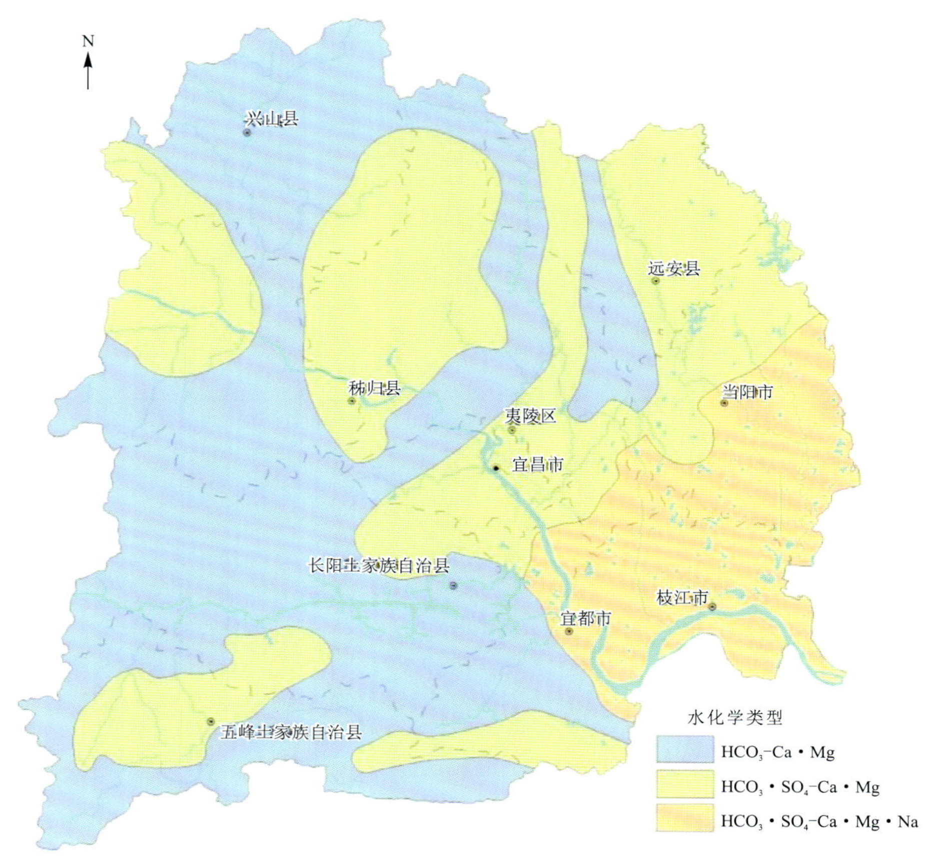

图2.4.4 宜昌市水化学类型分区图

香溪河、沮漳河上游主要为$HCO_3-Ca+Mg$类型水；清江水化学类型主要为$HCO_3-Ca+Mg$、$HCO_3+SO_4-Ca+Mg$；黄柏河流域以及沮漳河流域下游地表水水化学类型变化较为明显，水化学类型由$HCO_3+SO_4-Ca+Mg$类型逐渐变化为$HCO_3+SO_4-Ca+Mg+Na$类型水。水中离子成分含量逐渐增加。在长江干流水化学成分较为复杂，主要水化学类型为$HCO_3+SO_4-Ca+Mg$。

宜昌市地下水水化学类型较为简单，主要为$HCO_3-Ca+Mg$类型水，大气降雨转化为地下水-地表水资源时，随水的流动，水中阴阳离子组分会发生一定程度的变化，Na、Cl^-组分会逐渐增多，水中TDS含量逐渐增大，逐渐转变为$HCO_3+SO_4-Ca+Mg$类型水。

水样中硫酸根离子含量较高，与重碳酸根离子构成地下水和地表水资源中的主要常规阴离子组分，主要来源为三叠系嘉陵江组和二叠系梁山组排泄产生的地表水资源。

二、水质评价

宜昌市地表水和地下水的水质情况相对较好，地下水和地表水整体水质情况符合国家Ⅲ类水质标准，通过对水样的分析测试可知宜昌市水体主要污染来源包括生活污染、矿山开发和工业生产3个方面，水体主要的污染物质为磷、硝酸盐和少量铅化合物。

通过对宜昌市水资源分布情况以及水体样本测试结果进行分析选取单因子指标评价和内梅罗综合指标评价两种方法对宜昌市水环境质量情况进行评价。

1. 单因子指标评价

单因子指标评价主要是对宜昌市水体中主要的污染组分进行单项评价，突出该类型污染对水体综合质量的影响情况，结合水样分析成果选取磷和硝酸盐作为典型污染物对宜昌市的水环境质量进行评价。依据2020年9月对宜昌市境内主要河流进行取样数据，对样品测试分析宜昌市河流中总磷浓度总体分布在0～0.115mg/L之间，其中长江干流水样中磷含量较多，各河流下游磷含量相对上游普遍偏高，说明宜昌市河流中总磷产生了一定程度的富集作用。

依据宜昌市各河流取样点总磷浓度，运用ArcGIS软件克里金插值方法进行插值，结果显示宜昌市地表水中总磷浓度的含量分布在0～0.0445mg/L的范围内，总体空间分布规律与地表水体的流向成正相关性，随地表河流汇入长江的过程中，水体中总磷含量逐渐增加至宜昌市东南部，达到最大值0.044 5mg/L。在长江沿江流域和沮漳河流域的中下游，总磷含量相对其他区域较高，污染相对比较严重，主要污染原因包括上游水体汇集积累、生活污水排放以及采矿活动产生的废水。除磷污染之外，宜昌市另一种主要的水污染组分为硝酸根离子，在水体中分布较广泛，且含量较多。宜昌市地表水总氮分布规律显示各取样点浓度分布差异较大，从0～20.80mg/L不等，其中渔洋河水样中硝酸根离子含量最多；沮漳河水样中离子含量次之；从水样中离子浓度的空间分布分析，水体中硝酸根离子的污染情况与人类聚集情况呈正相关，人类活动频繁程度越高，水体中硝酸根离子含量越高。

对样品中硝酸根离子浓度进行克里金插值分析，总体含量在1.00～13.00mg/L之间，污染较严重。宜昌市东南部水体中污染最严重，含量在12.00mg/L以上，水体富营养化程度较高。水体中总氮污染的来源主要为生活污水和工业生产排放废水，污染较严重的区域是宜昌市主要的工业生产区，此区域分布生产规模大小不等的工业企业较多，对宜昌市水资源环境影响程度较大。

2. 内梅罗综合指标评价

由于宜昌市境内水资源污染物并不单一，而是多种污染物并存，仅仅凭借单因子指标评价地下水污染程度局限性较大，很难满足实际需求，所以本研究运用了综合污染指数法来对流域地下水进行全面的综合性评价。

内梅罗指数法是目前国内外最常用的综合污染指数的方法之一，内梅罗指数是一种兼顾平均值和最大值或单元素极值的计权型多因子环境质量指数。内梅罗指数法考虑到多重污染因子的综合效应，可以突出污染较重的污染物的影响程度。计算公式为

$$P_{综}=\left\{\left[\left(\frac{C_i}{S_i}\right)^2_{\text{ave}}+\left(\frac{C_i}{S_i}\right)^2_{\max}\right]/2\right\}^{0.5}$$

式中：C_i 为污染物 i 的实测浓度(mg/kg)；S_i 为污染物 i 的评价标准(mg/kg)；$P_{综}$ 为内梅罗综合污染指数。内梅罗指数评价分级标准见表2.4.1。

表2.4.1　水质量评价分级标准

评价分级	优良	良好	较好	较差	极差
分级	Ⅰ	Ⅱ	Ⅲ	Ⅳ	Ⅴ
指数范围	$P_{综}<0.80$	$0.8<P_{综}\leqslant 2.5$	$2.5<P_{综}\leqslant 4.25$	$4.25<P_{综}\leqslant 7.20$	$P_{综}>7.20$

宜昌市地区的内梅罗污染指数 $P_{综}$ 主要类型大部分为Ⅲ级水质标准，在香溪河上游、清江流域的部分地区为Ⅱ级水质标准，是宜昌市内水质较好的区域，水环境污染程度较轻。黄柏河流域和沮漳河流域

部分地区的水环境污染程度较为严重，按照内梅罗污染的标准划分为Ⅳ级水质。宜昌市水资源环境主要污染组分为总氮、总磷和铅离子(图 2.4.5)。

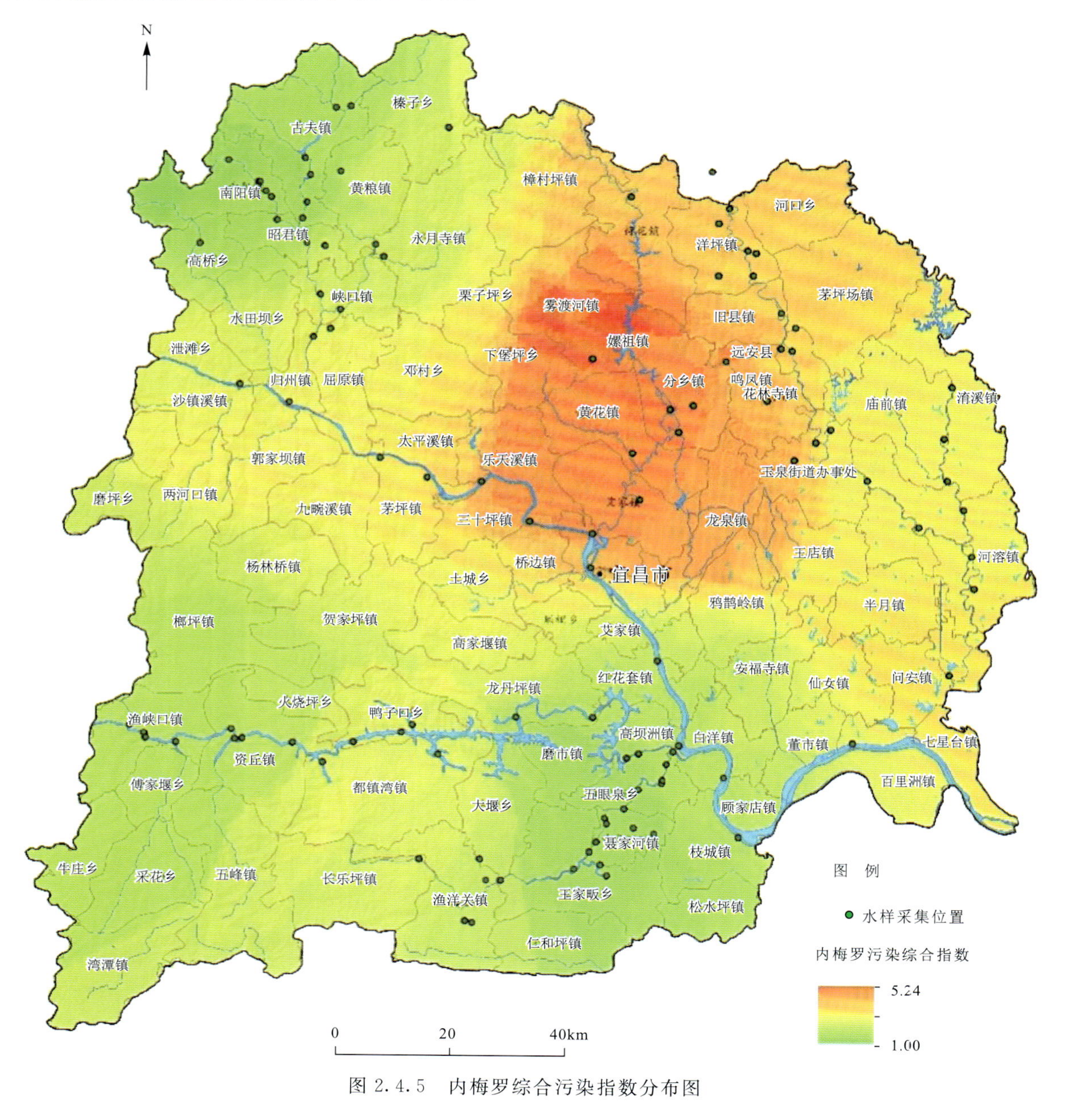

图 2.4.5 内梅罗综合污染指数分布图

按照污染组分来源分析，宜昌市污水包括生活污水和矿山开采产生的污水，黄柏河流域污染严重主要原因推测为该流域内部矿山开采程度较高，并且开采的规模相对较大，所产生的污水对地下水和地表水资源的污染程度较为严重，引起地表水水体的富营养化。

三、水环境动态变化

结合在长江流域宜昌段已有的一些国控断面水质数据(图 2.4.6、图 2.4.7)，在宜昌市境内各流域主要地表水系内继续监测已经布设的 106 个监测点(已获取 5 期数据)，并增设了香溪河流域部分地区的地表水监测站点以及宜昌市全域范围内建设了地下水动态监测站点，进一步摸清长江流域宜昌段的水资源与水环境问题及现状，为水生态环境保护和综合治理提出地学方案、提供科学分析以及指导建议。

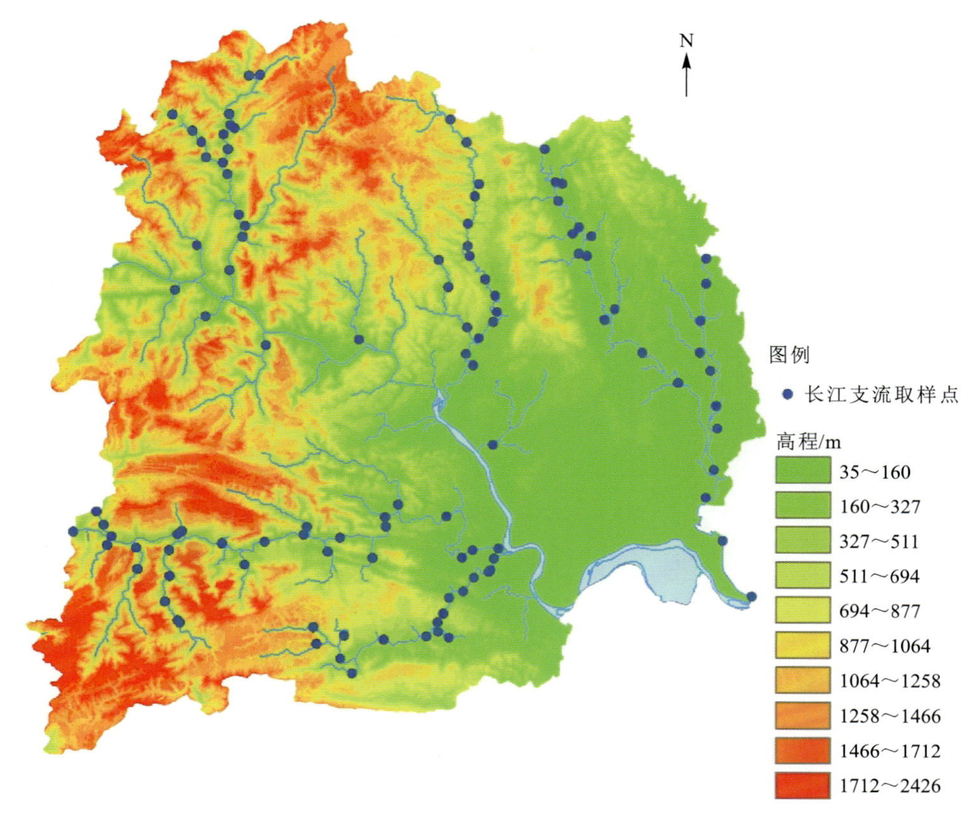

图 2.4.6 宜昌市长江主要支流地表水质监测点位分布

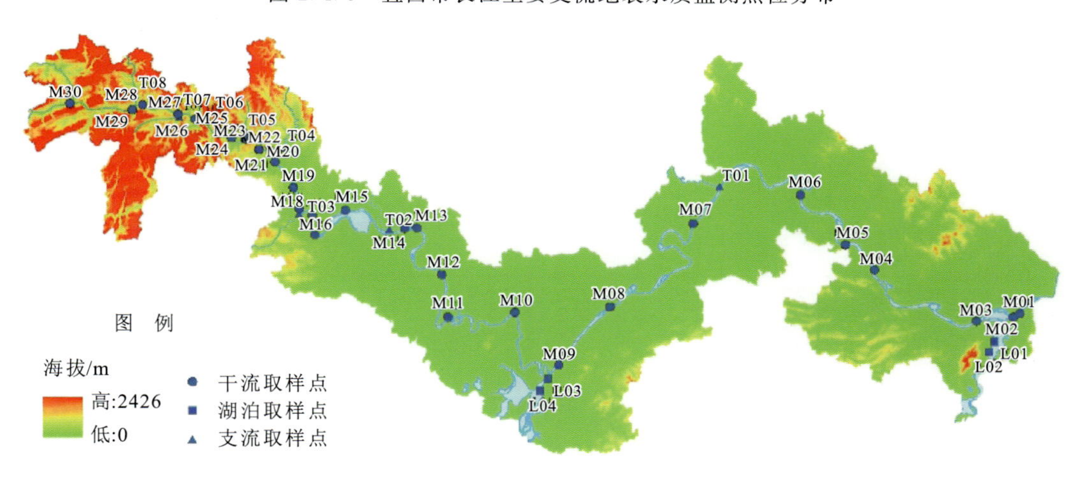

图 2.4.7 长江水质监测点位分布

宜昌市主要流域地表水在丰水期中 P 元素含量进一步降低，为 0～0.06mg/L，平均值仅为 0.01mg/L，流域水环境进一步改善，发生水华的风险进一步降低，说明宜昌市积极响应“长江大保护”的一系列举措取得了明显成效。但是，依据本期测试结果发现，按照地表水的分类标准，全流域水体中总氮值多处监测点都超过Ⅲ类水标准。而通过与前两期的数据对比发现，丰水期（每年 9 月）地表水中的 N 含量相对枯水期（每年 12 月）要高，说明降水引起的水土流失可能是引起水体 N 含量偏高的主要因素之一；同时，即使在枯水期宜昌市大部分流域地表水水体中的 N 含量依然超过Ⅲ类水限值，综合数据分析，说明宜昌市地表水整体氮污染问题依然严峻(图 2.4.8)。

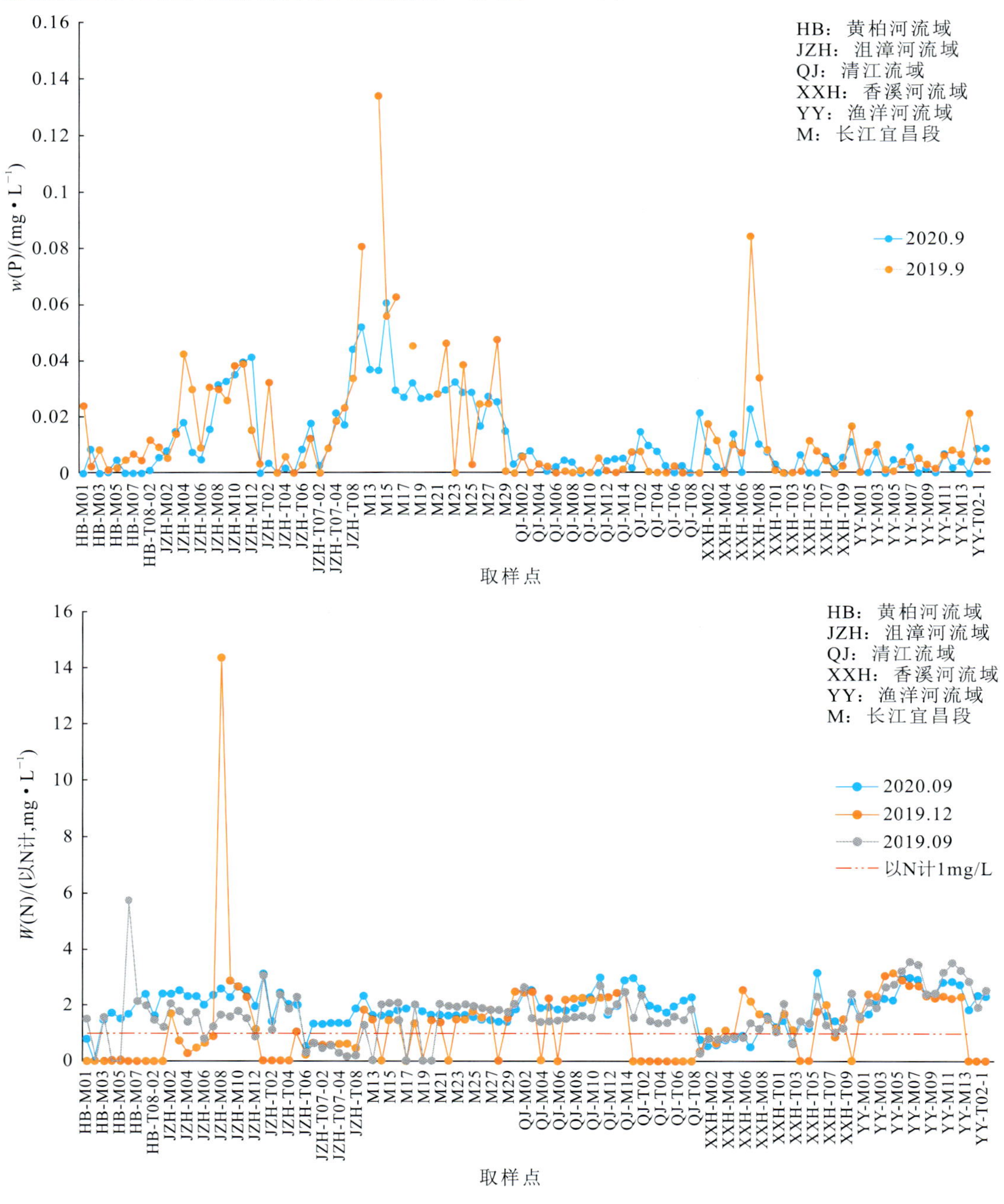

图 2.4.8 宜昌市全域范围内地表水 P、N 含量变化

宜昌市全域主要流域地表水(不考虑总氮的情况)整体表现为Ⅰ类与Ⅲ类水，并未出现明显的污染。水体中未检出挥发分、阴离子合成洗涤剂、亚硝酸盐以及镉等元素，说明宜昌市地表水整体环境质量较好。

由国控断面监测数据发现，长江宜昌段地区总磷含量整体较低，均小于Ⅲ类水限值，总磷浓度随时间变化波动幅度较小，三峡大坝上下游长江及其支流总磷浓度整体变化不大。水体中的总氮含量整体处于高值[基本都高于 1.0mg/L(国家地表水三类水标准，GB 3888—2002)]，坝前木鱼岛断面在枯水季节的总氮含量极高，说明在水环境综合治理过程中，之前往往强调总磷含量而忽视了氮营养元素对水体的影响。在长江流域宜昌段，水体中氮污染问题相对严重(图 2.4.9、图 2.4.10)。

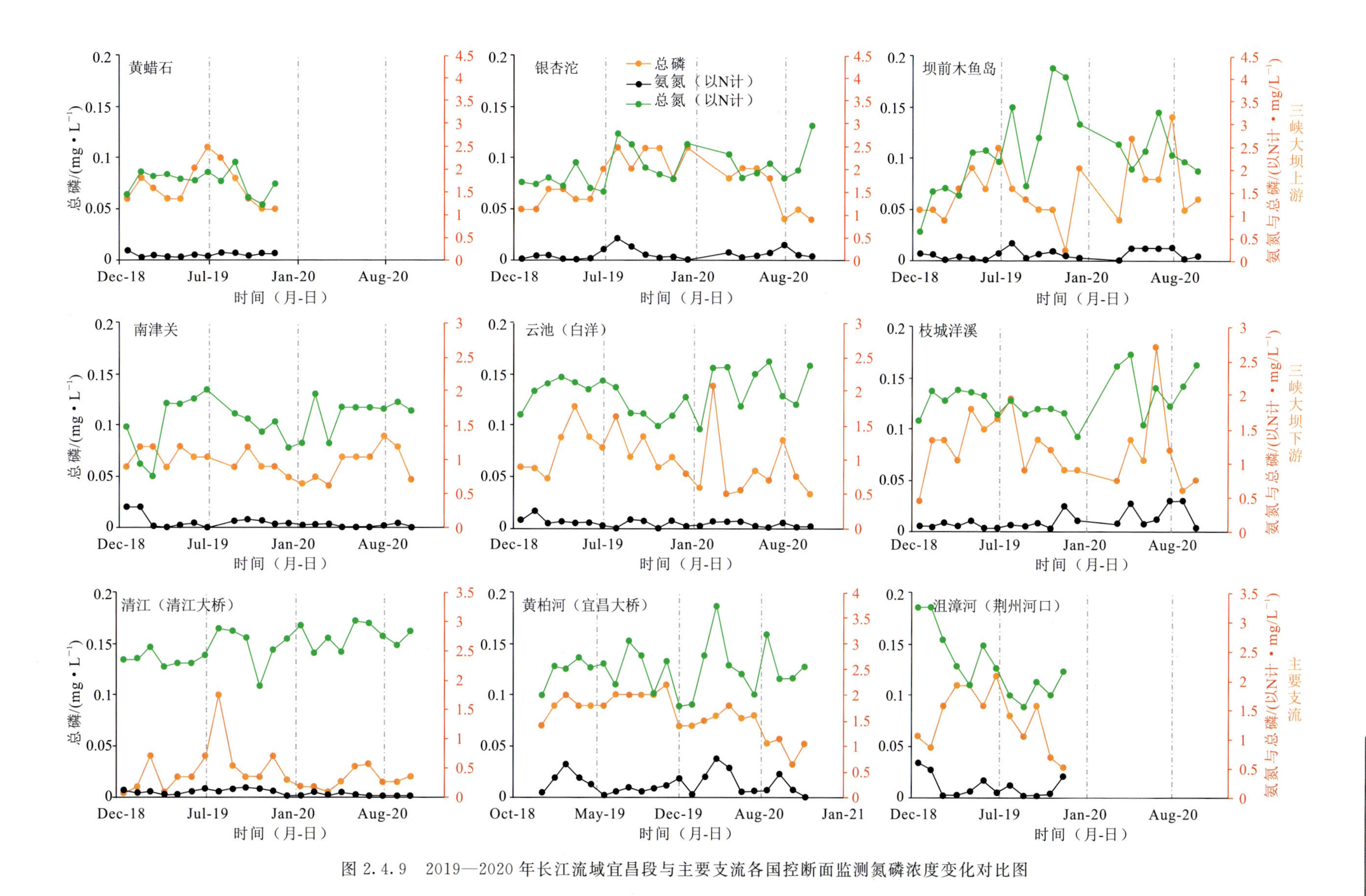

图 2.4.9 2019—2020 年长江流域宜昌段与主要支流各国控断面监测氮磷浓度变化对比图

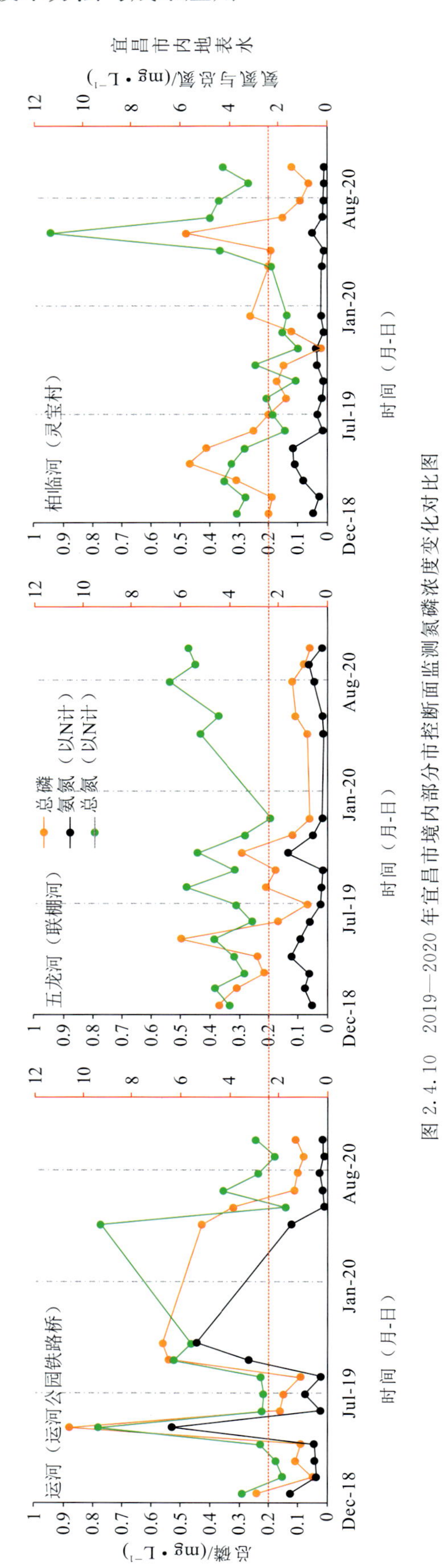

图 2.4.10 2019—2020年宜昌市境内部分市控断面监测氮磷浓度变化对比图
（因新型冠状病毒感染疫情原因部分断面缺2—3月数据）

宜昌市境内部分地表水河流依然存在总磷超标的情况，特别是运河、五龙河以及柏临河。在枯水期与平水期的1—5月，特别是4—5月，刚开始进入梅雨季节，水体中的总磷浓度已经超过0.2mg/L（国家地表水三类水标准，GB 3888—2002），说明磷化工产业对地表水还存在一定的影响，可能是河流流量降低后无法进行物理稀释以及气候因素导致植物的吸收效率降低等原因，致使水体中的总磷含量超标。

第五节 水资源开发利用与保护

一、水资源开发利用建议

宜昌市水资源比较丰富，区内供水水源以地表水为主，地下水仅在部分地区有少量开发利用。2019年全市总供水量16.06亿m^3，其中地表水供水量15.76亿m^3，占总供水量的98.2%；地下供水量0.26亿m^3，占总供水量的1.6%；其他水源供水量0.039亿m^3，占总供水量的0.2%（图2.5.1）。2020年全市总供水量14.91亿m^3，其中地表水供水量14.25亿m^3，占总供水量的95.6%；地下供水量0.64亿m^3，占总供水量的4.3%；其他水源供水量0.019 5亿m^3，占总供水量的0.1%（图2.5.2）。

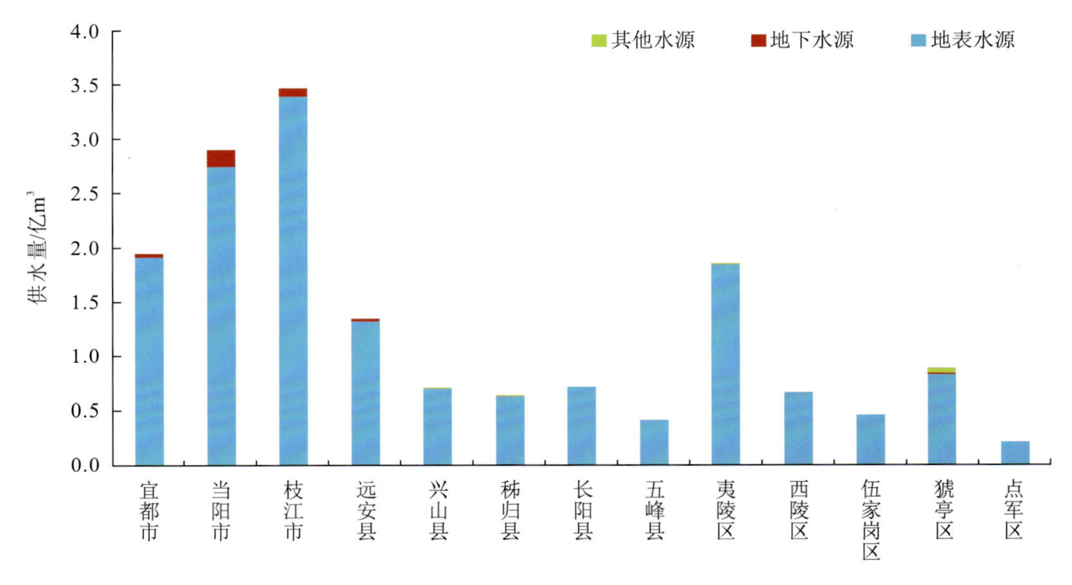

图2.5.1 2019年宜昌市行政分区供水量

根据宜昌市水资源的类型、数量、质量及分布特征和开发利用条件，可将宜昌市水资源分为4个区进行开发利用（图2.5.3）。

1. 侵蚀中低山地表水集中开发利用+地下水应急水源保护区(Ⅰ)

该区主要分布于长江、香溪河、沮漳河、黄柏河、清江及其支流的河谷两侧，分布面积广，地形坡度较大，地表沟壑发育，不利于降雨入渗，以地表水资源为主。根据区内岩性特征，该区又可进一步细分为两类：①拦蓄地表水集中开发利用区，主要为碎屑岩类或不纯碳酸盐岩等弱岩溶化地层分布区，岩石渗透性和富水性均较差，地下水资源匮乏，加之地形条件复杂，地下水一般不具备集中开发利用的条件，该区主要适合修建水库开发利用地表水作为饮用水源；②地下水应急水源保护区，主要为纯碳酸盐岩强岩溶

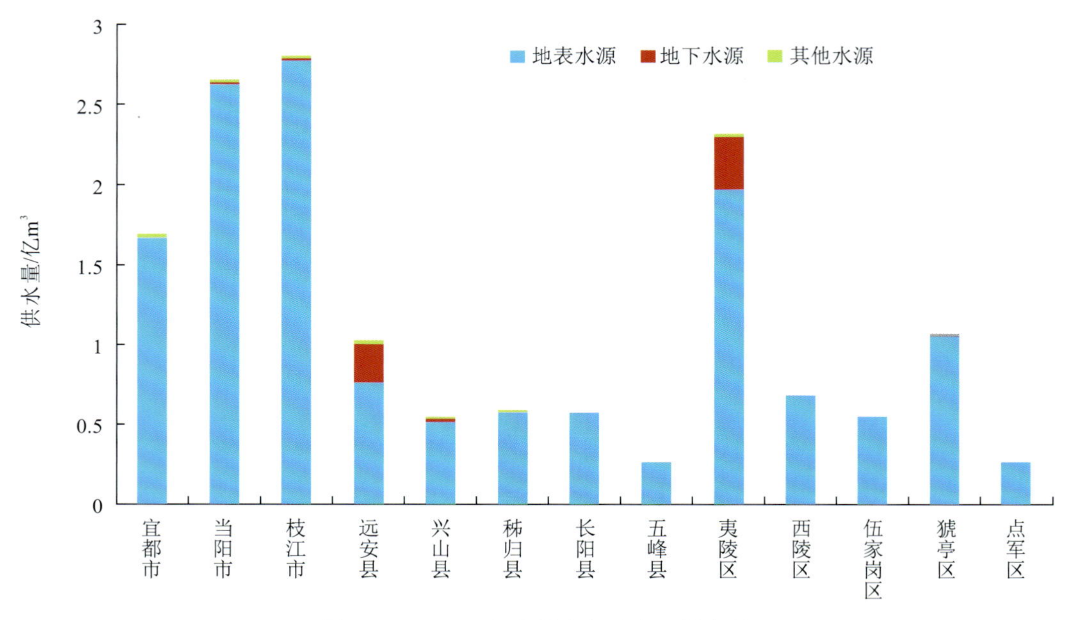

图 2.5.2　2020 年宜昌市行政分区供水量

化地层分布区，一般是区域岩溶地下水的排泄区，在河谷内常发育岩溶泉或地下暗河，地下水资源量也比较可观，并且地下水的水质一般比地表水的水质要好，具备作为饮用水源集中开发的条件，因此建议将该区大型岩溶泉点或地下暗河作为应急或备用水源地予以保护。

2. 岩溶台塬区地表水拦蓄＋地下水蓄引综合开发利用区(Ⅱ)

该区主要分布在区内主要河流之间的分水岭地带。首先，清江流域内分布最广泛，包括贺家坪、火烧坪、大堰乡—渔洋关—长乐坪等地区；其次，在黄陵背斜周缘的碳酸盐岩盖层中分布较广，包括香溪河支流古夫河与高岚河之间寒武—奥陶系分布区、长江南岸秭归—宜昌一带黄陵背斜南翼震旦—奥陶系分布区、黄柏河东支右岸黄陵背斜东翼震旦—奥陶系分布区以及远安县西侧沮河右岸二叠—三叠系分布区。

区内地表岩溶发育强烈，岩溶洼地、漏斗发育随处可见，降雨入渗补给条件好，地表水系不发育，地下水资源丰富，但地下水位埋深大，且分布极不均匀，找水困难且开发利用难度较大，是宜昌市境内主要的缺水区。针对该区水资源分布特点，建议该类地区水资源开发采用地表水拦蓄＋地下水蓄引的综合开发利用方式。区内常流性地表水不发育，但一些大型岩溶洼地或谷地内发育季节性河流或者洼地周缘表层岩溶泉汇集成地表溪流，可在这些地表溪流潜入地下之前进行拦截蓄水作为供水水源。另外该区常具有多层岩溶地貌，有些高位岩溶台面发育的岩溶泉，出露标高比较高，且水量丰富，可蓄水引流至较低的需水区作为集中供水水源。随着农村供水保障工程的实施，大幅度改善了该区内的缺水状况，因此可将区内尚未开发且具有供水价值的高位岩溶泉作为应急或备用水源地予以保护。

3. 红层低山丘陵地表水拦蓄＋地下水分散开采综合开发利用区(Ⅲ)

该区主要分布在鄂西山地与江汉平原过渡的丘陵地带，包括长江南岸桥边-土城-高家堰-高坝洲与长江构成的三角区域、长江北岸猇亭区-王家店镇以北与黄花镇-当阳市以南的区域以及远安县沮河两岸，主要为巨厚的白垩系砾岩、砂岩、泥岩互层的碎屑岩地层。

区内以侵蚀地貌为主，地表溪沟十分发育，地表水资源丰富，由于区内地形切割相对较弱，且沟谷汇

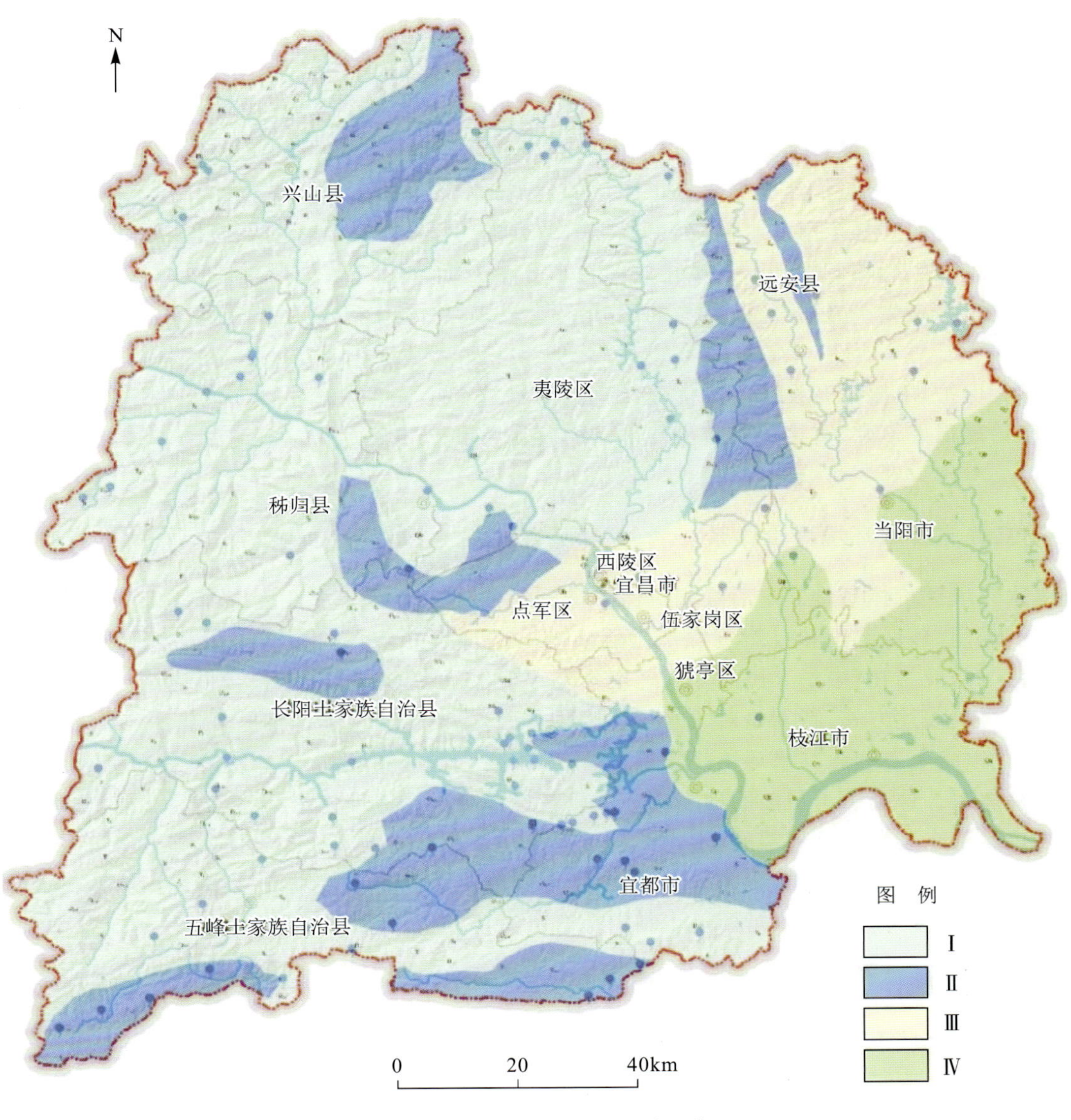

图 2.5.3 宜昌市水资源开发利用分区

Ⅰ. 侵蚀中低山地表水集中开发利用＋地下水应急水源保护区；Ⅱ. 岩溶台塬区地表水拦蓄＋地下水蓄引综合开发利用区；Ⅲ. 红层低山丘陵地表水拦蓄＋地下水分散开采综合开发利用区；Ⅳ. 第四系丘陵平原地表水引水＋地下水井采综合开发利用区

水范围一般较小，因此建议该区采取修建小型水坝拦蓄地表水作为供水水源的开发利用方式。此外，区内白垩系的砾岩中砾石成分主要为碳酸盐岩，胶结物钙质含量较高，在红层中还发现了一些岩溶现象，因此区内白垩系的砾石赋存一定的地下水，例如，在龙泉镇一带分布一系列泉水，这些泉水的水质良好，可作为分散供水的水源地或应急水源地。

4. 第四系丘陵平原地表水引水＋地下水井采综合开发利用区(Ⅳ)

该区主要分布在宜昌市东南部宜都—枝江一带长江两岸的丘陵平原地带，地表水资源十分丰富，包括长江干流、沮漳河下游干流以及长江其他支流，区内地势平坦，适宜直接从河道引水开发利用地表水作为供水水源。此外，区内第四系以砂砾石、砂层为主，具有较强的富水性，尤其是长江古河道的砾石层富水性强，具有集中供水的价值，可采取钻井傍河开采地下水作为供水水源。

二、水资源保护对策建议

宜昌市流域水资源量较多，流域人口规模和经济承载能力高，按照现有人口规模、经济增速预测未来十年宜昌市总水资源量依然能够支撑该区域的发展，水资源存在的风险较低。但宜昌地区水环境所承受的压力较大，尤其是东南部水体中污染严重，主要的污染物质为磷、硝酸盐和少量铅化合物，来源包括生活污水、工业生产和矿山开采产生排放的污水3个方面。污染较为严重的区域与宜昌市主要的工业生产区重叠，分布生产规模大小不等的工业企业较多，区域水环境存在受污水排放而富营养化的风险。

“共抓大保护，不搞大开发”“生态优先，绿色发展”是习近平总书记对长江经济带发展提出的指导原则，水环境治理得好不好，直接关系着沿江群众的获得感和幸福感。为治理与保护宜昌市水环境，建议如下。

1. 确立并完善水环境评价体系

确立水环境评价体系是制定后续相应保护措施的前提。为确保水环境影响评价制度的科学可靠，需联合水利部门、环保部门和自然资源部门制定统一的环境影响评价报告书的格式，便于统一分类管理；在内容方面，应当在《中华人民共和国环境影响评价法》的基础上，明确报告书应当包含的具体内容，杜绝模棱两可的表述方式，特别是对于水环境影响方面，应当做出更加详细的规定。

另外，可以将生态理念与水环境修复相结合，引入生态因子进行综合考量，进一步完善内陆水环境的评价指标体系。这是由于目前的地表水环境质量标准主要涵盖理化指标，较为易于监测，但水环境的完全修复仅改善水质指标是不够的，生物群落重建也是一项重要的工作。具体实施方案可参考欧盟、美国等地的水生态评价标准，依靠我国研究力量，针对我国实际需要和地域特征，凝练出易监测、可考核的核心生态指标，结合传统的水质指标逐步制定综合且完善评价体系。

2. 圈定水环境保护分区实施分级管控

宜昌市不同区域水资源分布不均，水环境现状也各有不同，其中西部山区总体而言水环境较好，而在宜昌市东南部水体污染最为严重，水体富营养化程度较高，因此可以基于现有水资源和水环境分区评价准则，依次圈定红、黄、绿三级保护分区进行分级管控，不同管控区制定不同的保护准则。

对水环境质量红线区，需实行最严格的保护。首先控制单元所在流域内水污染物实行总量减排并将污水进行梯级循环回用，现有工业废水与高危废水排放口限期关闭，不再新建排污口。其次禁止矿山开采等水生态环境破坏严重的项目，取消建设农药化肥使用量高的规模化畜禽养殖场，并大力发展生态绿色农业，开展农业面源污染物减排。最后关停或拆除现有饮用水水源一级保护区的供水设施和保护水源无关的建设项目，禁止新(改、扩)建排放污染物的建设项目，禁止从事游泳、垂钓或其他可能污染水体的活动。

对于水环境质量黄线区，需适当利用水环境承载力，谨慎开发，严格监控，严格执行相应行业规范、标准要求，确保与水环境质量不恶化、生态修复功能保持良好。严格控制污染物排放总量，重点整治规模化畜禽养殖场和养殖小区。严格限制可能造成严重水体污染和生态破坏的矿产资源开发。

对于水环境质量绿线区，在满足产业准入、总量控制、排放标准等管理制度要求的前提下可集约发展，同时做好水质长期监测，以保证水环境和经济建设的可持续发展。

3. 针对流域污染特点制定相应的水环境保护手段

宜昌市主要有香溪河、黄柏河、清江和沮漳河四大长江支流，不同流域所处的水环境条件不同，也面临不同的水质问题，因此需要“一河一策”针对性地提出治理方案。总体而言，香溪河上游、清江流域的大部分地区为水质较好水环境污染程度较轻，而黄柏河流域和沮漳河流域部分地区的水环境污染程度较为严重，水环境污染程度较严重，主要污染组分为总氮、总磷和铅离子，来源包括生活污水和矿山开采产生的污水排放。

其中黄柏河流域上游处于磷矿集中开采区，同时伴随黄铁矿的开采活动，因磷矿的自然风化造成水中磷酸盐浓度较高，磷矿开采过程中使用的化学试剂也导致了流域水体中 SO_4^{2-} 含量增多，因此需要重点对流域上游采矿活动采取一定限制措施，从源头上保护好水资源的生态环境。长江沿江流域和沮漳河流域的中下游受沿岸工业废水、生活污水、农业面源污染以及上游采矿活动产生的废水汇集积累，水质较差，对于此类问题，需要重点针对工农业污染区进行综合整治，对非法排污企业进行严肃查处，关停取缔高污染高耗能企业。

4. 制定水环境保护与治理的法律法规

目前来看，矿山开发是宜昌市水环境污染的主要原因，确立在产矿区水环境检查制度尤为重要。从目前的制度设计来看，我国已经设立了对矿区环境监督管理的部门，若设置单独的矿区监督检查员制度则不符合实际情况。但是，可以考虑在现有的管理部门中确定相应人员的监督职责。当然，宜昌市也可制定涉及矿区环境的环境变化及时报告制度和年度环境保护实施报告制度。环境变化及时报告制度的制定，有利于环保部门及时掌握矿区水环境的即时变化从而有效处理重大环境影响事件，尤其是磷矿区水污染事件，实行年度环境保护实施报告制度可以保障监管部门能够有效审查矿区企业提交的水环境治理方案，保证该方案得到有效的实施，以达到有效减少矿区水环境的污染、切实保护矿区水环境的环保目标。同时完善的地表水与地下水长期监控系统，制订水环境应急预案。

另外，对于退役矿区，应同时建立闭矿规划制度，引入矿山复垦机制。对于矿区而言，不仅仅复垦矿山土地，而且应当对矿区所在水环境进行长期维护，闭矿计划应包括关闭矿区计划、闭矿经济计算、闭矿后的环境监对和管理等方面。闭矿计划方案中在明确闭矿标准的同时应注意在制订该计划过程中的公众参与，广泛吸收各方意见，并且保证得到所有相关利益者的一致认可。对于闭矿规划可以分为短暂闭矿和永久闭矿。其中对于水环境污染程度较轻、容易通过后期的人力和资金进行修复的，建议进行短暂闭矿；对于水环境污染程度较重、不易恢复的，建议进行永久闭矿，通过水环境本身的自净能力和后期的人为因素，在较长的时间内恢复水环境原貌。

5. 加强水环境监管与应急管理

首先强化执法部门执行权。众所周知，我国已经建立以行政复议、行政诉讼、行政赔偿为主的行政救济机制，能为相关人员提供较为周全的救济措施。同时，检察机关提起环境公益诉讼的制度已经在我国逐渐建立起来，但是这些措施对于水环境保护而言还是远远不够的。第一，宜昌作为设区的市，在环境保护方面享有地方立法权，针对已有的环境保护法体系，结合本地具体实际，赋予环保部门必要的强制执行权力，使环保执法真正地硬起来。第二，制定符合宜昌市本地特色的环境执法细则，尽管“河长制”的出台，对于宜昌市在治理水污染方面有着巨大的作用，但是该制度仅仅规定相关部门的任务分工，对于执法措施方面尚不明确，宜昌市需要通过制定环境执法配套的规章制度，进一步规范环保、水利、自然资源等部门的职能，同时也进一步强化这些部门的执法措施。

其次加大责任主体处罚力度。在矿产资源开发过程中，可能存在违规违法行为，对一切违反环境保护制度的行为，法律条文不能仅仅简单地设置禁止性规定，必须设立相应罚则，有错必罚才能有效地遏制环境违法行为，如上文所述，宜昌市出台的“河长制”对于强化政府部门在水环境保护制度当中的职能具有一定的示范意义，但是缺乏相应的奖惩措施。应当在相关的制度当中明确违反制度的处罚措施，如自然资源、环保、水利和城管等部门在各自职责范围内，对违反环境法律法规的要设立相关的罚并有实施细则，既要追究违法单位的责任，也要追究审批人员的个人责任。只有责罚分明、加大处罚力度才能展示环保法律法规的严肃性，从而达到良好的执法效果。

最后加强应急预案制度。建立完善的地表水与地下水长期监控系统，设计科学的地下水污染控制井，建立合理的监测制度，并配备先进的检测仪器和设备，以便及时发现并有效地控制可能发生的地下水环境风险，以随时掌握厂区以及附近地下水环境质量状况和地下水体中各指标的动态变化。同时制定水环境应急预案，确保在发生风险事故时，能以最快的速度发挥最大的效能，有序地实施救援，尽快控制事态的发展，降低事故对地下水的污染。

6. 多部门、多区域协同推进水环境保护

一个流域通常跨越几个行政区域，因此打破行政区划界限和壁垒，加强统筹协调，凝聚保护长江的强大合力。推广多省份协同治理经验和做法，不断完善跨区域协同治理机制，持续探索生态保护补偿长效机制，建立健全生态产品价值实现机制，持续完善跨界水环境信息共享机制。

水环境的问题涉及自然资源、环保、水利和城管等多个部门，因此也需要多部门联合开展区域水环境综合治理，实施控源截污、清淤驳岸、水生态构建以及水系周边绿化提升工程，必要时成立水环境治理小组，集中人力与资源解决各类水环境问题。

7. 推进并普及水环境保护的相关宣传

加强生态理念的宣传，做好水环境科学的普及。科学普及的对象要抓住关键人群，首先是全国的河湖管理部门，其次是其他政府部门和社会公众，在城区可以通过上岗培训、参观示范、媒体传播、学校教育等途径，在乡村可以通过实地走访、广播宣传等途径，把保护水资源和水环境的保护道理讲明讲透，使之深入人心并指导实践。

8. 引入社会资本提升水环境保护效率

在追求经济快速增长的同时环境容量有限性和生态承载脆弱性，实现“生态优先、绿色发展”的原则，加快建立生态产品价值实现机制，让保护修复生态环境获得可持续的回报。撬动社会资本，调动科研力量开展技术研发，培植专业从事水生态修复的环保企业，推动技术流程的标准化和向环保企业的转移转化。要做到政府有目标、投入有着落、技术有支撑，使水体生态既可修复又可维护。

例如可以采用PPP模式将雨水污水管网工程和科学截污治理工程相结合，从而起到事半功倍的效果。还可以与高校合作研究雨污混流排水口截污、清淤一体技术，从而科学解决雨污同排和淤泥堆积的问题。

第三章　土地资源与特色农业

第一节　土地资源概况

一、土地利用现状

宜昌市土地面积2 122 117hm^2（1hm^2=0.01km^2，图3.1.1），其中耕地面积约386 968hm^2，人均耕地面积约为0.099hm^2，略高于全国人均耕地面积；园地面积171 300hm^2，林地面积约1 447 015hm^2，草地面积1129hm^2；城镇村及工矿用地面积46 239hm^2，交通运输用地面积482hm^2，水域及水利设施用地面积66 630hm^2，其他土地面积2354hm^2。其中山区占67%，丘陵占20%，平原占13%。宜昌市六大特色产业柑橘、茶叶、蔬菜、草食畜牧业、名优特水产养殖业和食用油业进一步发展壮大，其中柑橘种植面积约128 000hm^2，居全国州市第一，茶叶种植面积约46 000hm^2，蔬菜种植面积约129 333hm^2。”

二、土壤类型现状

宜昌市土壤类型可划分为9个土类、24个亚类、87个土属，共333个土种。9个土类面积占全市土地总面积的比例从大到小依次为：黄棕壤占41.34%、石灰土占23.17%、黄壤占15.63%、紫色土占7.83%、水稻土占6.24%、潮土占2.65%、棕壤占2.07%、红壤占1.03%、草甸土占0.04%。

三、土壤环境质量现状

据宜昌市土壤地球化学调查数据分析，宜昌市污染企业周边地区土壤质量较好，仅部分点位镉、铅超标；蔬菜种植基地土壤污染形势严峻，污染物种类众多，监测区域普遍铅超标，且局部存在镉、铬、镍、滴滴涕复合污染，复合污染区域存在重度污染地块；基本农田土壤的污染物主要为镍，污染物种类单一；饮用水水源地周边土壤安全，全部土壤点位均为清洁；畜禽养殖场周边土壤主要污染物为镉，污染物种类单一。土壤污染重点行业企业及工业园区土壤环境质量评价结果表明，全市重点行业企业及工业园区土壤污染集中分布于宜都市、远安县、当阳市、夷陵区，污染地块主要涉及化学原料和化学制品制造业、医药制造业、有色金属冶炼业及炼焦业。主要超标因子为砷、铅、镍等重金属，其中砷污染地块数量多、分布广，土壤环境形势严峻。部分化工企业地块土壤存在苯、萘、苯并蒽等有机物超标现象。

针对镉元素的环境监测结果显示，镉元素异常区主要分布于兴山县的东部、远安县的西部、长阳的西部、五峰的北部，集中分布于砂岩、粉砂岩、碳酸盐岩区。砷元素异常区主要分布于夷陵区的西北部、宜都市的西部、长阳的东北部，岩性主要为砂岩、粉砂岩，见图3.1.2。除此之外，宜昌市主要的土壤环

图 3.1.1 宜昌市土地利用现状图

境质量问题有：土壤污染底数不清；肥料、农药面源污染及农膜污染未完全根除，农业点源污染（主要指畜牧、水产）、土壤酸化、土壤肥料下降等环境问题严峻；磷矿开采、有色金属冶炼、化工生产、电镀、工厂采用淘汰产品和工艺、大宗固体废弃物不合理堆放；水土流失导致耕地减少和河流淤积等。

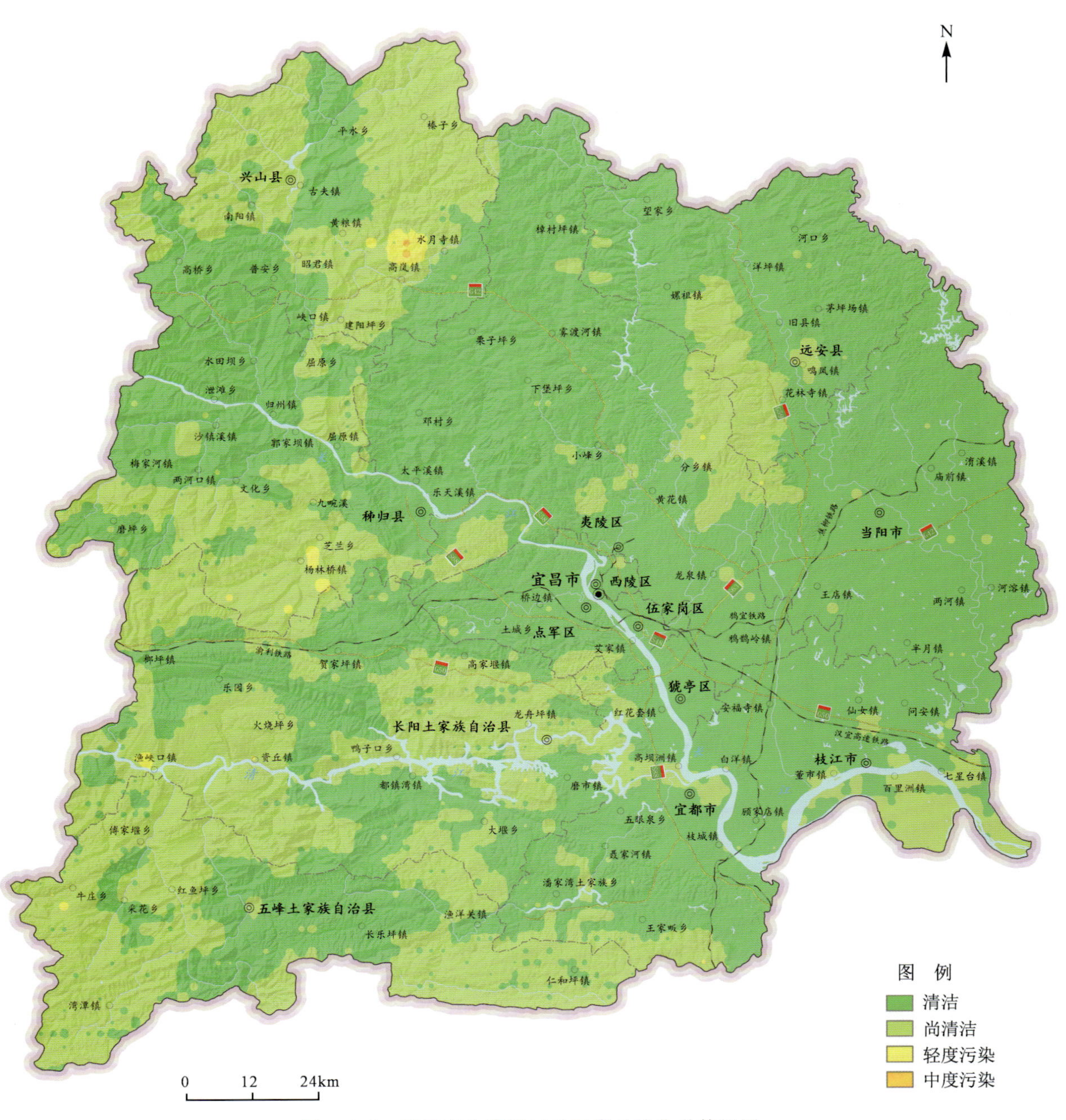

图 3.1.2　宜昌市土壤镉(Cd)元素地球化学等级图

第二节　土壤地球化学特征

把影响土地质量的土壤本身固有的因素称为内部因素，主要包括土壤中的元素含量、理化性质、土壤 pH 值和土壤有机质等，其中土壤中的元素含量内容丰富，对土地质量影响深刻，可以大致分为两大类：土壤植物营养元素和土壤有害元素。本章主要从元素丰缺程度、元素空间分布和元素空间变异特征三方面来研究土地质量的内部因素地球化学特征，对宜昌市典型农用地植物营养元素的丰缺和重金属等有害元素的污染情况作出评价，可以直接作为农业施肥管理和农业环境保护的依据。

一、土壤肥力特征与等级评价

1. 土壤中营养元素地球化学特征

本次调查分析了表层土壤中N、P、K、Ca、Mg、S共6个植物营养必需的大中量元素，共采集测试表层土壤样品130件；同时调查分析了表层土壤中碱解氮、有效磷、速效钾3项指标，共采集测试表层土壤有效态样品130件。

从测试结果可看出，表层土壤中N、P、K_2O、CaO、MgO、S的平均值与宜昌市1∶25万多目标地球化学调查表层土壤(覆盖面积约6000km^2)背景值相比，N含量大于土壤背景值(1 105.87mg/kg)，P含量略大于土壤背景值(688.95mg/kg)，K_2O含量略大于土壤背景值(2.21%)，CaO含量小于土壤背景值(1.77%)，MgO含量略大于土壤背景值(1.46%)，S含量大于土壤背景值(253.70mg/kg)，可见表层土壤中N、P、K、Mg、S元素都有富集，Ca元素有亏损；N、P、K元素的富集反映了人为施肥的影响，Ca元素的亏损不仅影响土壤对农作物Ca的供应，还造成土壤理化不平衡和土壤酸化严重。

采用第二次土壤普查标准对宜昌市典型农用地表层地球化学元素和指标含量进行分级，部分分级标准来自全国多目标区域地球化学调查的表层土壤(0～20cm)数据，数据经处理后分级界限值为该元素累积频率为20%、40%、60%、80%时对应的元素含量数值，土壤中农作物必需大中量元素和指标丰缺分级标准归纳为表3.2.1。

表3.2.1 表层土壤农作物必需大中量元素分级标准[据《土地质量地球化学评价规范》(DZ/T 0295—2016)]

指标	分级					标准来源
	一等	二等	三等	四等	五等	
	丰富	较丰富	中等	较缺乏	缺乏	
N/(mg·kg^{-1})	>2000	1500～2000	1000～1500	750～1000	≤750	第二次土壤普查
P/(mg·kg^{-1})	>1000	800～1000	600～800	400～600	≤400	
K_2O/%	>3.0	2.4～3.0	1.8～2.4	1.2～1.8	≤1.2	
CaO/%	>3.0	1.5～3.0	0.9～1.5	0.4～0.9	≤0.4	多目标地球化学
MgO/%	>2.15	1.70～2.15	1.20～1.70	0.70～1.20	≤0.70	
S/(mg·kg^{-1})	>343	270～343	219～270	172～219	≤172	
碱解氮/(mg·kg^{-1})	>150	120～150	90～120	60～90	≤60	第二次土壤普查
有效磷/(mg·kg^{-1})	>40	20～40	10～20	5～10	≤5	
速效钾/(mg·kg^{-1})	>200	150～200	100～150	50～100	≤50	
Cu/(mg·kg^{-1})	>29	>24～29	>21～24	>16～21	≤16	多目标地球化学
Zn/(mg·kg^{-1})	>84	>71～84	>62～71	>50～62	≤50	
B/(mg·kg^{-1})	>65	>55～65	>45～55	>30～45	≤30	
Mo/(mg·kg^{-1})	>0.85	>0.65～0.85	>0.55～0.65	>0.45～0.55	≤0.45	

把宜昌市典型农用地表层土壤含量平均值与农作物必需大中量元素分级标准比较可见，总体上，全氮含量为二等较丰富，全磷含量为二等较丰富，全钾含量为三等中等，碱解氮为二等较丰富，有效磷为一

等丰富，速效钾为一等丰富，氧化钙含量为三等中等，氧化镁含量为二等较丰富，硫含量为二等较丰富。

以表 3.2.1 的分级标准对各元素和指标进行分级统计，统计农作物必需大中量元素全量和土壤有效态指标的各含量等级的样点数，计算各等级点位数的百分比含量，对各元素和有效态指标的点位比例做柱状图（图 3.2.1）。

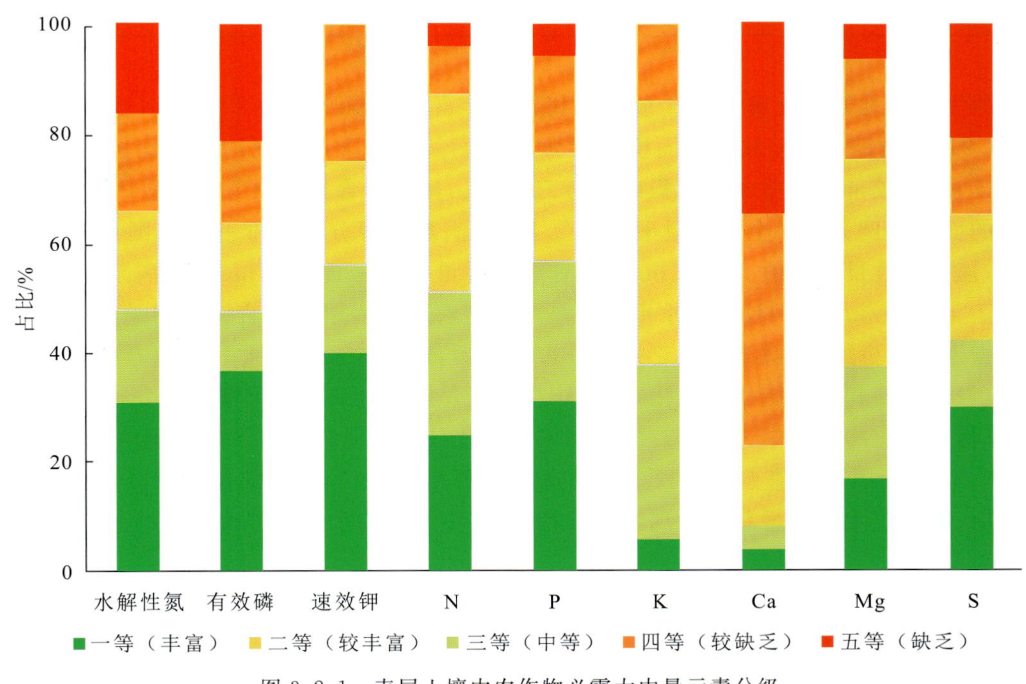

图 3.2.1 表层土壤中农作物必需大中量元素分级

由图 3.2.1 可见，宜昌市典型农用地表层土壤全氮含量丰富和比较丰富的样点比例为 51.00%，全氮含量适中的样点比例为 36.00%，全氮含量不同程度缺乏的样点比例为 13.00%；表层土壤碱解氮含量丰富、比较丰富和适中的样点比例为 66.00%，碱解氮含量不同程度缺乏的样点比例为 34.00%；全氮含量平均值 1 614.12mg/kg，大于全氮分级标准二等范围的下限 1500mg/kg，达到较丰富水平，碱解氮含量平均值 126.71mg/kg，大于碱解氮分级标准二等范围的下限 120mg/kg，达到较丰富水平。宜昌市典型农用地含氮水平普遍较高，绝大部分土壤不缺氮，土壤氮缺乏主要分布在脐橙园和宜昌东部水浇地，成土母质为紫红色砂页岩风化物和冲积母质。

宜昌市典型农用地表层土壤全磷含量丰富和比较丰富的样点比例为 56.56%，全磷含量适中的样点比例为 19.67%，全磷含量不同程度缺乏的样点比例为 23.77%；表层土壤有效磷含量丰富、比较丰富和适中的样点比例为 63.93%，有效磷含量不同程度缺乏的样点比例为 36.07%；全磷含量平均值 924.25mg/kg，大于全磷分级标准二等范围的下限 800mg/kg，达到较丰富水平。有效磷含量平均值 58.39mg/kg；有效磷含量中值为 17.46mg/kg（表 3.2.2），大于有效磷分级标准三等范围的下限 10mg/kg，达到中等水平，初步判断宜昌市特色农业产地土壤磷的利用率比较高。宜昌市特色农业产地土壤含磷水平不均衡，土壤全磷及有效磷含量的变异系数均大于 0.35，为高度变异，表明磷在土壤中的含量变化较大，受空间影响大。与第二次土壤普查及宜昌市耕地地力调查结果（引自《宜昌市耕地地力评价与改良》）相比，土壤有效磷有较大幅度提升，土壤有效磷丰富与较丰富的比例显著增加，中等等级的比例下降，较缺乏与缺乏的比例也有增加，土壤有效磷含量呈现两极分化的特点。

表 3.2.2　不同年代土壤有效磷含量比较　　单位：%

年度	平均值	一等	二等	三等	四等	五等
2020 年	17.46	36.89	10.66	16.39	14.75	21.31
2010 年	17.29	3.41	14.19	63.14	18.34	0.91
1985 年	—	0.78	3.50	12.36	29.93	53.42

宜昌市典型农用地表层土壤全钾含量丰富和比较丰富的面积比例为 37.50%，全钾含量适中的面积比例为 48.21%，全钾含量较缺乏的面积比例为 14.29%，全钾含量缺乏的面积比例为零。表层土壤速效钾含量丰富、比较丰富和适中的面积比例为 75.00%，速效钾含量较缺乏的面积比例为 25.00，速效钾含量缺乏的面积比例为零。全钾含量平均值 2.28%，满足全钾分级标准三等范围 1.8%～2.4%，达到适度水平；速效钾含量平均值 224.31mg/kg；速效钾含量中值为 163.95mg/kg，满足速效钾分级标准二等范围大于 150mg/kg，达到较丰富水平。宜昌市典型农用地表层土壤含钾水平总体较高，缺钾的点位为全部调查点位的少数，土壤全钾缺乏主要分布在茶园，对应的成土母质比较复杂，主要为碳酸盐岩风化物、泥质岩风化物和酸性结晶岩风化物，另外速效钾含量相对缺乏的土壤主要分布在碳酸盐岩风化物、泥质岩风化物母质的土壤中。与第二次土壤普查及宜昌市耕地调查结果相比，土壤速效钾有较大幅度提升（表 3.2.3），土壤有效磷丰富与较丰富的比例显著增加，中等等级的比例下降，较缺乏与缺乏的比例略有增加；土壤速效钾含量总体呈现增加的特点，初步判断为水土涵养改善的结果。

表 3.2.3　不同年代土壤速效钾含量比较　　单位：%

年度	平均值	一等（丰富）	二等（较丰富）	三等（中等）	四等（较缺乏）	五等（缺乏）
2020 年	163.95	40.18	16.07	18.75	25.00	0
2010 年	128.12	4.20	13.17	61.96	20.37	0.30
1985 年	—	14.30	19.83	30.77	27.32	7.79

由图 3.2.1 可知，宜昌市典型农用地表层土壤钙含量丰富和比较丰富的面积比例为 8.20%，全钙含量适中的面积比例为 14.75%，全钙含量不同程度缺乏的面积比例为 77.05%，其中钙含量丰富和比较丰富的土壤类型主要为石灰土，土壤母质为紫红色砂页岩风化物；钙含量适中的土壤类型主要为黄壤、灰潮土、灰潮土田，土壤母质为酸性结晶岩风化物和第四纪冲积母质。

宜昌市典型农用地表层土壤镁含量丰富和比较丰富的面积比例为 37.70%，镁含量适中的面积比例为 37.70%，镁含量不同程度缺乏的面积比例为 24.59%，主要分布在茶园和宜昌东部农田区，土壤母质量主要为泥质岩风化物和第四纪冲积母质。

宜昌市典型农用地表层土壤硫含量丰富和比较丰富的面积比例为 42.86%，雾渡河猕猴桃园地总体含硫丰富或比较丰富；硫含量适中的面积比例为 22.32%，硫含量不同程度缺乏的面积比例为 34.82%。

宜昌市典型农用地表层土壤微量元素含量总体高于全国平均水平，见图 3.2.2，其中硼含量丰富和比较丰富的比例为 65.57%，钼含量丰富和比较丰富的比例为 76.52%，铜含量丰富和比较丰富的比例为 70.49%，锌含量丰富和比较丰富的比例为 74.59%。

2. 土壤氮、磷、钾的有效度

土壤养分是评价土壤可利用性的重要因子，包括土壤中的植物营养元素（即植物体内必需的营养元

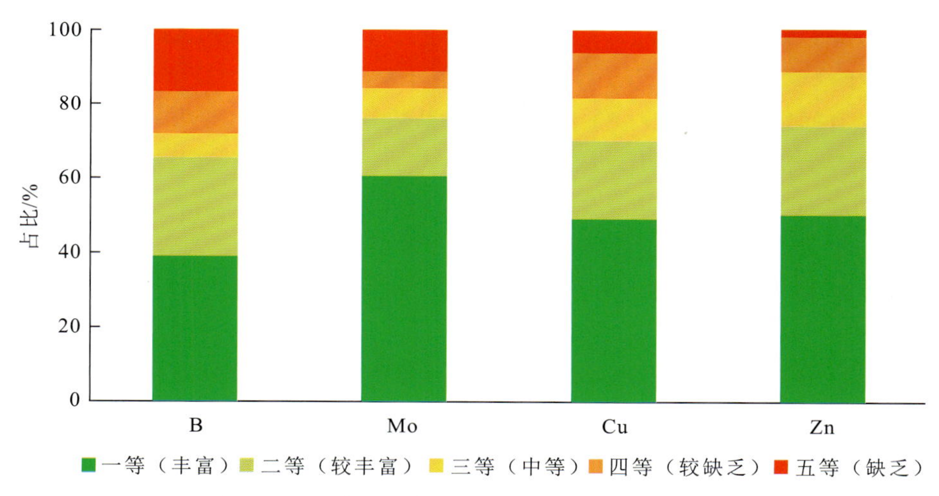

图 3.2.2 表层土壤中农作物必需微量元素分级

素）及有益元素（即对某些植物的生长发育能产生有利的影响的元素）。土壤植物营养及有益元素通常用全量和有效量来表示，土壤元素全量是指该元素在土壤中总的含量；土壤元素有效量是土壤元素有效态的含量，指以相对活动态存在于土壤中、能被植物直接吸收利用的那部分元素含量；土壤中某元素的有效度是指土壤中该元素有效量与其总量的百分比（韦世勇，2016）。通过对土壤中植物营养及有益元素的全量及有效态含量的研究分析，可为土壤养分元素的丰缺评价、土壤养分利用率提高、土壤改良、科学施肥等提供有益的参考。

氮、磷、钾全量的平均值等级依次为二等、二等、三等，氮、磷、钾有效量的平均值等级依次为二等、三等、二等。对比元素全量与有效量排序，可以发现宜昌市土壤中 N、P、K 元素全量与有效量的总体变化趋势较为相似，反映了土壤元素丰度对有效量的制约作用。

宜昌市土壤元素有效度（平均值，单位：%）从大到小的顺序是：N 为 8.03，P 为 5.10，K 为 1.19，可见 N、P、K 的有效度相差较为悬殊，氮能被植物直接吸收利用的比率含量最高，磷次之，钾最低；显然，元素表生地球化学性质是决定其有效度的重要内因（表 3.2.4）。

表 3.2.4 宜昌市表层土壤 N、P、K 有效度统计值

元素	样品数/件	平均值/%	标准差	变异系数	最小值/%	最大值/%	中值/%	偏度	峰度
N	100	8.03	0.04	0.46	1.34	20.02	7.38	1.37	2.68
P	122	5.10	0.07	1.31	0.03	38.12	2.31	2.36	6.55
K	112	1.19	0.01	0.76	0.23	5.93	0.94	2.12	6.92

二、土壤有害元素地球化学特征与评价

1. 土壤重金属元素含量特征

对宜昌市典型农用地表层土壤中 As、Cd、Cr、Cu、Hg、Ni、Pb、Zn 共 8 个重金属元素的含量进行统计。

可见表层土壤中As、Cd、Cr、Cu、Hg、Ni、Pb、Zn的含量平均值依次为(单位:mg/kg)11.02、0.28、88.69、29.85、0.08、38.19、28.66、84.47,与中值基本一致。从变异系数看,As、Cd、Cr、Cu、Hg、Ni等元素的变异系数均大于0.35,根据Wilding等(1985)对变异系数的分类,为高度变异,表明它们在土壤中的含量变化较大,受空间影响大;Pb、Zn等元素的变异系数均小于0.35,变异程度不高,表明它们在土壤中的含量相对稳定,受空间影响较小。从偏度看,As、Cd、Cr、Cu、Hg、Ni、Pb、Zn等元素的偏度均为正偏,表明受人为作用的影响重金属含量发生了不同程度的人为富集。

典型农用地土壤重金属含量与宜昌市1∶25万多目标地球化学调查表层土壤(覆盖面积约6000km^2)背景值相比,除Pb外,其他7种重金属元素含量都比背景值高,见表3.2.5。

表3.2.5 典型农用地土壤重金属含量与背景值比较

元素	As	Cd	Cr	Cu	Hg	Ni	Pb	Zn
背景值/(mg·kg^{-1})	10.41	0.24	76.88	28.33	0.06	31.65	28.80	78.28
平均值/(mg·kg^{-1})	11.02	0.28	88.69	29.85	0.08	38.19	28.66	84.47
变化幅度/%	5.84	16.10	15.37	5.36	33.33	20.65	−0.48	7.90
中值/(mg·kg^{-1})	10.20	0.23	84.25	28.55	0.08	35.25	28.10	84.15
变化幅度/%	−2.08	−4.86	8.75	0.76	25.00	10.20	−2.48	6.97

2. 不同土地利用重金属含量特征

统计不同的土地利用状态下土壤重金属含量。以不同土地利用土壤重金属元素平均值与宜昌市表层土壤背景值比值(K)来反映土壤中元素的丰缺,当$K \geqslant 1.2$为富集,$0.8 < K < 1.2$为相当,$K \leqslant 0.8$为贫乏。统计结果显示:五峰茶叶产地土壤Hg丰富,其他重金属相当,秭归脐橙产地土壤As、Hg贫乏,其他重金属相当,火烧坪高山蔬菜产地土壤As、Cd、Cr、Hg、Ni、Zn丰富,Cu、Pb相当,枝江粮食产地土壤As、Hg丰富,其他重金属相当,雾渡河猕猴桃产地土壤Cr、Cu、Hg、Ni丰富,As贫乏,Cd、Pb、Zn相当。

3. 不同母质土壤重金属元素含量特征

统计不同的土壤成土母质条件下土壤重金属含量。以不同土壤母质土壤重金属元素平均值与宜昌市表层土壤背景值比值(K)来反映土壤中元素的丰缺,当$K \geqslant 1.2$为富集,$0.8 < K < 1.2$为相当,$K \leqslant 0.8$为贫乏。统计结果显示:砂岩-粉砂岩-泥岩风化物成因土壤Hg丰富,其他重金属相当,紫红色砂岩成因土壤As、Cd、Cr、Hg、Pb贫乏,Cu、Ni、Zn相当,碳酸盐岩风化物成因土壤As、Cd、Cr、Hg、Ni、Zn丰富,Cu、Pb相当,第四纪母质成因中,土壤As、Hg丰富,其他重金属相当,酸性结晶岩风化物成因土壤Cr、Cu、Hg、Ni丰富,As贫乏,Cd、Pb、Zn相当。

4. 土壤重金属元素污染评价

农用地土壤污染风险筛选值的必测项目包括As、Cd、Cr、Cu、Hg、Ni、Pb、Zn,用《土壤环境质量农用地土壤污染风险管控标准》(GB 15618—2018)对各样点8项重金属进行评价。以农用地土壤污染风险筛选值、农用地土壤污染管控值为界线值,将单项重金属污染等级分为三等,依次为优先保护类、安全利用类、严格管控类;其中Cu、Ni、Zn只有风险筛选值,单项重金属仅分为优先保护类和安全利用类两类。优先保护类对农产品质量安全、农作物生长或土壤生态环境风险低;安全利用类对农产品质量安全、农作物生长或土壤生态环境可能存在风险，应当加强土壤环境监测和农产品协同监测，原则上应当采取安全利用措施；严格管控类食品农产品不符合质量安全标准等农用地土壤污染风险高，原则上应当采取严格管控措施。重金属综合评价采用单项污染等级最差的等级。将土壤环境质量农用地土壤污染风险管控标准的风险筛选值与风险管制值汇总见表3.2.6。

表3.2.6　农用地土壤污染风险评价标准　　单位：mg/kg

污染物限值		pH≤5.5		5.5<pH≤6.5		6.5<pH≤7.5		pH>7.5	
标准值		筛选值	管制值	筛选值	管制值	筛选值	管制值	筛选值	管制值
As	水田	30	200	30	150	25	120	20	100
	其他	40	200	40	150	30	120	25	100
Cd	水田	0.3	1.5	0.4	2	0.6	3	0.8	4
	其他	0.3	1.5	0.3	2	0.3	3	0.6	4
Cr	水田	250	800	250	850	300	1000	350	1300
	其他	150	800	150	850	200	1000	250	1300
Hg	水田	0.5	2	0.5	2.5	0.6	4	1.0	6
	其他	1.3	2	1.8	2.5	2.4	4	3.4	6
Pb	水田	80	400	100	500	140	700	240	1000
	其他	70	400	90	500	120	700	170	1000
Cu	果园	150	—	150	—	200	—	200	—
	其他	50	—	50	—	100	—	100	—
Ni		60		70	—	100	—	190	—
Zn		200		200	—	250	—	300	—

以土壤污染风险值为标准计算重金属单项污染指数，当风险值筛选值按土地利用类别有不同评价标准时，选择从严标准。单因子污染指数 P_i 的计算公式为

$$P_i = C_i / S_i$$

式中：C_i 为土壤中 i 指标的实测含量；S_i 为污染物 i 的评价标准值，此处为农用地土壤污染风险筛选值。按照土壤单项污染指数环境地球化学等级划分界限值，见表3.2.7，进行单指标土壤环境地球化学等级划分。

表3.2.7　土壤环境地球化学等级划分

等级	一等	二等	三等	四等	五等
土壤环境	$P_i \leq 1$	$1 < P_i \leq 2$	$2 < P_i \leq 3$	$3 < P_i \leq 5$	$P_i \geq 5$
	清洁	轻微污染	轻度污染	中度污染	重度污染

在单指标土壤环境地球化学等级划分基础上，每个评价对象的土壤环境地球化学综合等级等同于单指标划分出的环境等级最差的等级。

通过对土壤重金属单项污染指数和综合污染指数计算，重金污染评价等级分布情况见图3.2.3。

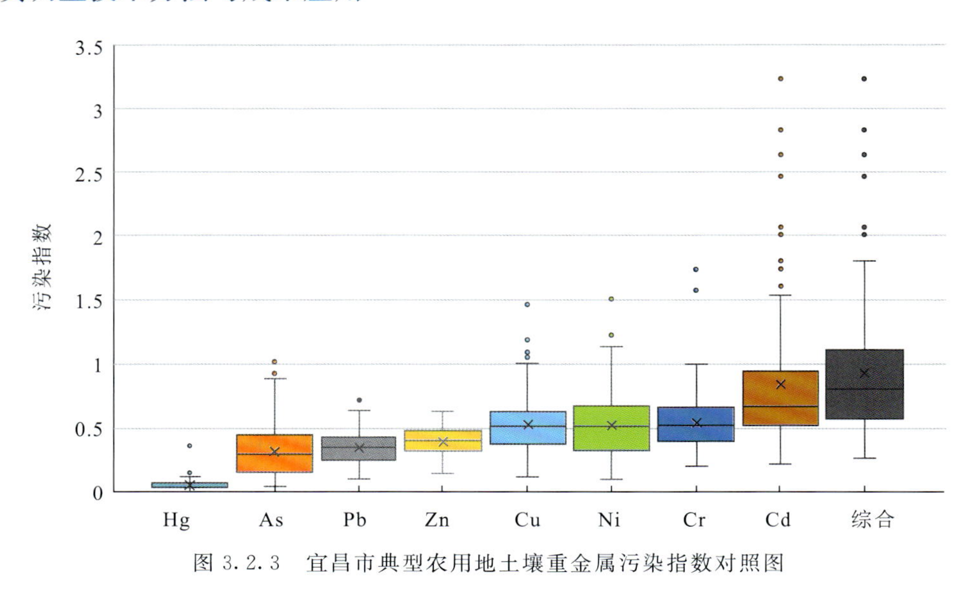

图 3.2.3 宜昌市典型农用地土壤重金属污染指数对照图

三、土壤垂直剖面地球化学元素分布特征

1. 土壤营养元素垂直分布特征

不同的土地利用状态下土壤营养元素含量垂直分布变化明显，见表 3.2.8。

表 3.2.8 不同的土地利用状态下土壤营养元素平均含量垂直分布

指标	深度/cm	五峰茶叶产地	秭归脐橙产地	高山蔬菜产地	枝江粮食产地	雾渡河猕猴桃产地
OrgC/%	0～20	1.99	1.31	1.65	2.47	2.26
	20～40	0.95	0.65	0.99	1.35	1.02
	40～60	0.70	0.55	0.95	1.60	0.71
	60～80	0.64	0.46	0.73	1.78	0.74
	80～100	0.53	0.30	0.52	1.80	0.79
N/($mg \cdot kg^{-1}$)	0～20	1 969.10	1 456.47	1 779.87	1 027.11	—
	20～40	1 035.40	798.20	1 180.67	930.11	—
	40～60	861.67	701.17	1 137.87	971.00	—
	60～80	816.12	635.22	962.43	732.44	—
	80～100	744.53	407.25	794.67	901.56	—
P/($mg \cdot kg^{-1}$)	0～20	738.67	912.33	1 194.27	887.89	2 173.00
	20～40	490.53	410.53	637.27	617.22	1 443.00
	40～60	445.83	413.25	1 060.13	478.67	1 336.00
	60～80	438.27	384.00	612.86	398.89	1 512.86
	80～100	377.53	338.75	767.89	543.33	1 777.50

续表 3.2.8

指标	深度/cm	五峰茶叶产地	秭归脐橙产地	高山蔬菜产地	枝江粮食产地	雾渡河猕猴桃产地
K_2O/%	0～20	2.199	2.49	2.199	4.93	2.00
	20～40	2.198	2.42	2.191	4.82	2.04
	40～60	2.266	2.50	2.169	4.32	2.10
	60～80	2.363	2.52	2.192	5.09	2.12
	80～100	2.318	2.41	2.326	5.19	2.10
CaO/%	0～20	0.266	5.12	0.552	1.02	1.38
	20～40	0.280	5.21	0.523	1.25	1.47
	40～60	0.288	4.34	0.853	1.16	1.67
	60～80	0.289	3.75	0.497	1.19	1.55
	80～100	0.308	3.13	0.459	0.97	1.46
MgO/%	0～20	1.32	2.02	1.89	0.93	2.08
	20～40	1.29	2.17	1.91	1.10	2.03
	40～60	1.27	1.84	1.84	1.04	1.95
	60～80	1.28	1.83	1.82	1.40	1.96
	80～100	1.34	1.65	1.62	0.93	2.06
S/（$mg \cdot kg^{-1}$）	0～20	227.07	232.40	323.87	—	531.00
	20～40	150.18	155.00	213.73	—	229.00
	40～60	135.21	119.78	202.27	—	131.50
	60～80	130.20	116.29	181.86	—	151.43
	80～100	132.45	98.60	162.89	—	125.50
B/（$mg \cdot kg^{-1}$）	0～20	70.16	68.81	63.73	85.99	36.66
	20～40	71.45	68.94	63.90	89.33	41.18
	40～60	69.81	71.04	63.75	91.34	35.56
	60～80	71.68	66.21	62.76	110.40	49.84
	80～100	72.83	48.10	68.41	94.62	65.41
Mo/（$mg \cdot kg^{-1}$）	0～20	1.371	0.70	1.92	1.07	0.86
	20～40	1.249	0.66	1.75	0.74	1.09
	40～60	1.251	0.65	2.63	0.31	0.73
	60～80	1.248	0.56	2.37	0.72	0.78
	80～100	1.468	0.52	5.46	0.24	0.90

N、P、OrgC、S是土壤肥力高低的重要指标，不同土地利用方式下土壤垂直剖面N、P、OrgC、S等元素和指标含量变化明显，均表现为随土层深度的增加而减少。K、Ca、Mg、B、Mo等元素在不同土地利用方式下垂向上总体变化不明显，但不同土地利用方式之间含量存在差别，这与不同土地利用下施肥水平、不同土地利用土壤的母质差异影响等密切相关，如宜昌东部的粮食产地剖面土壤钾含量整体高于山地及丘陵的土壤；秭归脐橙剖面土壤的钙含量整体高于其他土地利用方式的土壤，见图3.2.4。

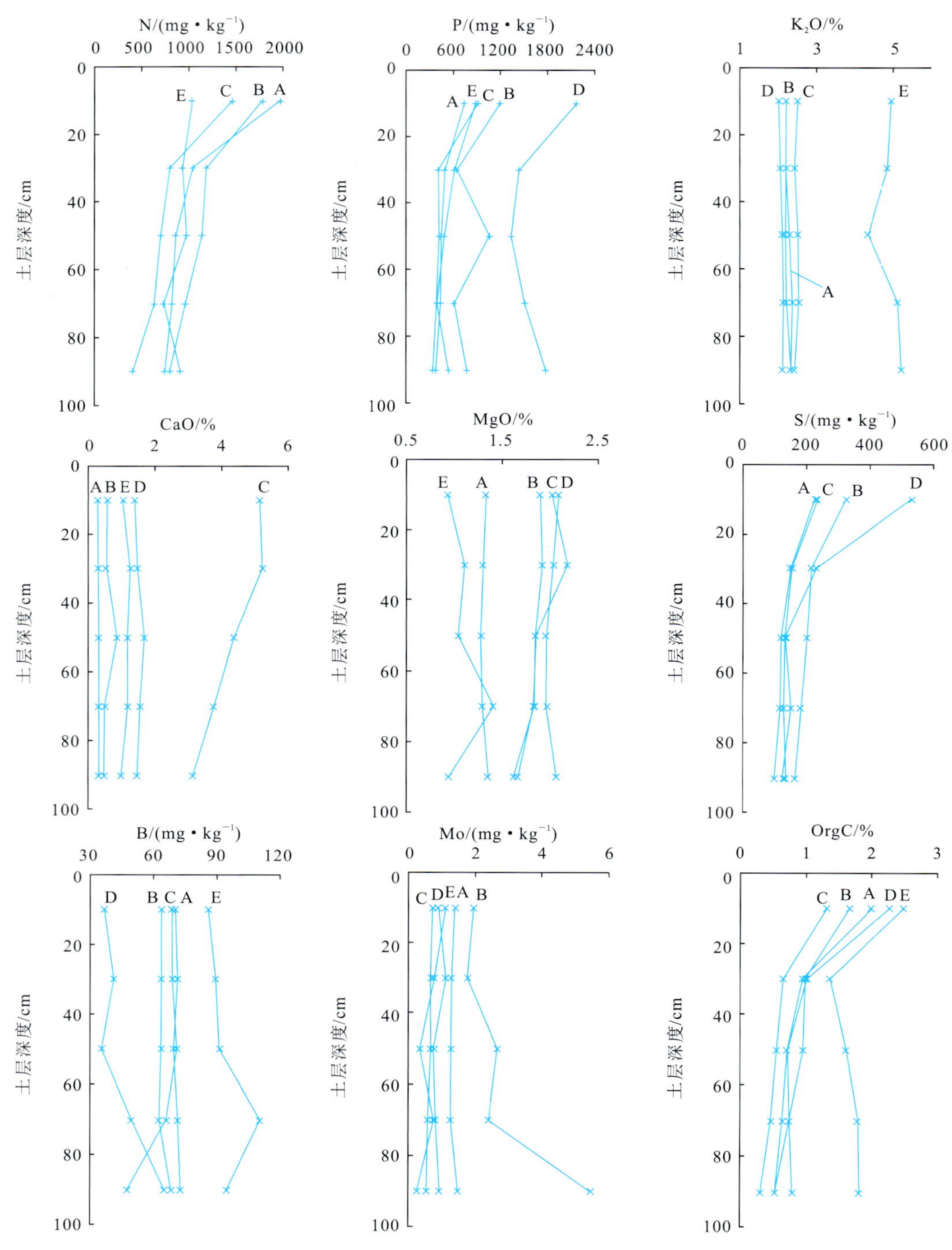

图 3.2.4　不同土地利用状态下土壤营养元素平均含量垂直分布图

A. 茶叶产地土壤;B. 高山蔬菜产地土壤;C. 脐橙产地土壤;D. 猕猴桃产地土壤;E. 粮食产地土壤

2. 土壤重金属元素垂直分布特征

不同的土地利用状态下土壤重金属元素含量垂直分布变化存在差异。不同土地利用方式下土壤重金属 Cd 含量垂向变化明显,总体呈现出从表层向下递减的趋势,40cm 土层以上部分越接近地表 Cd 含量越大,40cm 土层以下部分 Cd 含量变化不大,这与地表有机质含量高,受大气干湿沉降影响比深层土壤大等因素有密切关系。土壤 pH 值表现为随土壤向下增大的趋势,不同土地利用方式下均是表层土壤的酸性最大。As、Cr、Cu、Hg、Ni、Pb、Zn 等元素总体上垂向变化不大，除 As 在表层土壤比垂直向下各层土壤中含量略低外，其他重金属元素均为在表层土壤中含量略高，反映了宜昌市典型农用地未受这些重金属的污染，各重金属元素垂向变化分布见图 3.2.5。

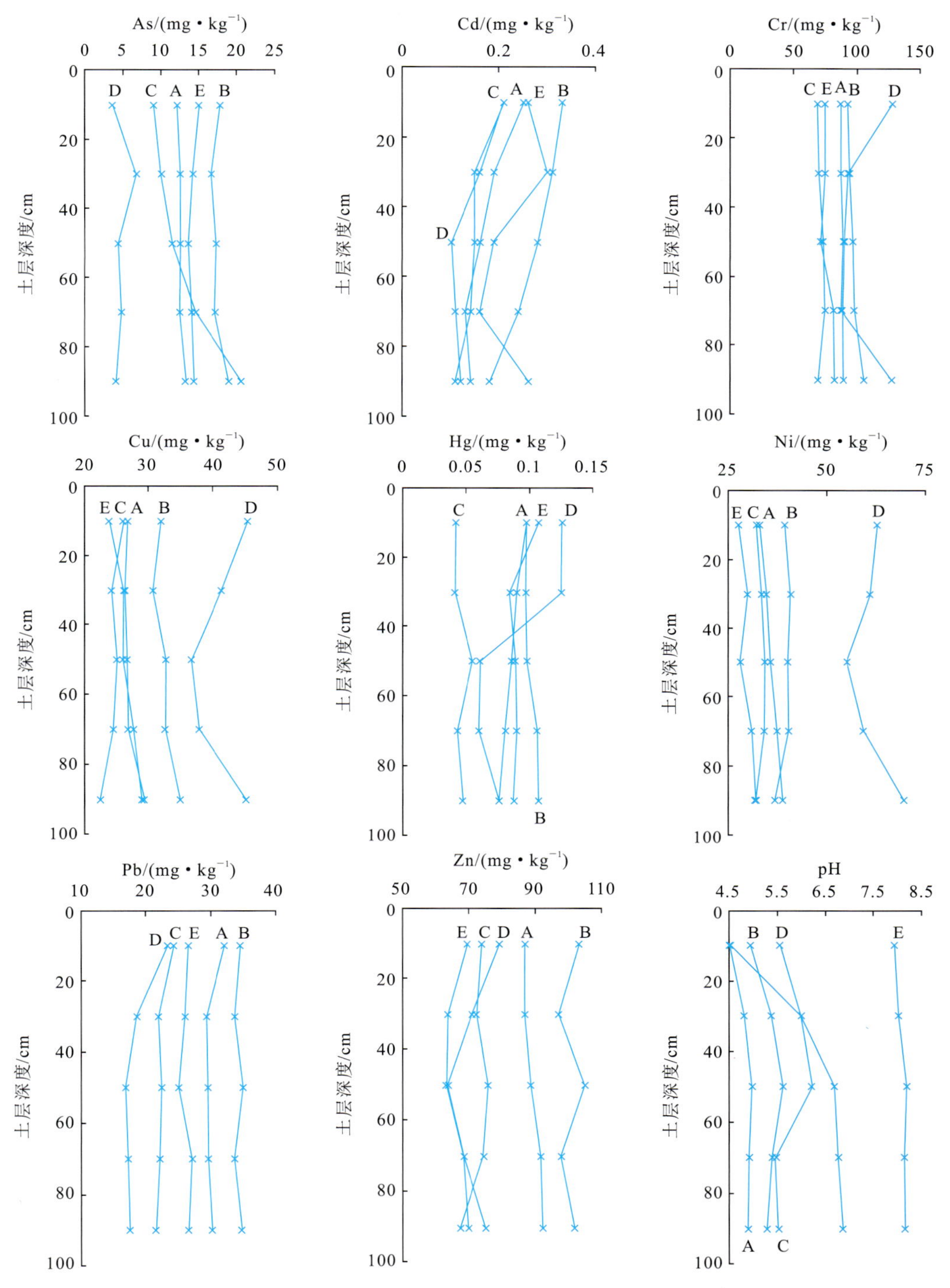

图 3.2.5 不同土地利用状态下土壤重金属元素平均含量垂直分布图

A. 茶叶产地土壤；B. 高山蔬菜产地土壤；C. 脐橙产地土壤；D. 猕猴桃产地土壤；E. 粮食产地土壤

第三节　富硒土地资源现状与利用

一、富硒土壤资源分布情况

根据湖北省 1∶25 万多目标地球化学数据及宜昌资源环境承载能力特色农业区土壤调查数据，共圈定宜昌市富硒土壤区 8 处，富硒土壤总面积为 523.06km^2，其中宜都市富硒区与河流冲积相及人为活动有关；其他 7 处富硒区与地层中富硒岩层密切相关，具有富硒农产品开发潜力。圈定了富硒土壤资源，为特色农业布局提供了建议。

据鄂西多目标地球化学调查资料，中二叠统孤峰组富硒碳质页岩-含碳硅质岩建造，是重要的硒富集区，以其为母岩的土壤中 Se 含量显著高于其他地层母岩风化形成的土壤，各时代地层岩石-土壤 Se 含量对比情况见图 3.3.1。根据土壤母岩特性，圈定宜昌市富硒潜力区 10 处，面积共计 991.03km^2。

根据地方政府发展特色农业和乡村振兴的需求，秭归县提供了县域范围富硒分布图（图 3.3.2），为当地特色农业发展提供了支撑。秭归县富硒土地面积为 456.24km^2，占 18.80%；Se 含量适量土地面积 1 185.80km^2，占 48.86%；Se 含量边缘和缺乏土地面积为 784.96km^2，占 32.34%。这与二叠系的富硒地层是一致的。

本研究为秭归县人民政府提供了富硒产业建设建议，建议开展 1∶1 万土地质量地球化学调查，查明土壤硒的地质背景及成因来源，对土壤中硒有效态量（图 3.3.3）、农作物富硒状况及重金属含量进行监测；划定富硒土地，成果经主管部门组织评审验收和认定后，向主管部门报送备案。

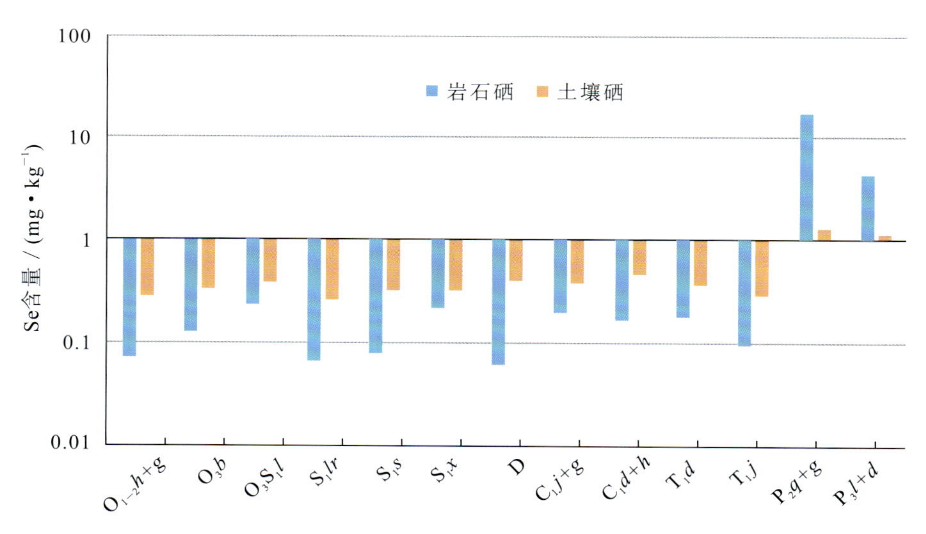

图 3.3.1　各时代地层岩石/土壤 Se 含量对比图

二、富硒土地开发利用建议

通过 1∶5 万土地质量地球化学调查，圈定出宜昌市幅及分乡幅富硒土地面积 107.67km^2；富硒区土壤 Se 含量为 0.4～3.0mg/kg，平均含量 0.71mg/kg（图 3.3.4）。富硒土地划分标准按照土地质量地

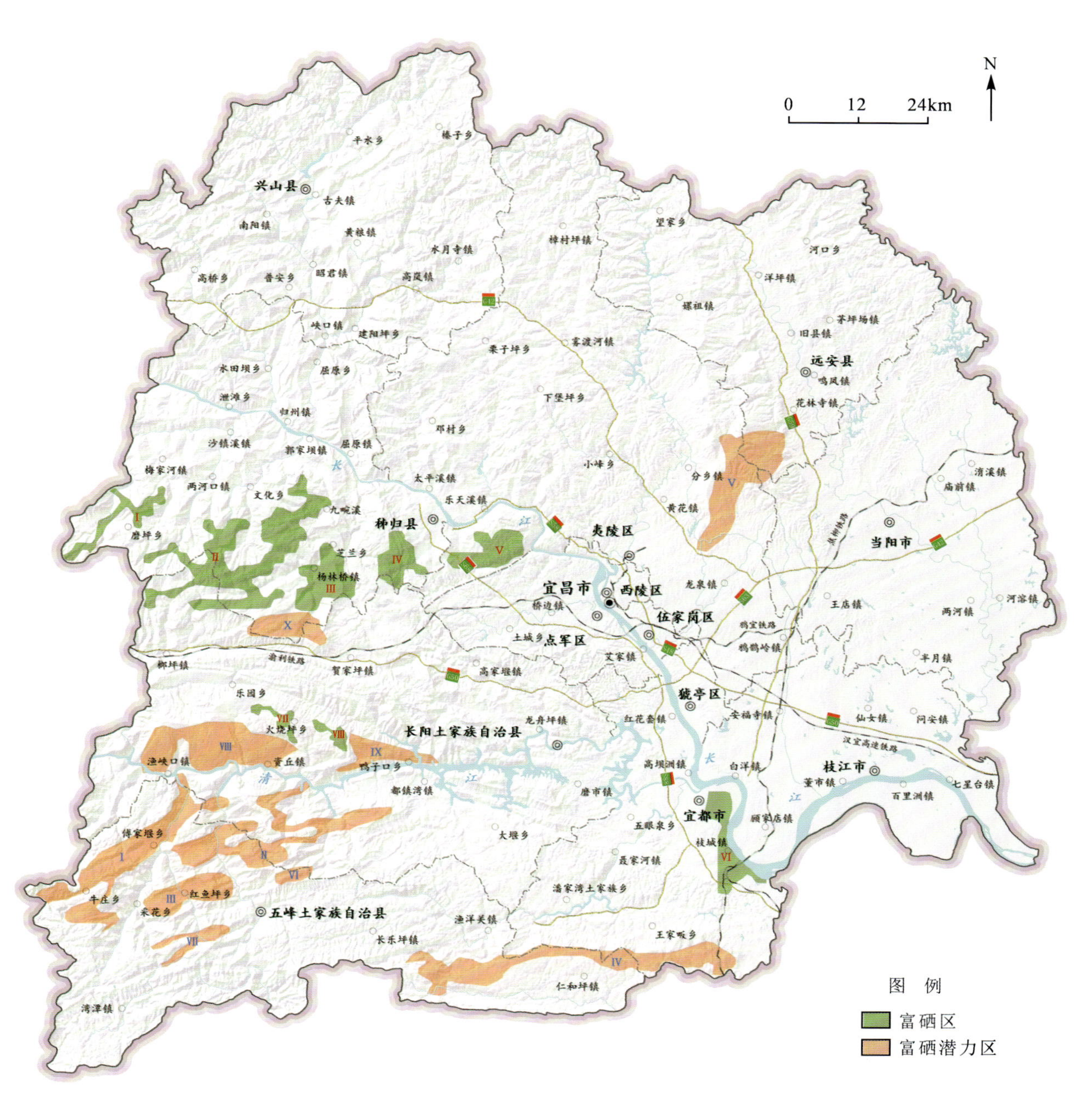

图 3.3.2 宜昌市富硒土壤资源分布图

球化学评价规范(DZ/T 0295—2016)执行,经过进一步对应地层、土地利用类型分析,及集中连片程度,圈定富硒土地开发建议区 3 处,面积共 29.97km²,约 4.5 万亩;富硒土地范围与富硒地层具有很好的对应关系,反映了富硒土地中 Se 元素来源于自然成因的黑色页岩等岩石,具有良好的开发潜力。

朱家坪-中岭村富硒建议开发区面积 13.93km²,硒平均含量 0.97mg/kg;主要分布在寒武系碳质硅质岩和碳质页岩风化的土壤中,区内土壤养分分布均匀且富集,土壤 pH 值中值为 7.61,重金属含量总体上低于农用地土壤污染风险筛选值,各项重金属平均含量依次是(单位:mg/kg):As 为 21.18,Cd 为 0.32,Cr 为 71.45,Cu 为 35.01,Hg 为 0.12,Ni 为 43.44,Pb 为 26.48,Zn 为 126.28。

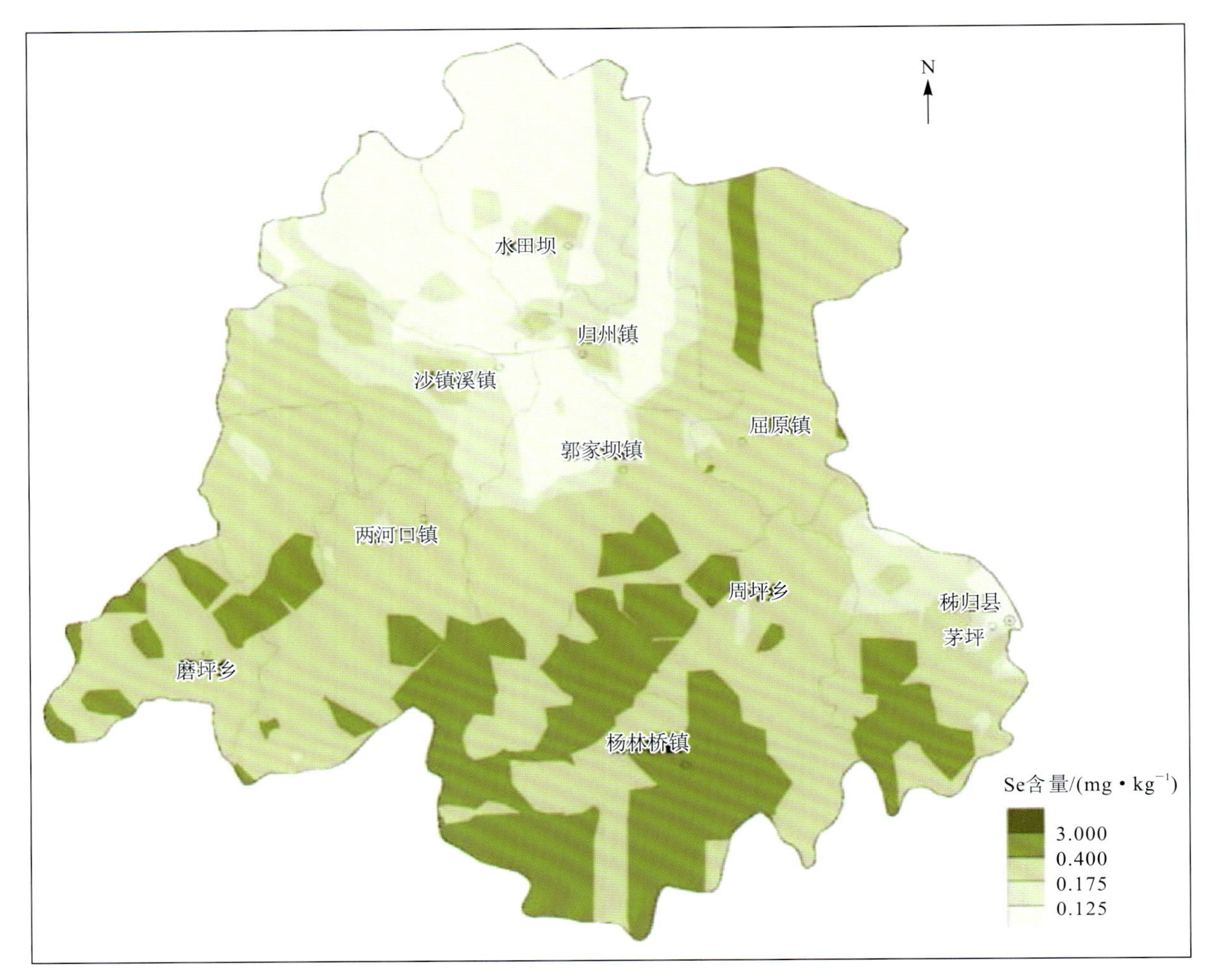

图 3.3.3　秭归县富硒土壤分布图

朱家垭-大石沟富硒建议开发区面积 9.82km²，硒平均含量 1.03mg/kg；主要分布在二叠系碳质硅质岩和碳质页岩风化的土壤中，区内土壤养分分布均匀而富集，土壤 pH 值的中值为 7.40，除镉外重金属含量总体上低于农用地土壤污染风险筛选值，各项重金属平均含量依次是（单位：mg/kg）：As 为 17.55，Cd 为 1.47，Cr 为 107.07，Cu 为 32.34，Hg 为 0.11，Ni 为 47.96，Pb 为 32.43，Zn 为 111.41。开发富硒土壤的同时需要防止镉的污染，需要选择镉富集系数低的农作物。

张家湾-曾家堝富硒建议开发区面积 3.97km²，硒平均含量 1.07mg/kg；主要分布在二叠系碳质硅质岩和碳质页岩风化的土壤中，区内土壤养分分布均匀且富集，土壤 pH 值的中值为 5.83，除镉、铬、镍外重金属含量总体上低于农用地土壤污染风险筛选值，各项重金属平均含量依次是（单位：mg/kg）：As 为 22.90，Cd 为 1.22，Cr 为 224.60，Cu 为 42.17，Hg 为 0.16，Ni 为 92.01，Pb 为 31.73，Zn 为 120.41。开发富硒土壤的同时需要防止镉的污染，需要选择镉富集系数低的农作物。

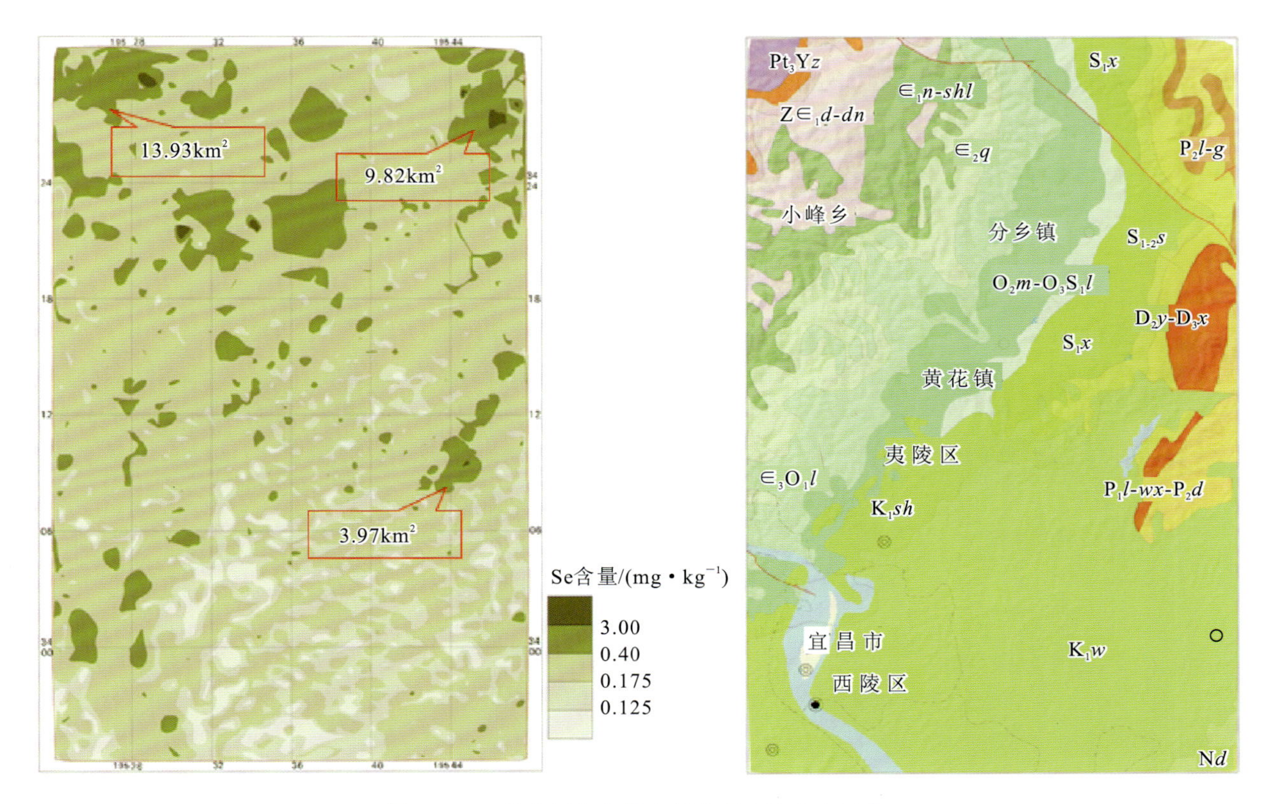

图 3.3.4　分乡幅和宜昌市幅富硒土地分布情况

第四节　特色农业及立地条件关键技术

一、立地条件调查思路

特色农业立地条件重点研究地质环境对特色农产品分布、产量、品质的影响。本次特色农业立地条件调查在充分收集宜昌市地质、土地、土壤和农作物资料数据的基础上，通过对宜昌市气候、地质、地貌、水文、土壤、植被的分析，补充开展生态地质调查，掌握宜昌市土地资源赋存的影响特色农作物生长的影响因子；开展典型区域土地质量调查，通过土地质量赋存的水、温、光、气、热、地球化学元素等内涵与特色农作物品质、产量相关性分析及文献资料分析，掌握宜昌市典型特色农作物优质高效生产的影响因子；建立典型特色农作物立地条件模型；以多因子综合作为立地条件划分依据，通过建立评价单元（地块为基础适当合并）禀赋条件与特色农作物立地条件的比较分析系统，实现特色农业区划。特色农业立地条件技术方法流程见图 3.4.1。

通过对宜昌市特色农业柑桔、茶叶、高山蔬菜的野外调查和资料收集，分析这些特色农作物的气候、地形地貌、土壤等条件，以单因素评价结果为基础，综合多因素的共同影响，建立了特色农作物的立地条件模型，为特色农业的布局和可持续发展服务。特色农业产地地球化学调查使立地模型建立从经验走向科学。立地条件模型主要阐述了特色农业对气候、地质、地貌和土壤等各方面的要求。

特色农产品分布特点，宜昌市气象资源多样性影响了农产品种植结构的多样性。东部垄岗平原，气温随纬度增加而降低，从而导致了地带性土壤分别归属黄棕壤及麦稻两熟利用方式与红壤及油稻三熟利用方式的不同格局。长江河谷和清江河谷，由于受东西向山脉屏障和河谷地貌的影响，具有中亚热带及暖冬气候特点，所以，成为宜昌市亚热带多种经济果木基地。气温随地形上升明显降低，影响了农作物的垂直分带现象，利用宜昌市山区海拔高的凉爽气候条件，进行春夏菜品延后、秋冬菜提前栽培，形成了一批高山蔬菜生产基地。

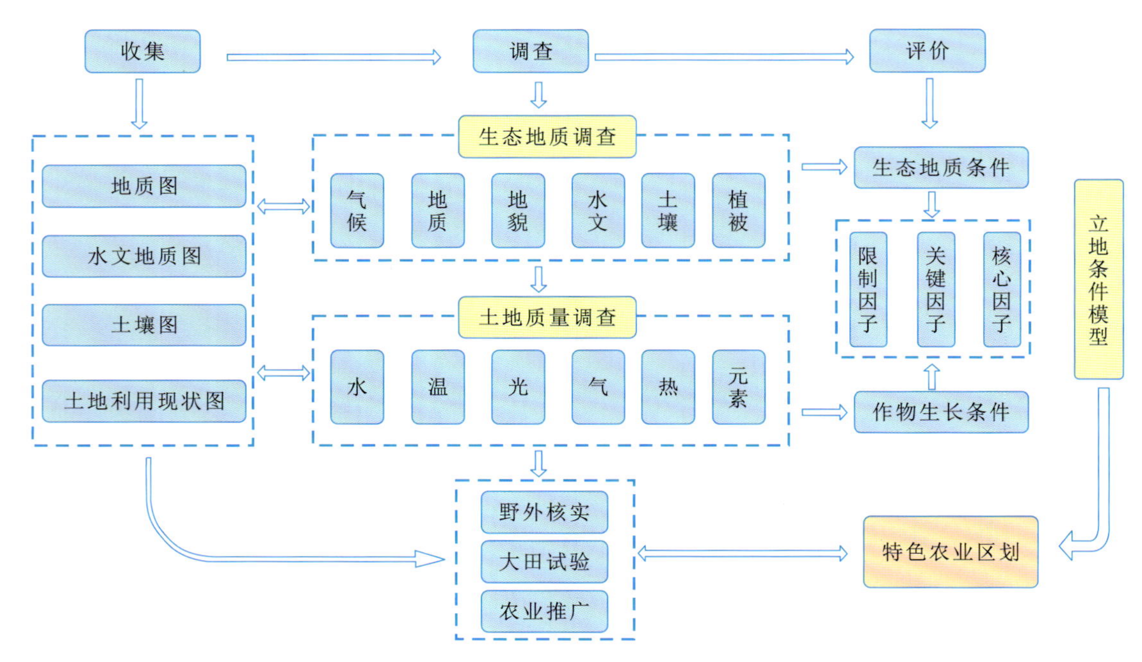

图 3.4.1 特色农业立地条件技术方法流程图

水、肥、光、气、热是特色农作物在生长发育过程中不可缺少的因素。这些要素受地质环境的控制，是气象、地形地貌、水文、地质岩性、土壤等综合作用的产物。宜昌市特色农作物只能在一定的环境中生存和有规律性地分布，通过对宜昌市典型特色农作物生长环境的调查，从地质环境条件分析宜昌市特色农作物生长的立地条件，图 3.4.2 为秭归-五峰地形地貌-基岩-水文-土壤-特色农产品分布规律剖面图。

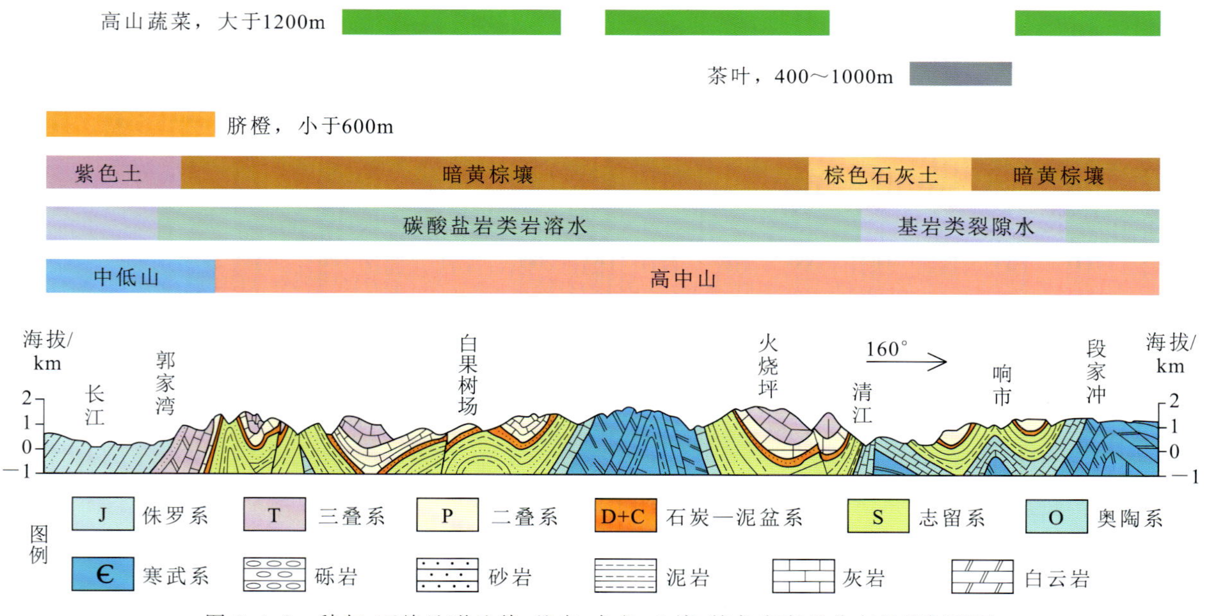

图 3.4.2 秭归-五峰地形地貌-基岩-水文-土壤-特色农产品分布规律剖面图

二、生态地质条件调查分析

为建立宜昌市全域土壤成土母岩、成土母质与土地利用类型、土壤分布类型、土壤地球化学数据、宜昌市农业种植情况的对应关系，开展了宜昌市全域典型农用地土壤和自然土壤综合剖面调查，完成了宜昌市全域5种典型农业种植类型的土壤综合剖面调查及典型土壤母岩（母质）区土壤综合剖面调查，完成表层土壤调查150处，垂直剖面调查105条，宜昌市特色农业产地土壤及土壤综合剖面调查点位图，见图3.4.3。在下文剖面生态地质条件分析中，3条东西向水平剖面从上到下依次编号为1、2、3。

图3.4.3 宜昌市特色农业产地土壤及土壤综合剖面调查点位图

选取宜昌市从东到西3条土壤水平剖面分析高程、地层时代、母岩(母质)、土壤类型、植被及表层土壤地球化学指标(OrgC含量、pH值、Ba值等参数)变化特征,来反映宜昌市生态地质条件概况。土壤OrgC含量分布情况见图3.4.4,总体上农业种植土壤OrgC含量较高,自然植被的土壤OrgC含量较低,母岩为碳质板岩的自然植被土壤除外。农业种植用地经人工熟化,其表层土壤有机质含量要大于自然土壤有机质含量,因此合理开展农业生产有利于增加土壤碳储量。

土壤pH值分布情况见图3.4.5,影响土壤pH值的因素众多,其中土壤成土母质和土壤类型密切相关,紫色石灰土pH值较高,为中性至弱碱性,对应的典型作物有脐橙;而第四系冲积成因的灰潮土pH值为碱性至强碱性,对应的典型作物有玉米、棉花、水稻;花岗岩风化的黄壤pH值则呈酸性,对应的典型作物有猕猴桃;灰岩风化的黄壤黄棕壤pH值呈酸性至强酸性,对应的典型作物有茶叶;因此要根据不同的土壤母质、土壤类型及土壤pH值,因地制宜种植适合的农作物。

土壤风化淋溶系数(H.哈拉索韦兹),即Ba值,指土壤中氧化钾、氧化钠和氧化钙分子数之和与氧化铝分子数的比率,K^+、Na^+、Ca^{2+}、Mg^{2+}等盐基离子在风化过程中是易遭淋洗的成分;氧化铝是土壤风化物的惰性成分,因而是最主要的残余积累成分。因此,土壤Ba值大,说明在风化过程中盐基离子保存多,淋洗少,即风化淋溶度小;反之,如土壤Ba值小,说明土壤风化中盐基离子保存越少,风化淋溶度强。土壤Ba值(风化淋溶系数)分布情况见图3.4.6,宜昌市西高东低,生物、气候条件垂直分异明显,它不仅影响了土壤类型的空间分布,而且也给土壤养分肥力乃至农业生产立体布局深刻的影响。自然植被土壤风化淋溶系数随高程下降而减小,高程越低风化淋溶越强,见图3.4.6中的1-c、2-c;而人为种植也会使得土壤风化淋溶系数下降,即加强了土壤的风化淋溶程度,见图3.4.6中的3-c,这为生态脆弱区开展农业生产提供了制约依据。

三、特色农作物立地条件

1. 火烧坪高山蔬菜

宜昌市高山蔬菜生产基地主要位于海拔800~1900m的二高山或高山区域,面积超过3.33万hm^2。土壤类型为黄棕壤和棕壤,亚类为暗黄棕壤和酸性棕壤,其中暗黄棕壤主要分布在长阳县榔坪镇、贺家坪镇,五峰县长乐坪镇,兴山县榛子乡、黄粮镇,夷陵区樟村坪镇,远安县花林寺镇等地;酸性棕壤主要分布在长阳县火烧坪乡,秭归县杨林桥镇等地。根据作物的特性和受海拔影响的程度,在高山区域内种植的是辣椒、番茄、茄子等茄科蔬菜,在高山区域内种植萝卜、大白菜等十字花科蔬菜。这些类型蔬菜的共同特点是喜欢中性(pH值6.5~7.5)、土层厚、疏松且有机质含量高的土壤,土壤酸化将影响这些作物的生长。pH值小于5为偏酸不适宜,pH值5~6.5为酸性适宜,pH值6.5~7.5为最适宜,pH值7.5~8.5为碱性适宜,pH值大于8.5为偏碱不适宜;有机质含量低于10g/kg为低,在10~20g/kg为偏低,在20~30g/kg为适宜,大于30g/kg为丰富。

宜昌市高山蔬菜基地土壤中有机质含量偏低,碱解氮、有效磷普遍缺乏,大部分土壤含钾较丰富;在中、微量元素方面,普遍缺钙、缺硼,部分缺镁、缺锌,基本不缺铁。宜昌市高山蔬菜基地土壤的肥力状况是山地棕壤高于山地黄棕壤。宜昌市高山蔬菜立地条件模型一览表,见表3.4.1。

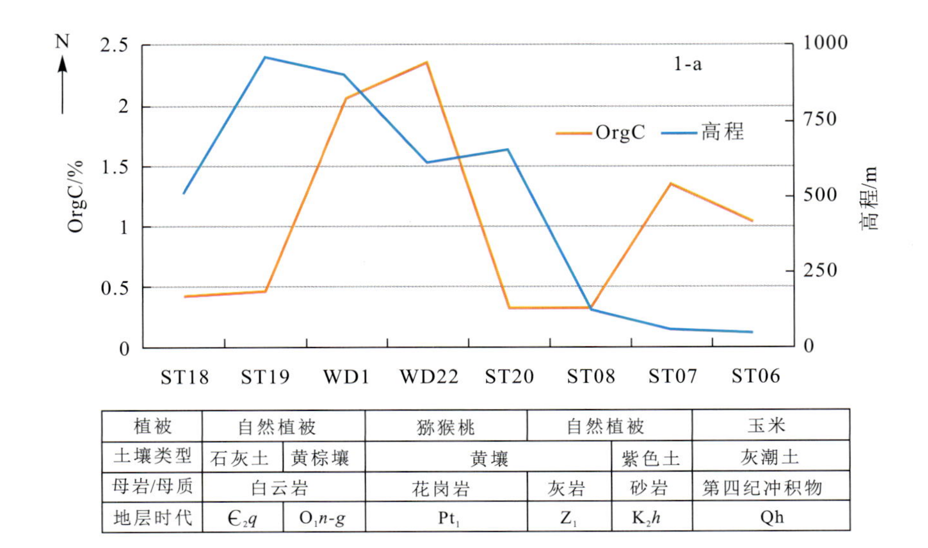

植被	自然植被		猕猴桃	自然植被		玉米
土壤类型	石灰土	黄棕壤	黄壤		紫色土	灰潮土
母岩/母质	白云岩		花岗岩	灰岩	砂岩	第四纪冲积物
地层时代	$Є_2q$	$O_1n\text{-}g$	Pt_1	Z_1	K_2h	Qh

植被	脐橙			自然植被						柑橘	水稻		玉米	柑橘	棉花			水稻	
土壤类型	紫色土	石灰土	黄壤		石灰土	黄壤	紫色土	黄壤	黄棕壤	红壤	水稻土		灰潮土					水稻土	
母岩/母质	砂岩			花岗岩	板岩	白云岩	灰岩	砂岩	砾岩	第四纪冲积物									
地层时代	J_2h	J_2h	S_1	Pt_3t	Z_1	Z_2	$Є_3O_1$	K_1w	K_2	Qp	Qp	Qp	Qh	Qh	Qh	Qh	Qh	Qh	Qh

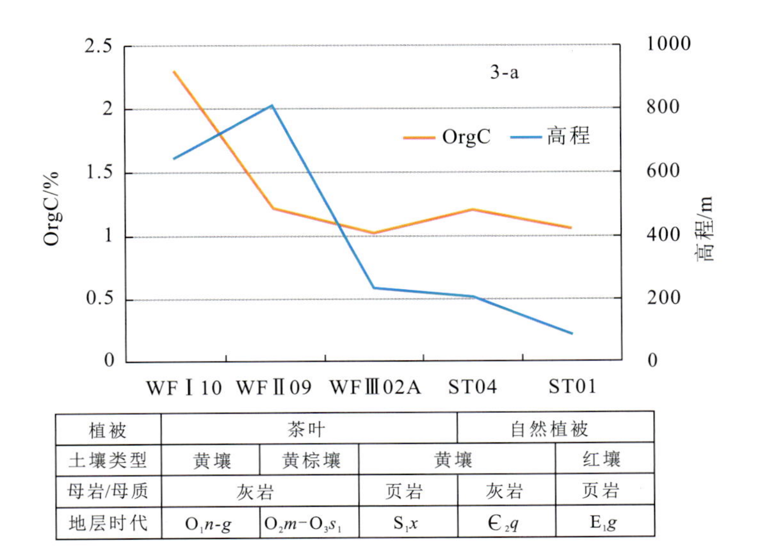

植被	茶叶			自然植被	
土壤类型	黄壤	黄棕壤	黄壤		红壤
母岩/母质	灰岩		页岩	灰岩	页岩
地层时代	$O_1n\text{-}g$	$O_2m\text{-}O_3s_1$	S_1x	$Є_2q$	E_1g

图 3.4.4　土壤 OrgC 含量分布情况

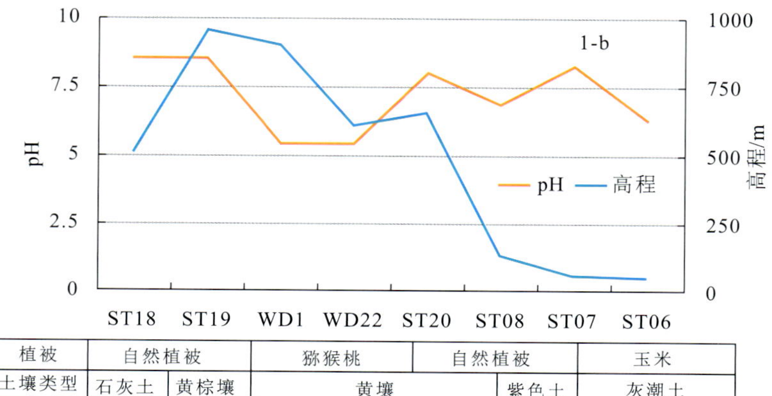

植被	自然植被		猕猴桃		自然植被		玉米	
土壤类型	石灰土	黄棕壤	黄壤			紫色土	灰潮土	
母岩/母质	白云岩		花岗岩		灰岩	砂岩	第四纪冲积物	
地层时代	ϵ_2q	$O_1n\text{-}g$	Pt_1		Z_1	K_2h	Qh	

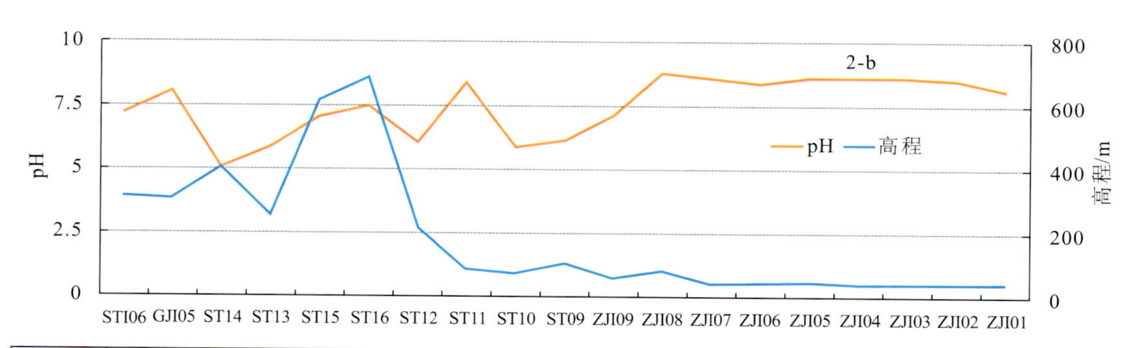

植被	脐橙			自然植被						柑橘	水稻		玉米	柑橘	棉花			水稻	
土壤类型	紫色土	石灰土	黄壤		石灰土	黄壤	紫色土	黄壤	黄棕壤	红壤	水稻土		灰潮土					水稻土	
母岩/母质	砂岩			花岗岩	板岩	白云岩	灰岩	砂岩	砾岩	第四纪冲积物									
地层时代	J_2h	J_2h	S_1	Pt_3t	Z_1	Z_2	ϵ_3O_1	K_1w	K_2	Qp	Qp	Qp	Qh	Qh	Qh	Qh	Qh	Qh	Qh

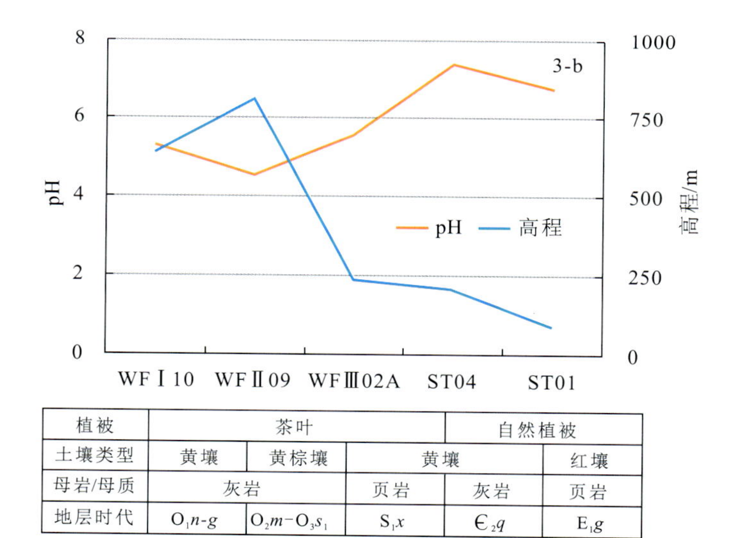

植被	茶叶			自然植被	
土壤类型	黄壤	黄棕壤	黄壤		红壤
母岩/母质	灰岩		页岩	灰岩	页岩
地层时代	$O_1n\text{-}g$	$O_2m\text{-}O_3s_1$	S_1x	ϵ_2q	E_1g

图 3.4.5 土壤pH值分布情况

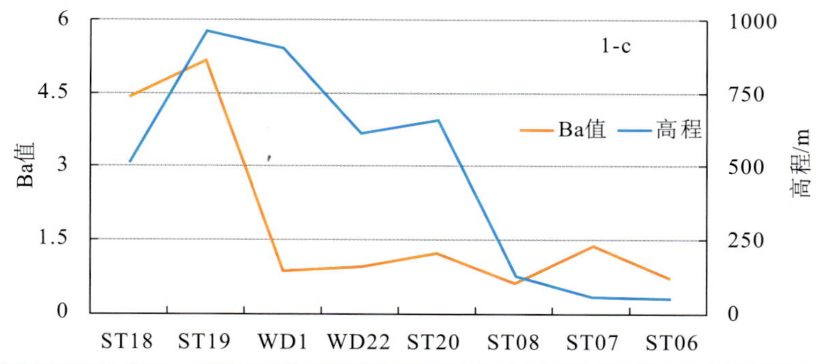

植被	自然植被		猕猴桃	自然植被		玉米
土壤类型	石灰土	黄棕壤	黄壤		紫色土	灰潮土
母岩/母质	白云岩		花岗岩	灰岩	砂岩	第四纪冲积物
地层时代	$\in_2 q$	$O_1 n\text{-}g$	Pt_1	Z_1	$K_2 h$	Qh

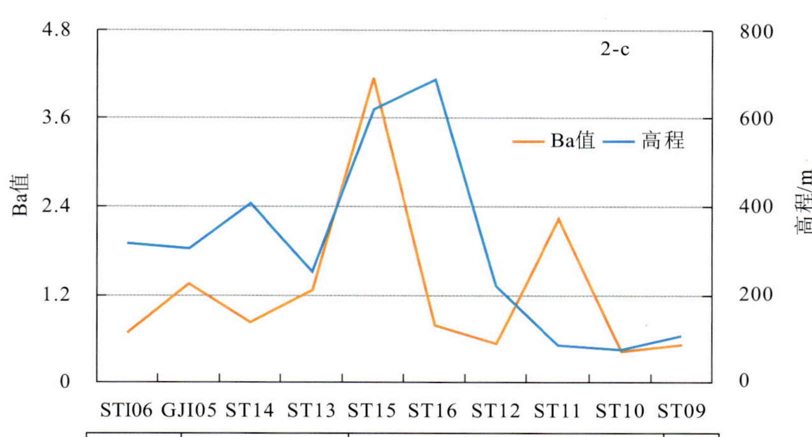

植被	脐橙			自然植被						柑橘
土壤类型	紫色土	石灰土	黄壤		石灰土	黄壤	紫色土	黄壤	黄棕壤	红壤
母岩/母质	砂岩			花岗岩	板岩	白云岩	灰岩	砂岩	砾岩	第四系
地层时代	$J_2 h$	$J_2 h$	S_1	$Pt_3 t$	Z_1	Z_2	$\in_3 O_1$	$K_1 w$	K_2	Qp

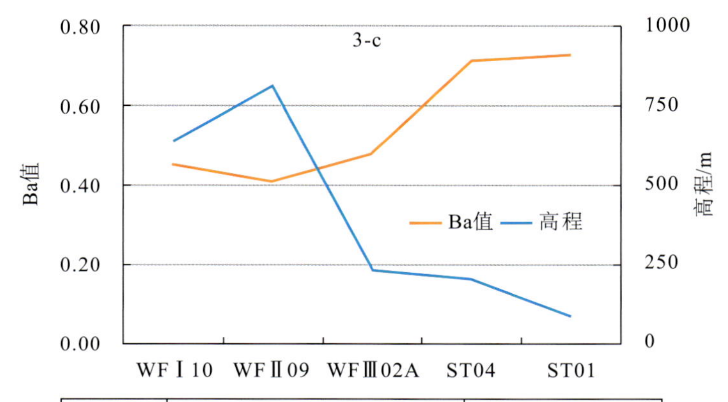

植被	茶叶			自然植被	
土壤类型	黄壤	黄棕壤	黄壤		红壤
母岩/母质	灰岩		页岩	灰岩	页岩
地层时代	$O_1 n\text{-}g$	$O_2 m\text{-}O_3 s_1$	$S_1 x$	$\in_2 q$	$E_1 g$

图 3.4.6 土壤 Ba 值分布情况

表 3.4.1 宜昌市高山蔬菜立地条件模型一览表

立地条件		高山蔬菜
生物特性		耐寒、耐高温
气候	年平均气温/℃	15～20
	≥10℃的有效积温/℃	4100～4400
	年降雨量/mm	1000～2000
	日照时数/h	1200～2200
地质地貌	高程/m	1000m 以上
	坡向	阳坡
	坡度/(°)	<25
	基岩类型	灰岩
	地球化学	B 相对富集
土壤	pH 值	5～6.5 最适宜
	类型	山地棕壤、黄棕壤
	土层厚度/cm	≥60
	土层质地	壤土、砂壤土

2. 五峰茶叶

五峰茶叶产区气候温和，雨量充沛，光照充足，空气湿度大，昼夜温差大，具有明显的长江河谷气候特征，十分适宜茶树生长。土壤母岩主要有砂岩、泥质岩和碳酸盐岩，茶园的土壤类型为黄壤、黄棕壤和红壤等。

影响茶叶品质的因素很多，优质茶叶对地球化学元素有一定的要求。根据国内外科学家长期研究认定茶多酚具有抗癌、抗衰老的功能。大多数学者还认为茶多酚具有抗氧化、清除自由基、诱导解毒酶、调节机体免疫等作用，是发挥抗肿瘤作用的主要机制。经五峰茶园的地球化学调查分析发现，茶叶中的茶多酚与茶叶的锌、钴、镁、磷、硫、锰等多种人体必需元素呈正相关关系。特色茶叶的立地条件对地球化学背景有一定的要求，分析显示土壤中的氯含量与茶叶中茶多酚含量呈负相关关系，硅含量与茶多酚含量呈正相关关系，钙含量与茶多酚含量相关性很小。茶叶中茶多酚含量与土壤元素相关性分析及土壤元素富集系数对比，见图 3.4.7。对比茶园土壤与成土母岩发现土壤中元素相对岩石中含量的富集系数大小为：氯>硅>钙。表明含硅高的母岩区有利于优质茶叶种植，含氯高的母岩区则不适合种植优质茶叶，含钙高的母岩区不会因为含钙而影响茶叶的品质，这为优质茶叶立地模型提供了支撑。中国土壤地球化学参数(侯青叶等，2020)数据分析，石英砂岩、碎屑岩、花岗岩母岩区土壤氧化硅含量较高，达65%～71%，碳酸盐岩母岩区土壤氧化硅含量也达到了 63%，这有利于茶叶品质；第四纪成因母质区土壤具有普遍比其他成土母岩(母质)区土壤更高的钙含量；而氯含量相对高的土壤主要分布在第四纪沼泽沉积物、洪积物和海洋沉积物区，其他母岩(母质)区土壤氯含量相对较低。宜昌市优质茶叶主要分布在花岗岩、碎屑岩、石英砂岩、灰岩区，具有良好的地球化学基础，这也否定了茶叶忌钙，灰岩区无好茶的说法。宜昌市茶叶立地条件模型一览表，见表 3.4.2。

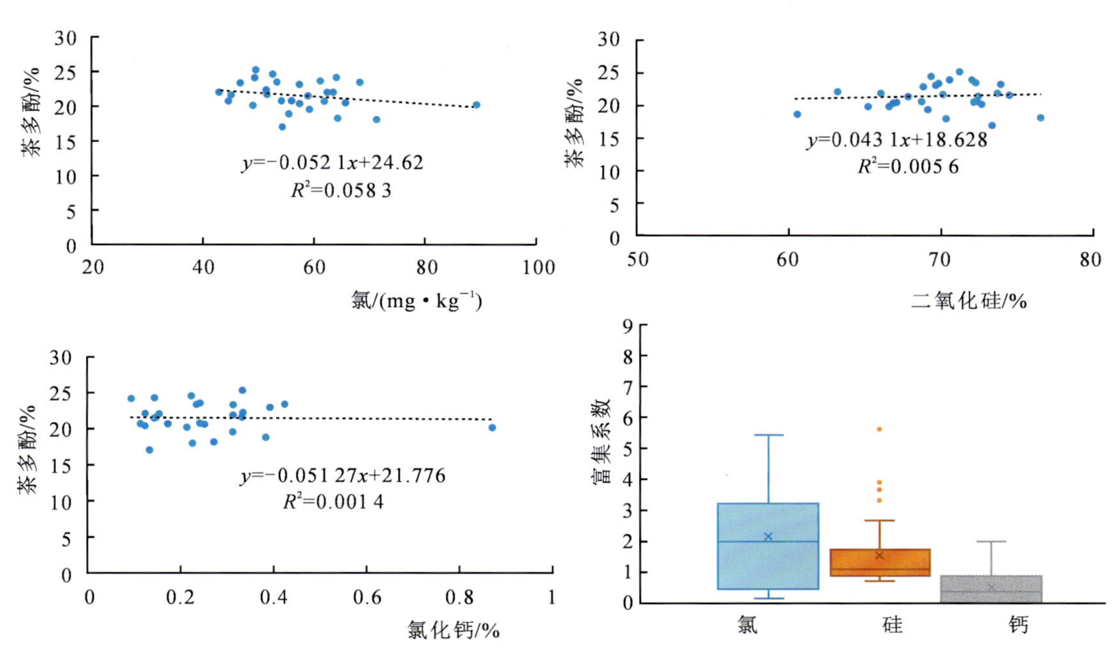

图 3.4.7 茶叶中茶多酚含量与土壤元素相关性分析及土壤元素富集系数对比

表 3.4.2 宜昌市茶叶立地条件模型一览表

立地条件		茶叶
生物特性		喜温湿,喜漫射光、喜酸性壤土,耐阴
气候	年平均气温/℃	15～23
	≥10℃的有效积温/℃	≥4000
	年降雨量/mm	≥1300mm,最好在 1500mm 以上
	日照时数/h	1300～2600
地质地貌	高程/m	400～1000
	坡向	半阳坡
	坡度/(°)	<25
	基岩类型	花岗岩、片麻岩、石英砂岩
	地球化学	高 Si、高 K、低 Ca、低 Mg
土壤	pH 值	4.5～6.5 能适宜,4.5～5.5 最适宜
	类型	黄壤、黄棕壤
	土层厚度/cm	≥60
	土层质地	壤土、砂质壤土、含砾壤土

3. 秭归脐橙

秭归脐橙产地位于三峡河谷地区,属亚热带季风气候,受秦巴山脉及三峡水库影响,河谷地带气候特殊,为湖北省冬暖之最,极少遇到冻害。三峡库区蓄水至 175m 后,在强大库区水体的作用下,年均气温将提高1℃左右，冬季平均增温0.3～1.3℃，年极端最低温度提高2℃左右，夏季平均降温增加0.9～1.2℃，是湖北省著名的冬暖区的秭归脐橙栽培的最佳适宜区。平均气温17.5～20℃，月均温超10℃的年活动积温为5 723.6℃，年日照时数1 631.52h，空气相对湿度72%，年无霜期在306d以上，雨量充沛，年平均降雨量1016mm。土壤母岩为紫色砂岩、粉砂岩石，土壤类型以黄壤和紫色土为主(占67%)，秭归脐橙产区内的土壤质地良好，疏松肥沃；酸碱适宜(pH值5.5～7)，土层深厚；有机质含量丰富(1%以上)，土壤富含磷、钾。气候独特，水量充沛，土壤适宜，植被丰富，优越的生态环境和先进的生产技术，成就了秭归脐橙皮薄色鲜、肉脆汁多、香味浓郁、酸甜可口的优良品质。

根据野外调查，宜昌市蜜橘园区的土壤类型主要为紫色土、黄壤和潮土3种，土壤质地中壤至中黏土，pH值范围为5.5～6.5，非常适合蜜橘的生长。生长在紫色土中的柑橘，其含糖量及糖酸比都比较高，品质好，产量高，种植面积也最大。此外，调查还发现，品质较好的柑橘园中的成土母质及其形成的土壤钙的含量明显高于一般橘园，说明土壤中适当的钙对于柑橘品质的提高有一定的作用。

近年秭归脐橙园地有扩大的趋势，对于了解脐橙的立地条件有迫切需要，通过对当地气候、地质、地貌和土壤等各方面资料的调查与分析发现，园地高程、土壤孔隙度和黏粒含量直接影响脐橙的品质，高程越高脐橙的水分含量越低，糖酸比和固酸比也越低，品质越差；土壤孔隙度越高，脐橙的水分、糖酸比和固酸比也越高，品质越好；土壤黏粒越高，脐橙的水分、糖酸比和固酸比越低，品质越差。因此，果农将果园种在海拔山上600m以上及土壤质地黏重的土地扩建是很不合理的。脐橙品质与高程、土壤理化性质的相关分析见图3.4.8。宜昌市秭归脐橙立地条件模型一览表，见表3.4.3。

表3.4.3　宜昌市秭归脐橙立地条件模型一览表

立地条件		脐橙
生物特性		喜温湿，较耐寒，喜涝，浅根性树种
气候	年平均气温/℃	12.5～37
	≥10℃的有效积温/℃	4100～4400
	年降雨量/mm	1000mm左右，不足时需要灌溉，过多时需要挖深沟排水
	日照时数/h	1200～2200
地质地貌	高程/m	600m以下
	坡向	阳坡
	坡度/(°)	<25
	基岩类型	灰岩、砂砾岩、泥岩
	地球化学	Mg、Zn、Mn、Ca相对富集
土壤	pH值	5～7能适宜，5.5～6.5最适宜
	类型	紫色土、黄壤、潮土
	土层厚度/cm	≥60
	土层质地	壤土、砂壤土

4. 雾渡河猕猴桃

猕猴桃属于猕猴桃科猕猴桃属，是一种落叶藤蔓果树，是当今最年轻的栽培植物之一，具有较高的营养价值和医疗保健价值。世界上消费量最大的前26种水果中，猕猴桃营养最为丰富Ⅲ全面，除富含

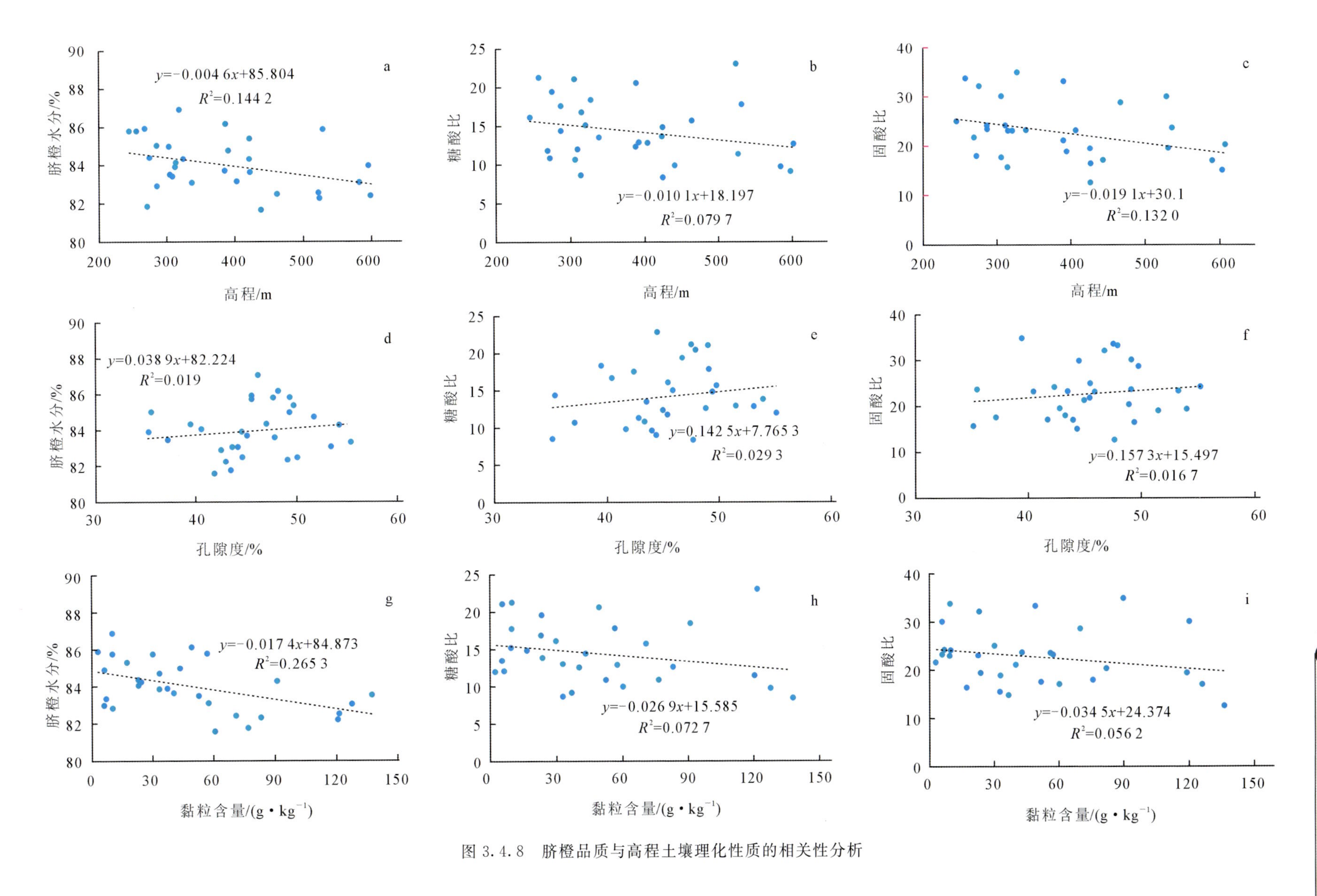

图 3.4.8　脐橙品质与高程土壤理化性质的相关性分析

维生素 C、A、E 以及钾、镁、纤维素之外，还含有其他水果比较少见的营养成分，其钙含量是葡萄柚的 2.6 倍、苹果的 17 倍、香蕉的 4 倍。猕猴桃是喜湿喜光果树，叶大根浅，水分蒸腾强、吸收弱，怕强光暴晒，耐旱性差。

同时，猕猴桃植物较能耐阴，忌强光直射，充足的阳光有利于其制造更多有机物质而形成较高产量，年日照时数在 1100h 以上即可满足其生长发育要求。野生猕猴桃按适宜生长发育程度随坡向的分布依次是北坡、东坡、西坡和南坡。猕猴桃需水量较大，年降水量在 800mm 以上的地区其产量较高。猕猴桃枝梢脆嫩，叶大而薄，易遭风害，雾渡河镇野生猕猴桃资源较为丰富，尤其是在海拔为 600～1000m 地带小溪或河流边坡地上，其产量相对较高、品质较好（刘敏等，2003）。

雾渡河是公认的猕猴桃原产地。2002 年，第五届国际猕猴桃学术研讨会首次确认世界猕猴桃原产地在湖北省宜昌市雾渡河镇。2006 年，在新西兰召开的国际猕猴桃大会上，来自新西兰、意大利、法国、美国等 19 个国家的 200 余位猕猴桃专家再次确认：中国是猕猴桃的原生中心，世界猕猴桃原产地在湖北省宜昌市夷陵区雾渡河镇。宜昌市猕猴桃产业化发展起于 2000 年，宜昌市夷陵区猕猴桃协会已成功申请注册了“雾渡河猕猴桃”地理标志商标。目前种植的品种主要有三峡 1 号、金魁、米良 1 号、红阳、华优、秦美、脐红等。

雾渡河是猕猴桃最佳经济栽培区，野生猕猴桃在这一带比较多。开展了猕猴桃立地条件调查，其中生态地质调查点 5 处，土壤垂直剖面 20 个，分层土壤样品 32 组，测试了土壤理化性质，土壤中的植物营养元素和重金属元素，采集猕猴桃 32 组，测试营养元素、重金属和品质。

从猕猴桃品质指标来看，初步结果显示果园猕猴桃可溶性固形物和糖酸比等优于野生猕猴桃，部分果园猕猴桃达到了一级果标准，见图 3.4.9，野生猕猴桃对自然条件适应性及其对猕猴桃种植的意义有待进一步研究，以下是立地条件调查初步成果。

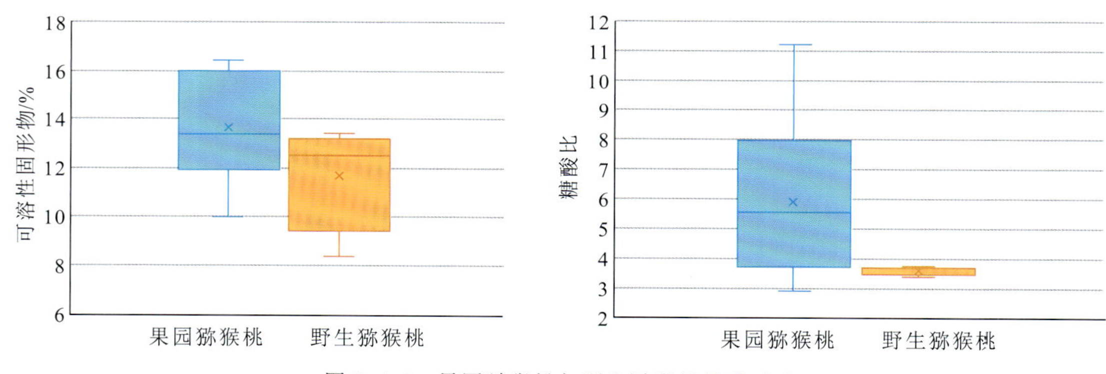

图 3.4.9 果园猕猴桃与野生猕猴桃品质对比

（1）该区年平均气温 12.0～12.5℃，年降水量 1100～1200mm，无霜期长，日照充足，干旱发生较少。河流水溪密度较大。气候条件、土壤、水资源均适宜猕猴桃生长。猕猴桃忌强光直射，雾渡河镇有丰富的雾资源，这不仅有利于猕猴桃生长，也有利于茶叶的生长，“猕猴桃＋茶叶”成为一种良好的种植模式。

（2）花岗岩区地质地貌构造适宜猕猴桃生长。雾渡河断裂斜切黄陵背斜结晶基底。黄陵背斜在大地构造上属于扬子台褶带，为近南北向穹状短轴背斜，核部主要出露前震旦纪变质杂岩（崆岭群）和黄陵花岗岩。花岗岩区节理发育、裂隙、断层丰富，多具小溪，水源充足，有利于猕猴桃的生长。地貌是控制光照和温度的主要因素。花岗岩区峰林地貌，纵横交错的沟谷正好适合猕猴桃对光照的要求，控制光照的同时也控制了温度，而且沟谷中避风，使猕猴桃免遭风害。

（3）花岗岩区土壤适宜猕猴桃生长。土壤母质为花岗岩，土壤为弱酸性黄壤，土壤排水良好透气性强，温度大，利于保湿保墒。花岗岩区风化壳土壤腐殖质含量高，矿质元素含量及酸碱度适合猕猴桃的生长。

(4)花岗岩区生物类群丰富,有利于猕猴桃生长。花岗岩区植被丰富,灌木丛和小乔木为猕猴桃形成天然棚架,使得它既能接受光照又不至于发生日灼。而且这些地区昆虫较多,有利于猕猴桃传粉受精,繁殖后代。

(5)随着全面建成小康社会,人民生活水平不断提升,宜昌市猕猴桃产业在加快发展的同时,也暴露出一些亟待解决的问题与不足:一是宣传力度不够,作为世界猕猴桃原产地,对猕猴桃的营养保健价值、栽培经济价值宣传不够;二是科技支撑力度不够,猕猴桃专业技术队伍缺乏,农户、合作社反映的许多问题难以给予科学的指导;三是林农对果树管理认识不够,缺乏应有的修枝整形、水肥管理、病虫害防治知识,直接影响了产量和品质;四是扶持力度不够。

通过对雾渡河猕猴桃的野外调查和资料收集,以单因素评价结果为基础,综合多因素的共同影响,初步建立了猕猴桃的立地条件模型,为特色农业的布局和可持续发展服务(表 3.4.4)。

表 3.4.4　宜昌市夷陵区雾渡河镇猕猴桃立地条件模型一览表

立地条件		猕猴桃
生物特性		喜湿喜光、怕强光暴晒,耐旱性差,能耐阴
气候	年平均气温/℃	12～23
	≥10℃的有效积温/℃	4000℃以上
	年降雨量/mm	1100～1200,且分布均匀
	日照时数/h	1300～2600
地质地貌	高程/m	400～700
	坡向	半阳坡
	坡度/(°)	<15
	基岩类型	花岗岩、片麻岩
	地球化学	高 Si、高 K
土壤	pH 值	6.5～7.5 最适宜
	类型	黄壤、黄棕壤
	土层厚度/cm	≥40
	土层质地	壤土、砂质壤土、含砾壤土

第五节　特色农业与乡村旅游

一、特色农业与乡村旅游的意义

特色农业与乡村旅游是利用农民生活场景、农业生产劳作和农村景观环境而发展形成的一项具有多种功能的活动,利用农业自然环境、田园景观、农业生产、农业经营、农耕文化、农业设施、农家生活等资源,为游客提供观光、休闲、体验等多项需求的农业经营活动的新型农业经营形态和旅游消费业态。

随着中国国民经济的持续增长和城市化的快速发展，城市居民对生活质量的要求越来越高，简单传统的观光旅游方式已不能满足他们的需求，人们开始将目光投向农村。特色农业与乡村旅游是农业诸产业中的特殊产业，是一种城市人回归自然、贴近自然的生态旅游，近年来特色农业与乡村旅游快速发展，并带活了地区经济。

宜昌市地形复杂多样，以东属于丘陵山区和平原区，以西属于山区，是我国第二级阶地的东端，崇山峻岭，峡谷交错。地势自西北向东南倾斜，西北部为大巴山、中部巫山，西南部是武陵山。发育以长江为主的河流，密度大、水资源丰富。农业经济围绕长江干流、清江、香溪河、黄柏河和沮漳河发展布局，因此具有发展多样化特色农业和乡村旅游的基础和潜力。

二、特色农业空间分区及乡村旅游模式

结合宜昌地区交通和旅游的产业特点，按照粮棉油柑橘种植区、茶叶种植区、脐橙种植区、高山蔬菜种植区和林药种植生态涵养区的规划，基本可以形成沿长江城乡发展融合带区域的柑橘、水稻等农业产业和西部山区特色农业种植产业区域。

依据气象、地形地貌、水文、地质岩性、土壤类型等特性和分布情况，结合农业产业分布现状，初步提出了宜昌市特色农业空间区划（图 3.5.1）。将宜昌市农业种植结构划分为 5 个区：粮棉油柑橘种植区（Ⅰ）；茶叶种植区（Ⅱ）；脐橙种植区（Ⅲ）；高山蔬菜种植区（Ⅳ）；林药种植生态涵养区（Ⅴ）。根据各区的实际情况可以选择性地发展不同的乡村旅游模式。

1. 沿江柑橘、茶叶和蔬菜种植区绿色观光旅游

以农村农家乐种植体验为主的柑橘、茶叶和蔬菜种植。依托长江沿江交通干线的便利，在秭归、夷陵、点军、宜都和枝江等沿江县市区城郊乡镇区域，鼓励农民种植以柑橘、茶叶和蔬菜采摘为主的农业种植，形成农业种植产业园区，带动乡村产业与旅游产业的融合。

发挥秭归县三峡大坝、昭君故里和屈原文化等旅游产业优势，用好“秭归脐橙”“九畹丝绵茶”品牌，统筹特色农产品种植区域，打造脐橙之乡、九畹丝绵特色茶之乡，推动旅游过程中农产品种植、采摘体验。推进夷陵区东城城乡统筹发展试验区建设，全域推进生态宜居美丽乡村建设，探索以基本农业种植为主，生态农业旅游和体验为辅的农业种植生产模式。点军区推进江南城郊农业公园和高效循环农业示范带，大力发展乡村短期旅游和种植采摘体验。宜都市和枝江市推进农村产业融合发展示范，鼓励农业“＋互联网”和“＋旅游”行动，推动休闲农业产业园、农产品加工物流核心产业建设，促进农业特色柑橘、茶叶等发展。

2. 东部现代农业规模化粮棉油种植区采摘体验

以粮棉油规模化种植，推进农村旅游和采摘体验，实现农业种植造景的季节性特色产业发展。在远安、宜都、枝江、当阳和夷陵等强粮食生产功能区，开展以瓦仓冷水大米、富硒大米等粮食种植和采摘体验，突出棉花和菜籽油种植规模化，实现人工种植区规模化造景，配套深加工等产业，提升农业种植产业竞争力。

发挥远安生态资源优势，推动远安冷水稻米种植，突出瓦仓大米品牌和影响力，形成以稻米种植采摘和农业科普为主的产业，发展菜籽油和香菇等特色产业种植加工，强化远安县黄茶种植和品牌宣传，全面推动乡村旅游。宜都市和枝江市加快柑橘种植拓展和品质提升，构建依托种植基地的柑橘加工和物流产业集群，全面推动农业“＋互联网”和“＋旅游”。当阳市和夷陵区立足生态粮油、柑橘和茶叶种植优势，加快推动国家现代农业产业园和国家特色农产品优势区建设。点军区依托区位优势突出低山区优质果业农业圈、中山精品茶叶农业圈和高山绿色蔬菜农业圈建设，积极拓展乡村旅游和采摘体验。

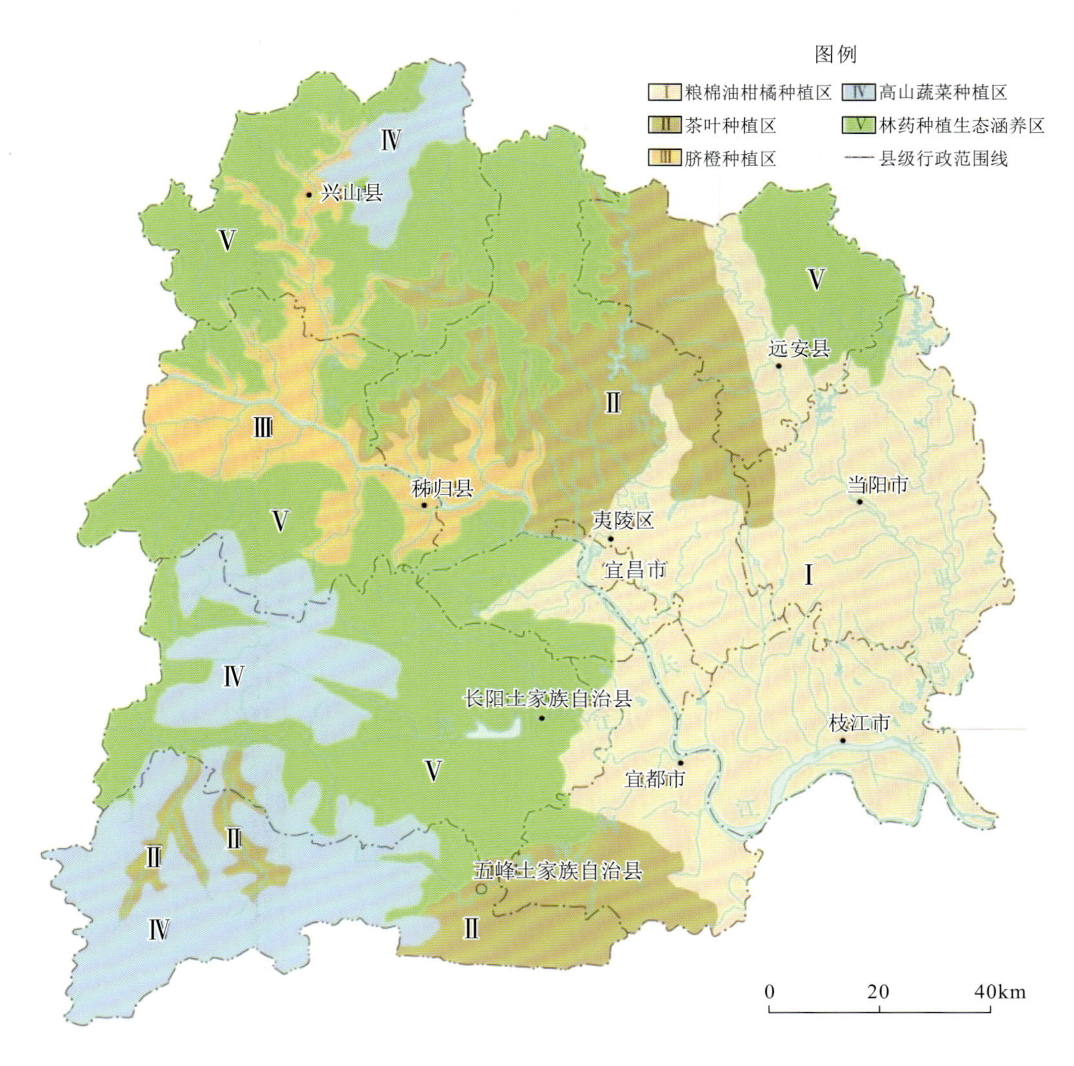

图 3.5.1　宜昌市特色农业空间区划图

3. 高山绿色农业示范区特色农产品种植服务

以西部中高山区气候资源优势为主导，结合县域特色开展以高山蔬菜、茶叶和中药材等为特色的农业“＋康养”产业，实现季节性避暑旅游过程中特色农业种植和采摘体验。

在兴山县利用丰富的森林资源开展林下药园、林下花园种植，利用本地地道药材，发展药材深加工和延伸产业，开展中医疗养、药浴、美容等活动，助力康养旅游。在秭归县以脐橙特色精品农业为统领，突出“四季鲜橙”基地，推动以观光和休闲为主，发展脐橙采摘一体的乡村观光旅游。在长阳县发展绿色生态循环农业，推动以森林资源为基础的高效生态农业种植模式，突出林下特色农产品种植，打造美丽G318 国道苗木药材产业发展示范带。在五峰县建设中药材标准种植示范基地和林下药、果药间作等高效栽培模式基地，加快高山蔬菜和水果基地建设，突出土家族文化和森林等资源，不断丰富乡村旅游业态。

4. 特色村庄组群乡村文化生活体验和度假

以沿江特色村庄组群为主，拓展农村旅游及特色文化基地，发展特色农业、乡村民宿和运动休闲等，构建以河流、山谷和景观道路为主的串联特色村庄，提升特色农产品品牌效应。按照宜昌市远景规划，构建以香溪河村、秭归村、夷陵村、沮河村、点军村、清江村、五峰村、宜都村、玛瑙河村和问安村十大村庄组群的"特色农业＋"产业集群，推进乡村振兴试验示范，形成多条乡村振兴试验带。

香溪河村庄组群、秭归村庄组群。重点是突出农旅融合，将农田建成农业公园；利用峡谷资源，开发自驾观光游、运动体验游、探险寻秘游；利用丰富的森林资源开展林下药园、林下花园种植，发展康养旅游；打造国家级乡村振兴示范标杆、国际化生态田园养生高地。

沮河村庄组群。重点加强优质粮油、柑橘、茶叶等现代农业产业园区建设，发展观光农业、体验农业、休闲农业；开展小微水体生态化治理和美丽乡村建设。

夷陵村庄组群。重点推进乡村治理和农村改革试点示范，发展蜜橘和茶叶特色产业，推进美丽宜道、美丽乡村、生态庭院、民宿、农家乐建设，促进农旅融合发展。

清江村庄组群。建设田园综合体，加强流域综合治理，完善乡村基础设施；依托清江画廊、清江方山景区，大力发展休闲观光及农旅融合产业。

五峰村庄组群。持续完善乡村基础设施建设，发展蔬菜、茶业、中药材、中蜂产业群，打造"旅游＋"全产业带。

玛瑙河村庄组群。以柑橘、花卉苗木、肉牛等特色产业为依托，大力发展休闲观光、休闲采摘、休闲度假等农旅融合产业，推动一、二、三产业融合循环发展。

宜都村庄组群、问安村组群。重点推进国家柑橘农业公园建设，打造绿色蔬菜、精品水果、有机花卉、生态养殖和观光休闲等农旅产品区域品牌。推进省级美丽乡村试点建设，打造一批"特色旅游名村"。

点军村庄组群。范围包括桥边镇、点军街办 2 个乡镇的部分村，重点加强四季水果、蔬菜、土鸡等主导产业基础设施建设，推进省级美丽乡村示范村建设，探索农村土地改革试点。

第四章　矿产资源及矿山地质环境

第一节　矿产资源特征

一、矿产资源基本概况

宜昌市各时代地层发育完整，分别赋有不同的矿产。黄陵背斜核部，由新太古代—元古宙的变质岩组成，并分布有基性、超基性岩和花岗岩，形成了相应的变质矿床、岩浆矿床；沉积盖层则蕴藏有丰富的沉积层控矿产（蔡雄威，2019）。

截至2021年底，宜昌市已发现各类矿产10类88种（含亚矿种），占全国已发现矿种（172种）的51.2%，其中磷、锰、银钒矿、石墨、石榴子石、水泥用灰岩、高岭土等16种矿产为优势矿产，累计查明资源储量居湖北省前列，详见表4.1.1。战略性关键矿产以磷和晶质石墨等非金属矿产和页岩气为主。截至2018年底，宜昌磷矿保有资源储量40.875亿t，占全国的16.17%，居全国八大磷矿区第一位。宜昌市是我国重要的晶质石墨矿产地，保有晶质石墨资源储量144万t，位居湖北省第一。宜昌市页岩气目前查明资源量达5000亿m^3，有望成为我国重要的页岩气开发基地，形成鄂西地区、重庆涪陵、长宁-威远“三足鼎立”能源勘查开发新格局。

表4.1.1　宜昌市固体矿产保有资源储量及省内排序一览表（据《湖北省矿产资源年报（2018年）》）

序号	矿产名称	矿区数/处	单位	基础储量	储量	资源量	保有资源储量	位次
1	煤炭	85	千t	94 067.44	2436	140 641.8	234 709.27	2
2	铁矿	30	矿石/千t	2 520.35	0	794 845.6	797 365.96	2
3	锰矿	1	矿石/千t	3 712.70		2 960.4	6 673.1	1
4	铜矿	7	铜/t	2 153.23		15 743.8	17 897.03	4
5	铅矿	6	铅/t	1 656.00		22 532.15	24 188.15	5
6	锌矿	8	锌/t	1 843.00		175 897	177 740.04	3
7	锡矿	1	锡/t			1 363.0	1 363.0	2
8	钼矿	5	钼/t	1 026.97		16 949.06	17 976.03	3
9	金矿	21	金/kg	1 577.04	69	4 969.69	6 546.73	4
10	硫铁矿	13	矿石/千t	1 480.84	818	7 273.83	8 754.67	7
11	磷矿	53	P_2O_5/千t	441 622.14		3 645 873	4 087 494.68	1

续表 4.1.1

序号	矿产名称	矿区数/处	单位	基础储量	储量	资源量	保有资源储量	位次
12	铬矿	3	矿石/千 t			241.7	241.7	1
13	矾矿	5	V_2O_5/千 t	73 368.00		267 495	340 853	4
14	镁矿	1	矿石/千 t			1 746.0	1 746.0	3
15	钴矿	1	钴/t			21.44	21.44	3
16	汞矿	2	汞/t	1 308.00			1 308.0	1
17	银矿	11	银/t	563.38		2 038.69	2 602.07	1
18	耐火黏土	1	矿石/千 t	1 880.00			1880	4
19	重晶石	3	矿石/千 t	524.20		231	755.2	5
20	石墨	6	晶质石墨/千 t	602.08		837.48	1 439.56	1
21	石膏	3	矿石/千 t	60 584.15	9 312.0	192 282	252 866.15	4
22	水泥用灰岩	17	矿石/千 t	462 896.16	147 475	133 311	596 207.16	4
23	高岭土	7	矿石/千 t	1 533.43		10 411.5	11 944.93	3
24	饰面用辉石岩	4	矿石/千 m^3	2 110.00	480	4 530.0	6 640.0	5
25	玻璃硅质原料	12	矿石/千 t	6 714.73	700	17 868.09	24 582.82	1

二、矿产资源时空分布特征

宜昌市整体处于新华夏系第一级构造第三隆起带南段与淮阳山字型构造体系的复合部位。大地构造演化经历了3个阶段，即地台基底形成阶段、地台盖层发育阶段和大陆边缘活动阶段。①地台基底形成阶段（新太古代至中新元古代早期）形成古陆核，由水月寺岩群组成，出露于黄陵背斜的核部；②地台盖层发育阶段，在加里东旋回时形成下构造层（Nh－S），沉积了一套海相冰碛层、碳酸盐岩及碎屑岩、泥岩建造；印支—海西旋回时形成了上构造层（D－T_2），沉积了海相碎屑岩、泥岩、碳酸盐岩夹海陆交互相含煤沉积。晚三叠世结束海相沉积；③大陆边缘带活动阶段形成了大陆边缘构造层（T_3－Q），由含煤复陆屑建造、杂色复陆屑建造等组成。在地台盖层发育阶段，广西运动、淮南运动为升降运动，印支运动为强烈的褶皱运动，宜昌市境内一系列北东向、东西向紧密的褶皱变形主要是在印支期形成的。在长期地史发展过程中，宜昌市产生了不同时期、不同规模、不同方向的断裂，彼此相互交切、相接，构成有规律的网络状格局。宜昌市主要深大断裂有北北东向的新华断裂、北西向的雾渡河断裂、通城河断裂、远安断裂、仙女山断裂、天阳坪-监利断裂。

1. 年代分布

宜昌市各类矿产产出时代跨度大，自新太古代至第四纪都有产出，并受构造演化阶段的控制（表 4.1.2）。

地台基底形成阶段（新太古代至中新元古代早期）形成古陆核，由水月寺变质岩群及古老基性—超基性、花岗岩、闪长岩的侵入体组成，分布于黄陵背斜核部，相应地形成了与变质作用和岩浆作用有关的矿产：金、石墨、花岗岩饰面石材、石榴子石、铁、锚、橄榄岩、蛇纹岩等。

地台盖层发育阶段分为两个构造旋回时期。下构造层(Nh－S)，沉积了一套海相冰碛层、碳酸盐岩及碎屑岩、泥岩建造，其中南华纪产有铀矿；震旦纪有汞、银、机、磷、含钾页岩、灰岩、白云岩、铅锌矿产出，是宜昌市矿产最重要的赋存时代之一；寒武纪有钒、石煤、灰岩、白云岩、铅锌矿产出；奥陶纪有锰、灰岩、白云岩、重晶石矿产出；志留纪则有陶粒页岩分布。印支—海西旋回时期形成了上构造层($D-T_2$)，沉积了海相碎屑岩、泥岩、碳酸盐岩及海陆交互相含煤沉积。泥盆纪形成了规模巨大的沉积铁矿和硅石矿；石炭纪形成了灰岩、白云岩矿；二叠纪地层是宜昌市重要的含煤层，约有一半以上的煤产于该时期地层，同时有灰岩、硫铁矿、高岭土、耐火黏土、泥炭矿产出，也是宜昌市最重要的赋存时代之一；三叠纪有煤和灰岩等矿产产出。

大陆边缘带活动阶段(T_3-Q)，由含煤复陆屑建造、杂色复陆屑建造等组成。相应地形成的矿产有侏罗纪煤矿；白垩纪玻璃砂岩矿；古近纪和新近纪石膏、泥灰岩矿、砂岩矿；第四纪砂金、建筑用砂、砾石、黏土矿。

表 4.1.2　宜昌市主要矿产产出时代

<table>
<tr><th colspan="2">构造演化阶段</th><th>地质时代</th><th>赋存矿产</th></tr>
<tr><td colspan="2" rowspan="2">地台基底形成阶段
AnZ</td><td>新太古代—古元古代</td><td>金、石墨、石榴子石、夕线石</td></tr>
<tr><td>中—新元古代</td><td>铁、脉石英、锡、金、橄榄岩、蛇纹岩、花岗岩</td></tr>
<tr><td rowspan="8">地台盖层
发育阶段</td><td rowspan="4">下构造层
(Nh－S)</td><td>新元古代
(震旦纪、南华纪)</td><td>锰、汞、银、钒、磷、含钾页岩、石灰岩、
白云岩、铜、铅锌</td></tr>
<tr><td>寒武纪</td><td>钒、石煤、石灰岩、白云岩、铅锌</td></tr>
<tr><td>奥陶纪</td><td>锰、石灰岩、白云岩、重晶石</td></tr>
<tr><td>志留纪</td><td>页岩</td></tr>
<tr><td rowspan="4">上构造层
($D-T_2$)</td><td>泥盆纪</td><td>铁矿、硅石矿</td></tr>
<tr><td>石炭纪</td><td>石灰岩、白云岩</td></tr>
<tr><td>二叠纪</td><td>煤、石灰岩、硫铁矿、高岭土、耐火黏土、泥炭</td></tr>
<tr><td rowspan="2">三叠纪</td><td rowspan="2">煤、石灰岩</td></tr>
<tr><td colspan="2" rowspan="6">大陆边缘带活动阶段
(T_3-Q)</td></tr>
<tr><td>侏罗纪</td><td>煤</td></tr>
<tr><td>白垩纪</td><td>玻璃用砂岩</td></tr>
<tr><td>古近纪</td><td>石膏、石灰岩</td></tr>
<tr><td>新近纪</td><td>石膏、石灰岩</td></tr>
<tr><td>第四纪</td><td>砂金、砂、砾石、黏土、黄土</td></tr>
</table>

2. 空间分布

根据主要构造阶段的变形变质特征，宜昌市构造格架大体可划分为结晶基底区、沉积盖层区和陆相断陷盆地区，这种构造格局也造就了宜昌市各类矿产资源在地域上的分布差异。全市 1000 余处矿产地，317 个矿床，广布于各县市区，但已探明的大中型矿床相对集中，形成 12 个矿产集中区(图 4.1.1)，大致呈现“北磷南铁东建材”的趋势。

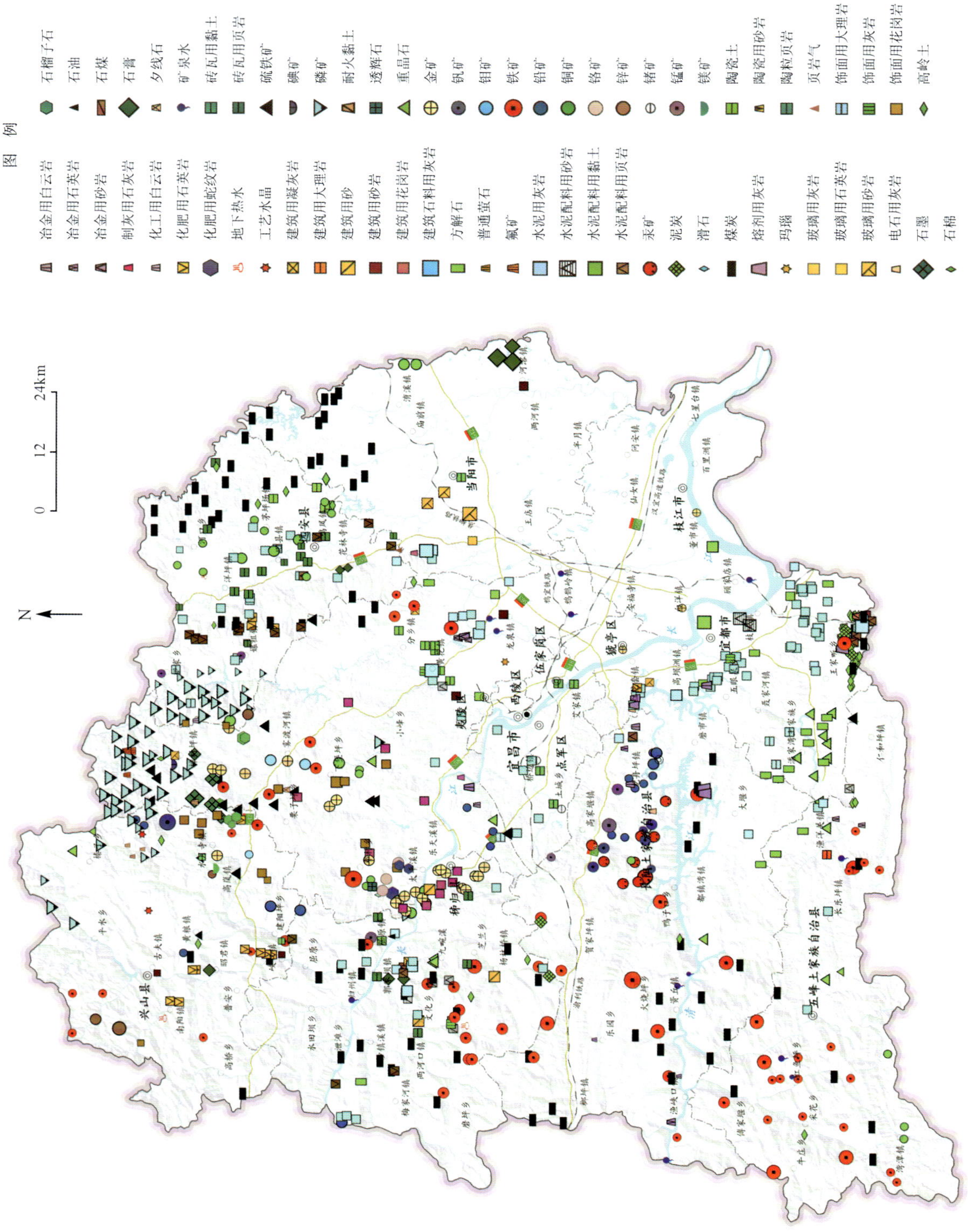

N

0 12 24km

图 例

冶金用白云岩
冶金用石英岩
冶金用砂岩
制灰用石灰岩
化工用白云岩
化肥用石英岩
化肥用蛇纹岩
地下热水
工艺水晶
建筑用凝灰岩
建筑用大理岩
建筑用砂
建筑用砂岩
建筑用花岗岩
建筑石料用灰岩
方解石
普通萤石
氟矿
水泥用灰岩
水泥配料用砂岩
水泥配料用黏土
水泥配料用页岩
汞矿
泥炭
滑石
煤炭
熔剂用灰岩
玛瑙
玻璃用灰岩
玻璃用石英岩
玻璃用砂岩
电石用灰岩
石墨
石棉
石榴子石
石油
石煤
石膏
夕线石
矿泉水
砖瓦用黏土
砖瓦用页岩
硫铁矿
碘矿
磷矿
耐火黏土
透辉石
重晶石
金矿
钒矿
钼矿
铁矿
铅矿
铜矿
铬矿
锌矿
锗矿
锰矿
镁矿
陶瓷土
陶瓷用砂岩
陶粒页岩
页岩气
饰面用大理岩
饰面用灰岩
饰面用花岗岩
高岭土

图 4.1.1 宜昌市矿产资源分布图

(1)水月寺—雾渡河石墨、石榴子石-矽线石、金、硫铁矿集中产区。位于黄陵背斜核部,雾渡河断裂南北两侧,前震旦系发育区,有老林沟石榴子石-矽线石矿、三岔垭石墨矿、水月寺金矿、硫铁矿及砂尖寨花岗岩矿等矿床点分布。

(2)茅坪—邓村金、铬、橄榄岩、蛇纹岩、大理岩矿集中产区。位于太平溪超基性岩体及周围,有茅坪金矿,梅子厂橄榄岩、蛇纹岩矿,天花寺铸矿,大坪蛇纹岩矿,太平溪大理岩矿,邓村透辉石矿等矿床点分布。

(3)殷家坪—樟村坪磷、含钾页岩、银钒矿集中产区。位于黄陵背斜北东缘,震旦系发育区,为宜昌市磷矿集中产区,也是全国陡山沱期磷矿主要产区,分布有栗西、丁家沟、樟村坪、店子坪桃坪河、树空坪等 13 处大型磷矿和一批中小型磷矿床,磷矿总储量超过 40 亿 t。同时共生有含钾页岩、化工白云岩、伴生腆、氟等矿产,其中百果园银钒矿,是一个大型矿床,伴生大型硒矿。

(4)长阳白岩铺—杨家溪锰、汞、铅锌、银钒、熔剂灰岩及建材矿产集中产区。地处长阳背斜,核部南华系有古城锰矿产出;震旦系灯影组中有钟鼓湾汞矿分布;寒武系则为向家岭银钒矿的赋矿层;还产有王家湾铅锌矿,津洋口白云岩矿,鄢家沱白云岩、灰岩矿。

(5)火烧坪—龙角坝铁矿和硅石矿集中产区。构造位置属都镇湾-牛庄向斜,在上泥盆统中分布一批大中型宁乡式铁矿,如龙角坝、火烧坪、青岗坪、石板坡铁矿,总资源储量接近 7 亿 t。中泥盆统为硅石矿赋矿层位,有渔峡口等硅石矿分布。

(6)马鞍山煤、铁、灰岩、白云岩矿集中产区。构造位置属马鞍山向斜,在上泥盆统中分布一批大中型宁乡式铁矿,如青岗坪、狮子包、马鞍山铁矿,及灰岩、白云岩矿。

(7)渔洋关—松林坪铁矿集中产区。构造位置属松林坪次级背斜,在上泥盆统中分布一批大中型宁乡式铁矿,如洞和、阮家河、渭水湾、唐家河、张家淌铁矿。

(8)黄花—官庄铁、硅石、灰岩矿集中产区。位于黄陵背斜东南翼,产有官庄铁矿、硅石矿,黄花灰岩矿等。

(9)松木坪—仁和坪煤、铁、硫铁矿、熔剂用灰岩、黏土、建材矿产集中区。地处松木坪次级向斜,分布有松木坪煤矿、铁矿、灰岩、白云岩矿,以及夏家湾黏土矿、尖和耐火黏土矿。

(10)兴山仙女山—秭归周坪煤、重晶石、建材矿产集中产区。地处秭归中生代盆地东南缘,分布有怀抱石重晶石矿,新滩、长石暗灰岩矿,盐关、向家店、郭家坝煤矿,兴山黄粮镇陶土矿等。

(11)花园冲—河溶铜铅锌多金属及石膏、玻璃用砂岩、高岭土矿集中产区。地处当阳市中生代盆地,集中产出了商店子石膏矿、百步梯-岩屋庙玻璃用石英砂岩矿和庙前高岭土矿,同时有小型铜铅锌多金属矿分布。

(12)蔡家河—姚家店灰岩、白云岩、黏土矿集中产区。地处毛家沱背斜和姚家店古—新近纪盆地,杨树坪大型灰岩矿、毛家沱中型灰岩矿及车家店、许家店水泥用黏土矿均分布于该区。

宜昌市矿产资源分区集中产出为建设各具特色的矿业经济区提供了基础条件,以分区内矿产资源为依托已建立起四大矿业经济区和八大矿业基地。

三、勘查开发现状及资源保障程度

矿业是宜昌市经济骨干之一,依托磷矿、石墨、锰矿、水泥用灰岩、玻璃用砂岩等优势矿产,建立了宜化、兴发、东圣、古城锰业、华新水泥、三峡新材等具有较强实力的资源型企业。截至 2018 年底,全市有矿山企业 519 家,年产固体矿石 2800 万 t,从业人员 3 万余人,实现矿业总产值 34 亿元,矿产采选业及深加工产值约 800 亿元。

全市已设置采矿权 567 个(其中省、部级发证 223 个,市级发证 96 个,县级发证 248 个),开采面积 547.77km^2。从开发矿山类型看,全市建材及非金属矿山企业数量最多,矿山企业 272 家,占全市矿山总数的52.4%;其次为能源矿山,矿山企业143家,占全市矿山企业总数的27.6%;再次为化工原料非金属矿山,矿山企业104家,占全市矿山企业总数的20%。从矿种类型看,以煤(140家)、建筑用灰岩(86家)、磷(54家)、方解石(41家)、高岭土(33家)、重晶石(30家)、饰面石材(25家)、水泥用灰岩(11家)为主。

从矿山规模来看,宜昌市绝大多数矿山属小型矿山,占全市矿山总数的91.2%。以磷矿为例,全市54家磷矿集中分布于宜昌市北部地区,包括兴山县、夷陵区和远安县,其中小型矿山32家,中型矿山16家,大型矿山6家。大型磷矿床储量占79%,产出量仅占28%,存在大矿小开、一矿多开的问题。

从矿山企业属性看,以个体企业为主(占比91%),国有企业占比仅为5%,均为大型矿山,与矿山规模现状一致。

从品位吨位看,磷矿品位小于或等于23.49%的矿山占比50%,品位不超过26.11%的占比90%,磷矿以中低品位贫矿为主;磷矿山吨位小于或等于710万t的占比10%,吨位不超过5870万t的占比50%,吨位不超过15 600万t的占比90%,磷矿以中小型为主,大型矿山数量较少,资源集中度较低。

目前,宜昌市有石墨矿床6个,基础储量60万t,有2个正在生产的小型石墨矿山,年产量4万t。目前我国查明石墨基础储量5516万t,查明资源量26 452万t,其中以晶质石墨为主。目前宜昌市石墨矿的资源量仅有60万t,但以产大粒径鳞片状晶质石墨为主,且成矿条件有利,成矿潜力大,后续还有较大的找矿空间,有望成为我国南方重要的晶质石墨产地。石墨矿的品位在4.8%~10.6%之间,属于晶质石墨中高品位矿石。

第二节　矿山地质环境问题

一、矿山地质环境问题类型与分布

2017年宜昌市矿山地质环境调查报告显示,宜昌市因矿业开发引起的矿山环境地质问题类型多样,分布范围广,可归并为五大类11种:矿山地质灾害[滑坡、崩塌、泥石流、地面塌陷(含地面裂缝)4种]、土地资源破坏、地形地貌景观破坏、含水层破坏(水均衡破坏)、水土环境污染(地表水污染、地下水污染、土壤污染、水土流失4种)。按不同的环境要素,该环境问题可分为大气环境问题、地面环境问题、水环境问题三类具体如下。

1)大气环境问题

由于废气、粉尘和废渣的排放,对矿区及周围地区的大气环境造成影响。废气排放的有害物质主要为烟尘、二氧化硫、粉尘和氮氧化物及汞蒸气等,易造成的大气污染以煤矿山最为突出。

2)地面环境问题

由于地下采空、地面及边坡开挖、废水排放等矿山工程活动导致的地面环境问题,这其中包括:

(1)地形地貌景观破坏。由于矿产开发在国道、县道等沿线引起的山体破坏、森林破坏等,以及旅游风景区内露天采矿,造成风景景观和地质遗迹破坏等。该类问题在露天开采的矿山中普遍存在,特别是建筑石材类矿山尤为突出。

(2)侵占土地。矿山工程活动占用并破坏了大量的土地,占用土地是生产、生活设施等所使用的土地,破坏的土地是由于露天采场、尾矿库、固体废弃物堆存场、地面塌陷和其他地质灾害破坏的土地。宜昌市自然资源和规划局统计,各类矿山企业547家,占用土地面积6 700.34hm^2。

(3)矿山地质灾害。矿业活动引发各种次生地质灾害,如崩塌、滑坡、泥石流、地面塌陷(包括地面沉降、地裂缝)等。

（4）崩塌。据不完全统计，全市与矿产资源开发有关的崩塌达30处，多与开采煤矿、磷矿及采石有关，分布于远安县、五峰县、长阳县，崩塌规模一般为1万～21万 m^3，最小体积约 $30m^3$，最大体积约100万 m^3。

（5）滑坡。据不完全统计，全市由矿山工程活动产生的滑坡有12处，总方量为1 561.3万 m^3，主要分布于兴山县及秭归县。

（6）泥石流。泥石流系指水和废渣排放场所堆积的松散固体物质所组成的沿山坡或沟谷移动的突发性、快速的流动体。如宜昌市磷矿区于1984年7月25—26日发生过大规模的泥石流，其方量达1160万 m^3，其中固体物质来源之一就是采矿的废石渣。

（7）地面塌陷。地面塌陷是地下开采矿山普遍存在的矿山地质环境问题，煤矿山由于矿层顶底板硬度低，其采空区易产生地面塌陷，因而该类地质环境问题集中于五峰县、夷陵区、宜都市等主要产煤区。

（8）土壤污染。矿山“三废”的排放，致使矿山及矿山周围地区的土壤均遭受不同程度的污染。如松宜煤矿干沟河等7个矿井，酸性矿坑水排水量平均约3.72万t/d，其pH值为2.4～6.0，使矿山附近土壤遭受酸化，pH值达3.6～6.0。长阳县刘坪矿区开采和冶炼汞，其废气和废水污染矿区及周边地区的土壤，使矿区至刘坪河入清江河口两岸土壤中汞含量达0.11～1.99mg/kg，超过宜昌市背景值的3～5倍。

3）水环境问题

矿山水环境由矿区的地表水和地下水构成，井工开采以及废水、废渣的排放常引起矿山水环境问题，主要有以下几个方面。

（1）水均衡遭受破坏：为了开采矿石或抽取地下水而进行的抽排水工程，往往要使水位下降数十米甚至数百米，导致区域性地下水位下降，破坏了整个地表水、地下水均衡系统，造成大面积的疏干漏斗、泉水干枯和水资源逐步枯竭以及河水断流、地表水入渗或经塌陷坑灌入地下等问题，影响矿山地区地质环境平衡及正常的生产和生活（施伟忠等，2003）。如松宜煤矿猴子洞等矿井的联合疏排水，已形成面积达 $53km^2$ 的疏干区，中心平均最大水位降低155.85m，根本上改变了矿区地下水天然补径排条件，使当地一些流量301～4341L/s的泉水干涸。

（2）水质污染：水质污染是矿山普遍存在的地质环境问题，具体表现为地表水体和地下水的污染，主要是由于矿坑排水、矿山废水、废渣、尾矿的排放所引起。

这些矿山地质环境问题与开采方式和开发矿种密切相关。地下开采的矿产（包括磷、高岭土、泥炭等非金属矿产，煤等能源矿产），容易引发地面塌陷（含地面裂缝）等矿山地质灾害，土地资源破坏、水均衡破坏以及地表水污染、地下水污染、土壤污染等；露天开采矿种（水泥用灰岩、建筑石料用灰岩、饰面用石料、方解石、砖瓦用页岩、重晶石等建材及其他非金属矿产），容易引发崩塌、滑坡、泥石流等矿山地质灾害，以及土地资源破坏、地形地貌景观破坏以及水土流失等。

其中，矿山引发的地质灾害主要分布于树空坪-樟村坪-九女-盐池河磷矿矿区、松宜煤矿矿区、长阳县巴山-梯子湾煤矿矿区、长阳县资丘镇锁凤湾煤矿矿区、长阳县鸭子口乡松木坪煤矿矿区、长阳县陈家窝煤矿矿区等地；地形地貌景观及土地资源破坏主要分布于兴山县水月寺镇花岗岩矿区，五峰县渔洋关镇方解石、重晶石矿区；水均衡破坏主要分布于树空坪-樟村坪-九女-盐池河磷矿矿区、松宜煤矿矿区、远安县茅坪场镇煤矿矿区、当阳市漳河-姜家湾煤矿矿区、秭归县天星眼-胡家岭-四方山煤矿矿区等地；地表水污染、地下水污染、土壤污染主要分布于松宜煤矿矿区等地；水土流失主要分布于秭归鹏程实业有限公司石灰石矿区、当阳市漳河-姜家湾煤矿矿区等地。

二、磷矿区典型环境问题解析

1. 矿床地质特征

宜昌磷矿由黄陵背斜磷矿成矿区和神农架背斜磷矿成矿区(兴山境内)组成。黄陵背斜磷矿成矿区位于黄陵背斜东北翼及北翼，各矿区围绕黄陵背斜核部呈环圈状分布，出露地层有新太古界—古元古界水月寺群，中新元古界南华系南沱组，震旦系陡山沱组、灯影组和古生界寒武系水井沱组。震旦系和寒武系组成次级褶皱，使含矿地层陡山沱组弯曲变形，各矿区沿出露的陡山沱组呈串珠状分布，矿区地层产状平缓，以西北和近东西向两组断裂较为发育。神农架背斜磷矿区的磷矿层主要分布于神农架背斜的南东翼，形成南北向磷矿成矿带。

宜昌磷矿含磷岩系赋存于陡山沱组下部，为一套白云岩-含钾页岩-磷块岩-白云岩建造，分为下(Ph_1)、中(Ph_2)、上(Ph_3)3个磷矿层，下磷矿层(Ph_1)和中磷矿层(Ph_2)品位高、厚度大，是具有工业意义的矿层；上磷矿层(Ph_3)由于厚度较小，品位较低，目前工业价值较小。栗西、店子坪、丁家河、桃坪河、殷家坪、樟村坪、挑水河、盐池河、浴华坪、殷家沟等大中型磷矿的主矿体为Ph_1；杉树垭、龙洞湾、云台观、黄家堡等矿区的主矿体为Ph_2。磷矿石的主要化学成分为P_2O_5、CaO、MgO、Fe_3O_4、SiO_2、CO_2、F等，此外含有Cl、I等微量元素。各矿区P_2O_5的含量为19.9%～28.73%，平均22.12%，表明宜昌磷矿以中低品位为主，P_2O_5品位超30%的富矿仅占8.29%。

2. 主要地质环境问题

宜昌磷矿开采方式以地下开采为主，其次为地下开采与露天联合开采。磷矿区存在的主要矿山环境问题有采矿占用土地及破坏植被，废渣废水不达标排放造成水土污染，地下采矿造成崩塌、滑坡、采空塌陷及其伴生的地裂缝，矿山抽排地下水造成水均衡破坏，废渣不合理堆放及露天开采造成的滑坡、泥石流等。如兴-神磷矿瓦屋矿区多个矿段存在废石随意堆放问题(图4.2.1、图4.2.2)，该矿区地处山区，山高谷深，若遇强降雨很有可能形成滑坡和泥石流，进而威胁人民群众生命财产安全。

图4.2.1 瓦屋磷矿兴昌矿段废石随意堆放

图4.2.2 瓦屋磷矿兴隆矿段泥石流隐患

3. 流域水环境影响

宜昌磷矿主要产出区位于宜昌市重要水源地和长江中上游重要支流的发源地，矿山开采形成的大量废水，部分未经有效处理便直接排入附近河流，对地表水环境影响较大。矿山废水含有大量可溶性离子和悬浮颗粒，其中含有较多有害元素（如总磷、硫化物），且 pH 值变化较大，随意排放后污染了地表水和地下水，一定程度上使矿区的水环境质量变差，且影响时间较长（任红岗等，2018）。宜昌磷矿开采方法多采用房柱法、全面法等采矿法，由于顶板、矿体较为破碎，采场容易遭到破坏，进而导致含水层破坏，地下涌水量增加。涌水量增加势必导致流域内总污染物（NH_3-N、TP、COD）增加。

4. 典型流域水环境影响分析—黄柏河磷矿集中开采区

1）流域基本概况

黄柏河流域处于湖北省鄂西北山区，属于亚热带季风湿润气候区，降雨分布具有明显的季节性，是全省降雨量较多的地区。流域内雨量充沛，年平均降水量和蒸发量分别为 1138mm 和 1332mm。多年平均径流量约 8.95 亿 m^3，多年平均流量约 28.25m^3/s，水能理论储藏量约为 14.5 万 kW。经过多年观测资料统计，多年平均气温为 19.2℃，年最低气温为－8.41℃，最高气温为 41.4℃。年平均地温为 17.2℃，最大风速为 18m/s。

流域现状被开发为梯级水库型河流，在东部，从上游到下游共有 4 座大中型水库，分别为玄庙观水库（总库容为 4054 万 m^3）、天福庙水库（总库容为 6180 万 m^3）、西北口水库（总库容为 2.1 亿 m^3）和汤渡河水库（总库容为 1692 万 m^3）。

2）流域矿产资源特征

黄柏河流域已探明的矿种有 60 多种，以磷、硫铁、煤、硅石、石灰石、含钾页岩、黏土、石墨等为主。目前，全流域已经探明的磷矿主要分布在夷陵区殷家坪、樟村坪、桃坪河、丁家沟、晓峰和远安县望家以及苟家垭等矿区，均为产于震旦系的大型层矿床，是全国特大型磷矿床之一。含钾页岩，集中在樟村坪以及丁家沟两矿区，产于震旦系中的大型沉积矿床。黄铁矿，产于崆岭群的脉状低温热液小型矿床，集中在樟村坪、丁家沟两矿区。石墨，集中在三岔垭矿点，产于震旦系崆岭群岩层，矿层主要是石墨片岩，矿体埋藏深度较浅。煤矿，集中在百里荒矿区，产于二叠系中的小型沉积矿床。

湖北省、四川省、贵州省、云南省和湖南省是我国主要的磷矿富集区，鄂西磷矿是我国重要的磷源供给区之一，以鄂西宜昌—神农架地区为主，该段磷矿床主要赋存在震旦系陡山沱（Z_2d）下段地层中（鲁志雄等，2010；熊先孝等，2010）。

鄂西磷矿富集区包括了荆襄、保康、神农架以及宜昌四大磷矿聚集区（吴颖慧，2012），其磷矿开采活动主要集中在大巴山-鄂西成矿带，在行政区域上主要包括神农架林区以及宜昌市和襄阳市等地，面积超过 3 万多平方千米（熊先孝等，2010）。

本次研究区为黄柏河流域，位于宜昌磷矿区。黄柏河流域的磷矿开采活动多集中在东部，西部上游支流主要为樟村坪镇磷矿富集区。宜昌磷矿区是我国最早开发的磷矿区之一，地下开采是区内磷矿开采的主要方式。

目前，磷矿的选矿主要采取的是浮选法，该工艺对磷矿的磨矿细度和浮选温度要求较高，选矿过程中除需要投入抑制剂外，还要大量加入粗硫酸化皂等药剂，因此，选矿过程中如果对废水处理力度不够，会带来严重的污染。

2003 年以来，黄柏河流域磷矿开采规模不断扩大（Wang et al.，2016；Reta et al.，2019）。许多研究报告表明，该地区的磷矿开采活动导致了诸如 P 浓度超标和水体富营养化等环境问题（Wang et al.，2016；Bao et al.，2017；Liu et al.，2018）。

磷矿开采把磷带入黄柏河流域水体的方式主要有两种：磷矿坑涌水以及堆积的废石废渣。黄柏河流域磷矿的开采方式目前基本上采用地下开采方式，其单矿开采的规模较大，达到百万吨甚至几百万吨，因此矿井的涌水排出量也会很大，大者年排水量达到2万t/d，巨大的排水量中所含的磷是黄柏河流域水体污染的重要来源，如果矿区排水系统对污染物的处理存在不足，黄柏河流域水体的污染将会持续加重(任红岗，2018)。

磷矿在开采和生产加工过程中，会产生大量的废渣废水和废石，其中大部分直接堆放于地表渣场，只有少部分用于对采空区进行回填。部分采矿企业，没有对渣场进行防渗和遮蔽措施，在降雨的情况下，P元素会随着降雨渗入地下水以及随着地表径流进入黄柏河水体中，进一步加重了黄柏河流域水体的磷污染。

宜昌市是我国磷矿主要产地和磷矿加工业基地，磷矿产业是宜昌市乃至湖北省的支柱产业。根据调查，截至2021年底黄柏河流域现有磷矿山企业43家，磷矿选厂6家，磷矿加工企业4家，磷矿山企业集中分布于夷陵区北部樟村坪镇北部—远安县嫘祖镇西北部，磷矿选厂企业位于夷陵区樟村坪镇中部；磷矿加工企业集中分布夷陵区黄花镇。

3)流域水文地质条件

黄柏河流域水文地质条件主要是：西支流包含黄陵岩体，主要为隔水岩组，包括泥岩、页岩和砂岩；东支流主要为岩溶水，在上游，主要为中等岩溶含水岩组，水量较丰富，在中游，黄柏河右岸主要为裂隙含水岩组，岩溶发育较差，左岸为中等岩溶含水组，下游右岸含少量强岩溶含水组，左岸为中等岩溶含水组。岩溶水主要集中在中下震旦统、寒武系、奥陶系、二叠系、三叠系部分地层中，是研究区域内主要的含水地层。在流域河谷两侧、地层岩性接触带以及断裂带附近，有岩溶地下水出露，河谷两侧出露泉点的流量最大可达1000L/s，在西支以西的区域泉点出露的流量较小，一般小于5L/s(张婉婷，2016)。

黄柏河流域地下水资源量分布在$(1.5\sim2.6)\times10^8m^3$之间，自黄柏河流域中部向南、北两侧地下水资源量逐渐减少，流域东南部黄柏河主干流东侧地下水资源量在0.35亿m^3以下。黄柏河流域地下水的水化学类型条件相对简单，地下水赋存条件的差异导致地下水水化学类型的差异。可溶岩地层地下水矿化度较低，地下水水化学类型为HCO_3-Ca型水，主要分布在东支沿江区域，地下水资源量较少。隔水地层矿化度有所增加，地下水水化学类型以$HCO_3\cdot SO_4-Ca\cdot Mg$型为主，主要分布在西支及东支的分乡镇—黄花镇一带。夷陵区小溪塔街道附件有少量孔隙水地下含水层，地下水资源量较多，但根据测试发现，该地区的地下水矿化度相对较高，主要为$HCO_3\cdot SO_4-Ca\cdot Mg\cdot Na$类型水。

4)流域水环境影响评价

根据上述水化学基本特征的分析，碳酸盐岩是研究区主要的岩石类型，水中的Ca^{2+}、Mg^{2+}、HCO_3^-主要来自碳酸盐岩，水体中Na^+和K^+主要来源盐岩和长石、云母等硅酸盐矿物的溶解。由于黄铁矿的开采活动以及磷矿开采过程中使用的化学试剂导致了流域水体的SO_4^{2-}含量增多，在部分点号已超标，成为黄柏河流域水体的主要污染离子；在居民区/农业区，Cl^-浓度显著增大，其主要来源于生活污水，对水质造成了一定的影响。

为了了解黄柏河流域的整体水环境现状，本文采用单因子评价法对水质进行评价。单因子评价法是由所参评的参数指标中参评类别最高的一项来判定其水质类别，即用水质的各检测项目的结果对照《地表水环境质量标准》(GB 3838—2002)的分类标准确定水质类别，即用水质最差的单项指标所属类别来确定水体综合水质类别。

对采集点位的*TP*值进行了测量(以P计)，结果显示，*TP*值基本上未对黄柏河水体造成污染，仅个别点超标，黄柏河流域的水质类别总体上能达到Ⅱ类水质，达到黄柏河流域的治理标准。这主要是得益于近年宜昌市颁布的一系列保护黄柏河流域水体的措施。

但是在测定结果中发现，东支磷矿露头区的23号点为污水处理厂；在西支居民区/农业区的42号点为酒厂废水的排污口。污水处理厂排出的污水和酒厂的生产废水、生活污水对黄柏河水质造成一定的污染。

5)矿山环境影响模式

水是元素运移的载体,大气降水通过淋滤作用将矿山的有害物质通过地表径流和地下水系统带入河库中,从而影响河库的生态环境。通过对矿山工程地质、水位地质特征的研究,建立矿山环境影响模式(图 4.2.3)。

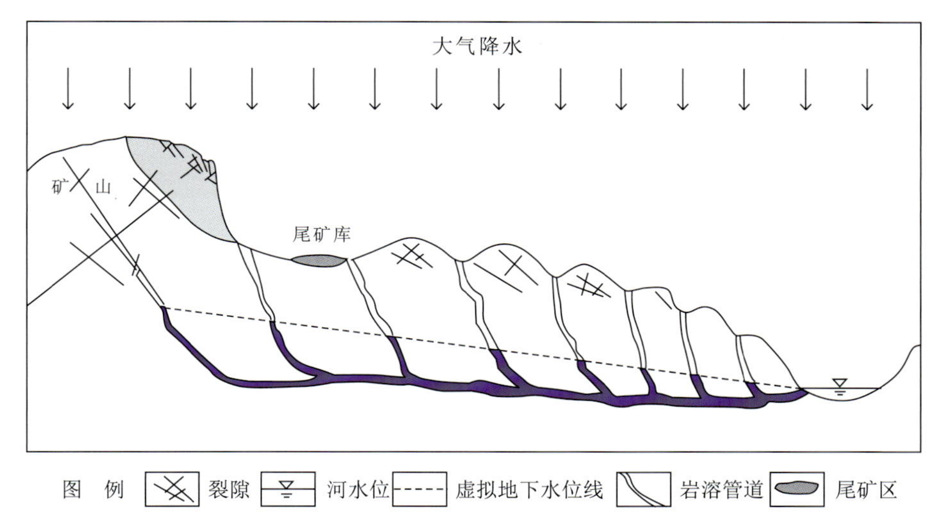

图 4.2.3 矿山环境影响模式图

三、硫铁矿区典型环境问题解析

1. 矿床地质特征

宜昌市硫铁矿主要分布于夷陵区、宜都市、长阳县、兴山县等地,以热液充填脉状矿床为主,该类型硫铁矿以规模小、品位高为特点。矿体长 180～806m,宽 28～235m,厚 0.93～3m,呈似层状或脉状产出。矿石类型有致密块状、浸染状和角砾状等,块状矿石含硫 44.43%～45.66%,浸染状和角砾状矿石含硫量可达28%以上,矿石成分单一,矿石矿物为黄铁矿,含量为 30%～98%,一般为 50%～60%,脉石矿物有石英、绢云母、白云母、黑云母、斜长石绿泥石、石墨等。有害组分 As、F、C、Pb、Zn 含量较低,符合工业要求。宜昌市已探明硫铁矿矿产地 10 处,均为小型矿床,累计查明资源储量为 1 061.77 万 t。

2. 主要地质环境问题

历史上宜昌硫铁矿开采方式以地下开采为主,其次为地下开采与露天联合开采。硫铁矿区存在的矿山地质环境问题主要有采矿占用土地及破坏植被、废渣废水排放造成水土污染、矿山抽排地下水造成水均衡破坏。其中废渣废水排放造成水土污染是硫铁矿山开发的最主要和最突出的问题。尽管目前宜昌市所有硫铁矿山均处于关停状态,但其矿区周边的水土污染仍然存在。如兴山广洞湾硫铁矿虽停采多年,并已对矿山做了复垦复绿,但其矿坑渗水对周围水土环境污染仍然存在(图 4.2.4、图 4.2.5)。现场测试矿坑渗水 pH、Eh、电导率和溶解氧,根据《地表水环境质量标准》(GB 3838—2002),广洞湾硫铁矿氟离子、砷、汞均有超标;安家沟硫铁矿氟离子、砷、汞、硫酸根离子超标。

图 4.2.4　广洞湾硫铁矿水土污染

图 4.2.5　广洞湾硫铁矿下游河道污染

3. 流域水环境影响

在硫铁矿矿山开采中，尾矿堆中的金属硫化物矿物，特别是黄铁矿的氧化会释放出大量的重金属离子和 H^{+}，由此产生的酸性矿山废水会导致矿山周围土壤、水体以及生态环境的恶化，使得被污染的矿山环境变得较难恢复。多年来，国内外学者通过研究普遍认为，在酸性溶液氧化环境中，随着黄铁矿的氧化，重金属离子也伴随其中，酸性水浸染周围水土环境，重金属离子也随之污染水土环境（李英华，2018）。

4. 典型矿山水环境影响分析——安家沟硫铁矿

1）矿区基本概况

安家沟硫铁矿宜昌市夷陵区雾渡河镇，属中高山地貌，地形相对高差 130～451m。多年平均降水量为 1 137.0mm，多年平均蒸发量为 1 297.9mm，属亚热带温湿气候区。地表水流为自南向北流的安家沟经矿区后汇入自西向东流的黄家河。

2）矿区水文地质条件

矿区出露地层有 Pt_1h^1 黄良河组下段（黑云斜长片麻岩夹混合质片麻岩）和 $Ar_{2-3}y^2$ 野马洞组上段（由混合岩、混合岩化黑云斜长片麻岩斜长角闪岩、黑云片岩组成）；花岗岩有 $Pt_3\gamma o$ 斜长花岗岩，$Pt_3\nu$ 辉长岩、辉绿岩，$Pt_3\delta\mu$ 闪长玢岩。硫铁矿体呈脉状发育于 $Pt_3\gamma o$ 斜长花岗岩中。矿区内褶皱构造不发育，略具规模的是羊象坪背斜南翼单斜构造。矿区内断裂构造发育，以走向近东西—北西的压扭性断裂为主干断层，主干断层间派生的次级北东走向的张扭性追踪断裂为重要成矿断裂（图 4.2.6）。

根据地下水赋存介质及埋藏条件，可将矿区分为风化裂隙潜水和构造裂隙承压水。风化裂隙潜水分布于 Pt_1h^1 黄良河组下段和 $Ar_{2-3}y^2$ 野马洞组上段变质岩及侵入花岗岩中，风化裂隙富水性贫乏；构造裂隙承压水分布于 $Pt_3\gamma o$ 斜长花岗岩及其断裂破碎带中，据《湖北省宜昌市安家沟硫铁矿详查地质报告》，承压裂隙含水带厚度为 4.48～44.16m，底板标高为 683.73～856.70m。单位涌水量为 0.002 5～0.011 4L/s·m，渗透系数为 0.011 5～0.206 1m/d，富水性为弱富水。

总体而言，安家沟水文地质条件整体较为单一，含水层富水性贫乏。但在铁矿开采以后，平硐、巷道的开挖，改变了风化裂隙、构造裂隙的规模，地下水渗流场发生剧烈变化，开采巷道及平硐形成了优势通道，地下水向下袭夺，这是矿山地下水污染的主要来源。

3）矿区地下水补径排特征

安家沟小流域地区地下水主要来源于大气降水与少量的河水渗漏补给。天然条件下，降水一部分

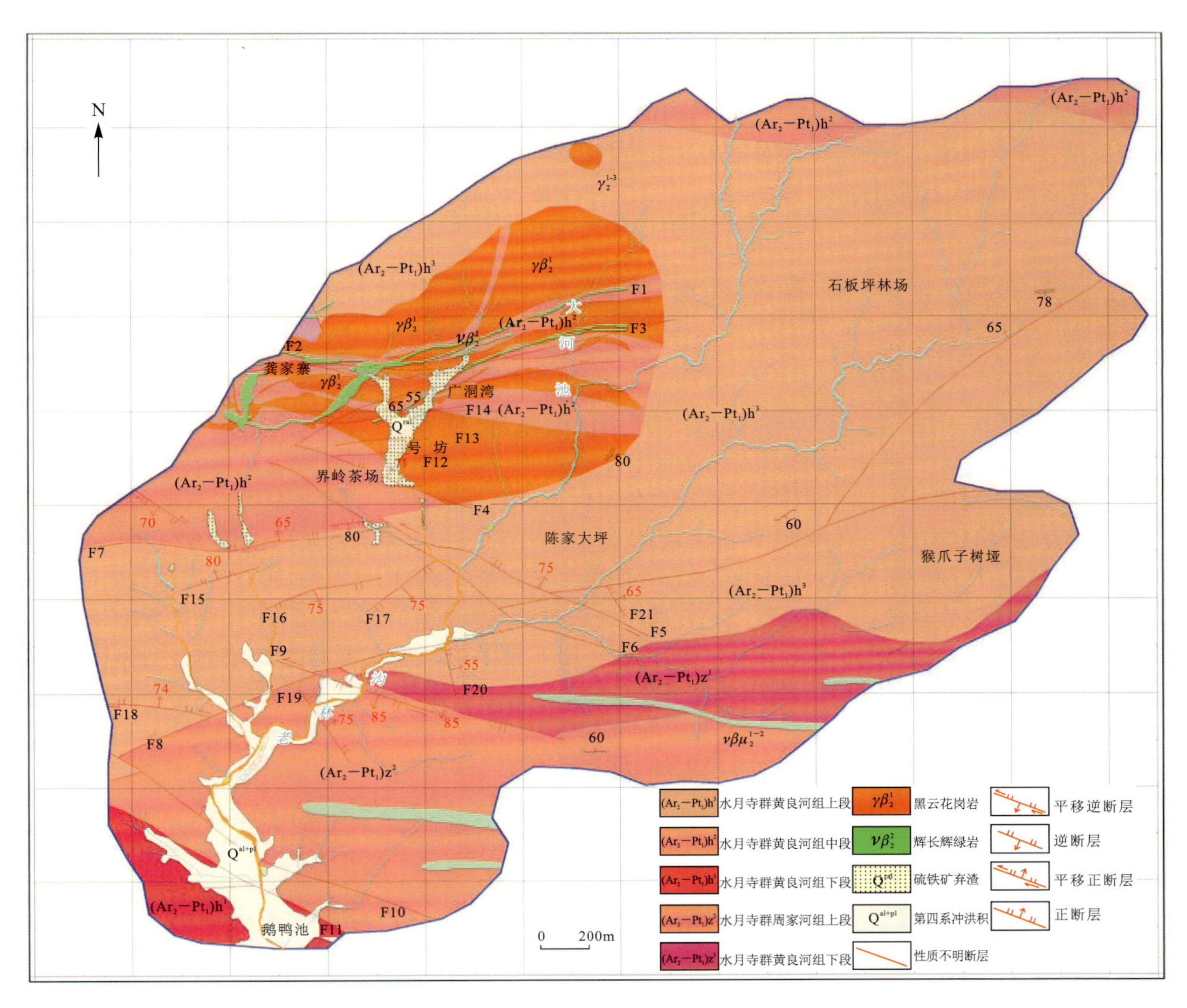

图 4.2.6 安家沟矿区地质图

被地表植被截留,以蒸腾发或者向河流补给的形式发生排泄;另一部分发生产汇流形成地表水,其余部分入渗补给花岗岩裂隙水。地下水主要通过花岗岩裂隙以及断层向山间河流以及下游黄家河等地表水排泄。然而,受裂隙发育程度与连通性影响,径流条件差,地下水循环慢,地表水与地下水之间的转换不频繁,河流基流量小。自 20 世纪 70 年代开采硫铁矿并遗留巷道,地下水的补给、径流与排泄条件发生变化,特别是河流左岸,河流基流量普遍较小。本次调查期间有 10.1mm 的次降水发生,通过调查发现,次降水对河流左岸山间基流的影响较小,说明受遗留巷道或者开矿塌陷的影响,降水以优先流的形式补给安家沟地区,并进入巷道,通过相互连通的巷道,经由下游的平硐汇水排泄进入污水处理厂的管道系统或者直接排入河水当中。而安家沟流域右岸的降水则会淋滤矿渣并快速形成地表水,汇入安家沟干流,降低干流中河水的 pH 值,促进河底卵石附着物[$Fe(OH)_3$ 沉淀]的进一步溶解。

4)矿区水环境影响评价

安家沟流域上游地下水水质较好(AD001),为Ⅲ类水;但是,中下游的地下水水质超Ⅲ类水。通过测试分析发现,除 pH 外,其他要素均随着地下水的运移途径延长而逐渐增加,特别是铁与硫酸根的含量随着地下水流向增长幅度较大,说明经过采矿对含水层的改变影响,地下水与矿体或者矿渣反应充分，水质变差。

受降水淋滤矿渣以及地下水驱替矿坑水排泄影响，安家沟干流地表水在次降水发生之后依然整体呈强酸—弱酸性，pH 值小于 6，除上游地表水未受影响外，其余均为劣 V 类水。但是，其他元素显示并未超标，说明降水在一定程度上会对工作区内的污染物进行稀释，可以改善地表水的水质。受安家沟干流地表水以及区域地下水排泄汇入黄家河的影响，黄家河河水的 pH 值也有一定程度降低，但是沿水流向 pH 值逐渐升高，水质向好。

第三节　磷、石墨等战略关键性矿产"三位一体"综合评价

一、"三位一体"综合评价体系和评价指标的确定

为实现矿产资源开发和生态环境保护双赢的现代化矿业发展目标，为基地矿产资源勘查开发优化布局提供建议，构建"三位一体"综合评价体系，拟将地质资源条件、技术经济条件、地质环境条件作为一级评价要素层。在确定评价要素层的基础上，对搜集的海量资料进行归纳总结，再对指标参数提取的可获得性及其设置的合理性，采用专家咨询法，最终选取现有资源条件、潜在资源条件、成矿地质条件、开采地质条件、矿石加工条件、矿业开发外部条件、社会经济效益、地质灾害发生程度、潜在污染程度、环境污染难度 10 项二级评价要素层，以及 35 项评价指标，"三位一体"综合评价指标体系（图 4.3.1）。

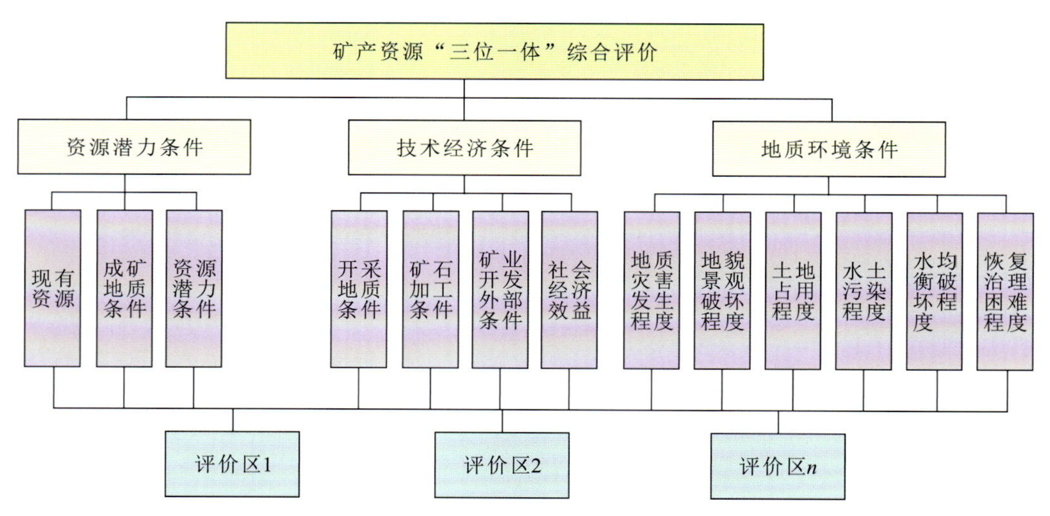

图 4.3.1　"三位一体"综合评价体系（据蔡雄威，2019）

二、资源潜力评价

资源潜力评价因素包括现有资源条件、潜在资源条件和成矿地质条件 3 个二级评价因素，其中又包含查明资源量、大中型矿床数量等 8 项评价指标。

截至 2018 年底，宜昌磷矿保有资源储量 40.875 亿 t，占全国磷矿储量的 16.17%，居全国八大磷矿区第一位。目前随着开采深度的不断加大，多数矿山已经面临资源品质下降和资源枯竭。宜昌磷矿深

部仍具有较大的找矿潜力，如近年来发现的杨柳磷矿是亚洲最大的单体磷矿。

宜昌市是我国重要的晶质石墨矿产地，保有晶质石墨资源储量 144 万 t，为湖北省第一。目前，石墨矿仅在黄陵断穹北部分布，沿黄陵背斜两侧均具有较大的找矿空间。

为推进资源规模开发和产业集聚发展，综合考虑资源潜力、开发基础条件、环境承载能力等因素，宜昌市人民政府确定六大矿产资源（产业）基地和 4 个重点规划矿区。

三、技术经济评价

技术经济评价因素包括现有开采地质条件、矿石加工条件、矿业开发外部条件、社会经济效益 4 个二级评价因素，其中又包含开采方式、选冶难度、矿石"三率"水平、水电、交通经济效益等 17 项评价指标。

宜昌市位于长江中上游的节点，是三峡大坝和葛洲坝所在地，处于成渝都市圈和武汉都市圈之间，是区域性的交通枢纽，交通条件发达，水电资源丰富，对于发展矿业具备良好的基础设置和配套条件。

宜昌矿山开采分为露天开采和井下开采，其中建材类矿床以露天开采为主，磷矿、石墨以及有色金属矿床以井下开采为主，矿山开采的水文及工程地质条件较好。宜昌市主要矿山"三率"指标处于国内中等水平（图 4.3.2）。通过磷矿的"三率"水平统计，发现宜昌市磷矿的"三率"水平略低于全国平均水平，与矿山品位较低、杂质较多有关。目前，部分矿山采用的采选冶技术、设备和工艺较落后。不仅得到的矿石产品杂质多，而且耗能高，污染严重。如热法磷酸由黄磷制得，但黄磷生产每吨需消耗 14 000～15 000kW·h 电，10t 磷矿石产生 2400m^3 的尾气和大量的黄磷渣，是典型的高能耗、高污染企业。建议推广物理湿法磷酸净化选矿方法，不仅经济性好，而且取得的磷酸纯度高，目前该方法被发达国家广泛使用。

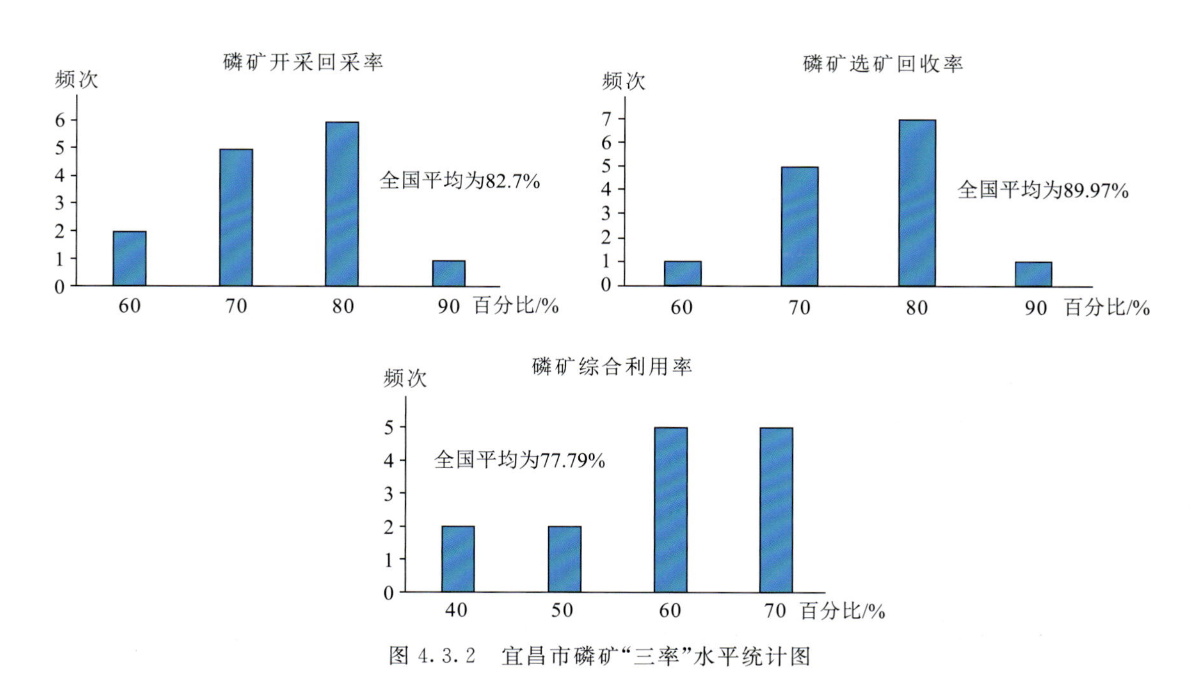

图 4.3.2 宜昌市磷矿"三率"水平统计图

四、环境影响评价

环境影响评价指标包括矿山地质灾害发生程度、潜在污染程度和环境恢复难度 3 个二级评价因素，其下又包含滑坡、泥石流、水土污染和环境恢复治理难度等10项评价指标。

根据矿山地质环境问题的分布和严重程度，编制矿山环境问题分区图，划出严重区4处，面积9852km^2；较严重区2处，面积2623km^2；较轻区1处，面积1049km^2。

2003年以来宜昌市矿山地质环境治理累计获得国家和省级财政补贴10 130万元，矿山自筹资金9334万元，矿山治理成效显著，涌现了一批颇具典型的矿山恢复治理工程。但由于宜昌市矿山数量多，其中中小企业占大多数，且历史遗留矿山问题突出，总体上看，地面塌陷、土地损毁、植被和地形地貌景观破坏等一系列问题依然显著。不同类型地质环境问题，恢复治理困难程度不同，总体来说地表植被可通过复垦治理，且易见成效，水土污染则较难以治理，且治理周期较长。

五、资源环境综合评价

本次工作以磷、石墨等战略性关键矿产为主要抓手，采取收集资料、综合研究和野外调查相结合的方法，查明地质潜力、技术经济和地质环境条件，进行三位一体综合评价，为矿产资源的勘查开发优化布局提供对策建议。

根据综合评价结果，以战略关键性矿产为主要抓手，建议设置资源开发基地4个，其中磷矿3个、石墨矿1个；建议设置重点勘查区6个，其中磷矿1个、石墨矿1个、页岩气1个(3个片区)、方解石-重晶石1个、水泥陶瓷等建材矿产1个。

第四节　现代矿业发展的对策建议

一、矿产资源勘查开发布局优化对策

通过对宜昌矿产资源的“三位一体”评价，对宜昌市矿产勘查开发布局进行优化，划定六大勘查开发基地，分别是兴-陵-安磷矿资源产业基地、优质石墨资源产业基地、页岩气资源产业基地、锰矿资源产业基地和陶瓷水泥建材资源产业基地。

以磷、石墨、页岩气战略关键性矿产为主要抓手，优化产业结构，打造国家级矿产资源产业基地。

磷矿是宜昌市的优势矿产，加强对黄陵背斜北部及保康一带磷矿综合勘查与开发。同时，加强磷化工技术攻关和新产品研发，推动中低品位磷矿及伴生资源利用，拓展精细磷化工产业链、发展循环经济，建设国家级中低品位磷矿采矿、选矿基地及磷资源回收利用基地。宜昌的磷矿以中低品位矿石为主，应适当加大深部富磷矿的勘查。同时，建议逐年关闭中小型矿山，并进行矿权整合，保留10～15个矿山生产即可保障磷矿石供应。

宜昌市石墨的成矿条件好，成矿潜力大，但目前仅有2个石墨矿正在开采，其资源潜力还需要进一步查明，应加大石墨的勘查力度，为打造宜昌市重要的优质晶质石墨基地提供支撑。

二、加强矿山全生命周期的环境管理工作，进行矿山地质环境保护与治理

针对目前的矿山地质环境问题以及矿山环境治理工作存在的问题，应以矿山全生命周期的理念为指导，围绕矿山的资源勘查、开发、闭坑(修复)的全产业链条，进行全过程的环境管理。要明确责任主体，建立激励约束机制，避免头痛医头脚痛医脚、眉毛胡子一把抓的粗放式治理模式。加强矿山地质环境综合治理和生态修复技术的研发，建立南方丘陵山区典型矿山生态修复示范基地。

在矿山地质环境影响评估的基础上，根据其对人居环境、生态系统、工农业生产和经济发展等矿山地质环境问题的危害程度，进行矿山地质环境保护和治理分区，可划分为矿山地质环境重点治理区和一般治理区两类，共划分 13 处，总面积约 897.79km^2。

三、提高矿产资源综合利用水平

1. 引进新技术、新工艺、新设备，提升矿产综合利用水平

积极推行清洁生产和先进、适用的采选冶及精深加工技术，改造、提升传统矿业，淘汰落后设备、技术和工艺。在高效采选主要矿产的同时，对达到综合利用工业指标要求的共伴生矿产，实行综合开采、综合分选；对暂难利用的共伴生矿产，采取切实有效的保护措施。探索优化和改进开采技术方法，推广机械化施工、充填法采矿、中低品位磷矿选矿等先进适用技术，促进磷矿回采率平均水平达到 80%以上(个别矿山达到 96%)，远高于国家标准(72%)，提高矿产资源综合利用水平。

2. 加大尾矿、废水和固体废弃物综合利用

在对矿山尾矿和固体废弃物综合评价的基础上，不断拓展矿山废弃物的综合利用领域，扩大利用规模，实现有用组分梯级回收。

积极推进老尾矿低成本再选、尾矿伴生有用组分高效分离提取和高附加值利用，鼓励大型矿山综合回收尾砂、熔渣等废弃物中的稀散元素，提高工业废渣利用水平。以磷石膏的资源化利用为重点，鼓励利用矿山固体废弃物生产建材、进行矿山采空区充填、矿地复垦回填和开展生态环境治理，避免水土流失。推进矿井水资源化利用，鼓励磷矿含悬浮物矿井水循环利用、金属矿山矿井水无害化处置和地热尾水回灌。

四、加大绿色矿山建设推进力度

目前宜昌市有国家级绿色矿山 11 家，数量居全省前列。建立绿色矿山建设、实施、考核、退出机制，推进绿色矿山建设。组织编制《宜昌市磷矿开采污染治理措施》，指导解决磷矿开采、堆存、运输等环节的污染治理问题，实现矿山清洁生产、循环利用和污染物减排。实行磷矿开采与深加工产销对接，优先满足采选加一体化企业生产需要。

五、探索生态补偿机制

目前，宜昌市已经实施磷矿开采总量和矿权“双控”措施，以磷矿开采减量促进化工产业减能和资源利用效率提升。2018 年减量 23%，控制在 1000 万 t 左右，2019 年下达磷矿开采总量控制计划 1000 万 t，提前 2 年完成规划开采指标。

后续应继续深入探索生态补偿机制，以开采总量调控与黄柏河流域水质挂钩，从紧分配黄柏河东支流域年度磷矿开采总量控制计划。总磷超标的断面，扣减相应计划。

第五章 市-县-乡三级资源环境承载能力与国土开发适宜性评价

依据《宜昌市2050年发展战略规划》的远景目标，对标国际视野，立足国内实际，秉持生态再升级战略，坚守生态文明的绿线，坚定高质量发展主线，提升城市安全和服务底线的要求，发挥长江轴线滨江优势、彰显魅力人文风景，立足宜昌市资源环境禀赋特征，开展资源环境承载能力评价，能为宜昌长远的发展目标提供科学的支撑，是推动生态文明建设、落实长江流域生态保护，推进长江沿线城市生态治理与环境污染整治的基础保证；是推动高质量发展，探索高质量发展在宜昌的实现路径，构建长远的主导产业体系，实现高品质生活的根本保障。

截至2015年底，宜昌市已发现各类矿产10类88种(含亚矿种)，占全国已发现矿种(172种)的51.2%、全省(149种)的59.1%。宜昌市经济发展以矿产资源开发为主，尤其是其丰富的磷矿资源，以提升发展速度配套全产业链的磷化工为主导的化工产业体系，矿产资源的开发和配套的工业体系进一步压缩了宜昌市的土地资源，导致宜昌市历史发展过程中产生并遗留了一系列的资源环境问题。

宜昌独特的大地构造位置、复杂的构造演化过程造就了其丰富的矿产资源，土地环境质量和水生态环境均受地质构造演化的控制与影响。因此，宜昌市资源环境承载能力评价以矿产资源开发为主、土地利用为辅，围绕水循环过程中物质迁移转换导致的以水土环境污染问题为核心的“水、土、矿”等制约条件和要素进行资源环境承载能力调查评价。资源环境承载能力的研究多针对省域尺度或地级市，县域尺度地质资源环境承载能力评价较少，乡镇尺度地质资源环境承载能力评价基本尚未开展。此次综合地质调查工作，充分吸收已有的历史成果，系统补充了土地资源和水土污染调查等工作，探索了宜昌市“市-县-乡”三级资源环境承载能力调查评价工作，完善了相关评价技术方法和体系，为后续开展资源环境承载能力动态监测评价奠定了基础。

第一节 资源环境承载能力与国土开发适宜性评价方法

一、基本原则与技术思路

宜昌市资源环境承载能力评价的核心思想是短板效应原理，在确定单指标评价等级基础上，采用多指标综合叠加方法，确定各评价单元的适宜性程度。根据评价指标对国土空间开发建设的限制程度，将其分为强限制指标、非强限制指标和适宜性指标。首先，对强限制指标直接赋值为不适宜区；非强限制指标根据阈值进行分级，阈值的选取以技术指南为参考，结合宜昌市区域特征确定，如高程评价时，技术指南以5000m、3500m作为阈值，而宜昌市全域最高2426m，结合宜昌市土地利用现状，参考技术指南阈值建议，选用耕地、建设用地主要分布高程范围来确定高程阈值，建设用地中90%海拔在200m以下，几乎所有的建设用地海拔分布在750m以下，几乎所有的耕地海拔分布在2000m以下，因此以2000m、

1000m、750m、200m 进行高程分级，利用重分类的方法得到土地资源、水资源、环境、生态、灾害、区位优势度的单项评价等级。其次，在单指标评价结果的基础上，利用 GIS 的空间分析功能，将各单项指标评价图层进行空间叠加，得到初判适宜性等级。最后，利用生态廊道重要性、地块集中度、区位优势度等，对初判适宜性等级进行修正，形成生态保护重要性、农业生产适宜性和城镇建设适宜性评价结果，技术流程见图 5.1.1。

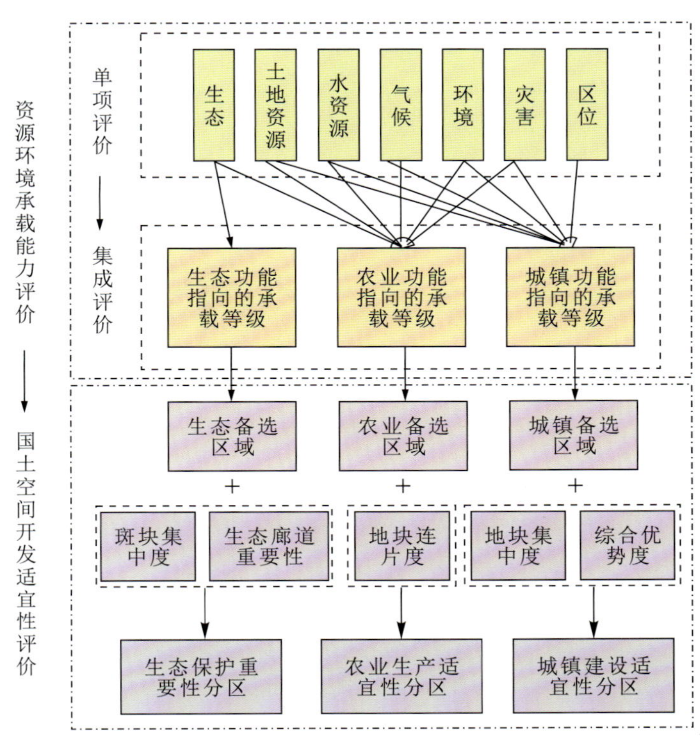

图 5.1.1 “双评价”技术流程图

二、市县乡三级“双评价”功能

开展宜昌市-远安县-嫘祖镇三级“双评价”技术方法探索，明确市-县-乡三级“双评价”之间关系：不同层级“双评价”支撑对应尺度的国土空间规划，低级别“双评价”承接上一级评价工作。宏观尺度省级和国家级评价重点应明确人口规模、城乡建设规模等与资源环境承载能力在总量规模上的匹配关系，中观尺度市县（流域）评价则主要明确国土空间布局合理性、资源利用强度与方式、生态环境质量与胁迫程度等问题，为划定“三区三线”服务，而微观尺度乡镇级评价则首先应明确在宏观和中观尺度评价中的战略定位，起到对高级别评价工作功能传导作用。

基于对区域生态、水资源、土地资源、环境、气候、灾害与区位等专项不同尺度差异化指标选取，提出了市-县-乡三级“双评价”技术方法，明确了市-县-乡的“双评价”从定位、主导到空间落实的功能作用。宜昌市级“双评价”为划定“三区三线”提供科学依据，支撑国土空间规划编制，并明确县级“双评价”功能定位和规模；远安县级“双评价”在对市级评价进行补充调查的基础上，判定市级“双评价”空间布局合理性和规模，起到承接和传导功能；嫘祖镇“双评价”则主要结合所在图幅内的 1∶5 万综合地质调查成果，为乡镇级“双评价”工作提出切实可行的建议，支撑该地区的水功能分区、农业区划、磷源识别和矿产资源开发布局优化（图 5.1.2）。

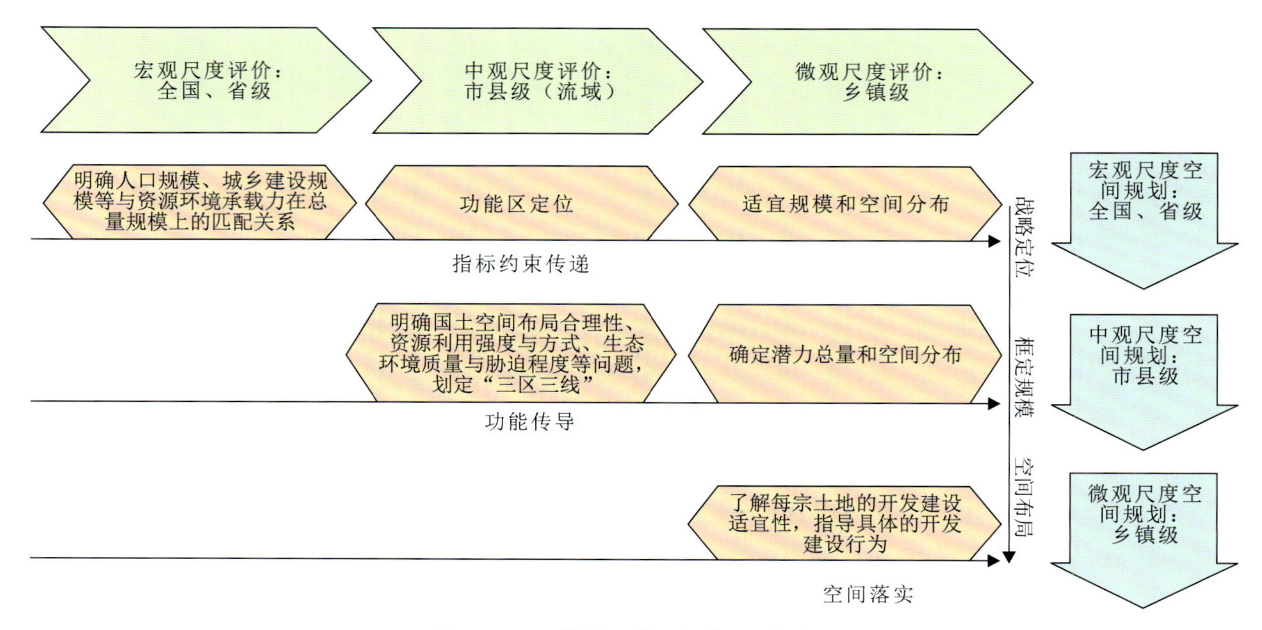

图 5.1.2　不同级别“双评价”承接功能

第二节　宜昌市资源环境承载能力与国土开发适宜性评价

国土空间开发适宜性评价包括生态保护重要性评价、农业生产适宜性评价和城镇建设适宜性评价三个方面，该评价是国土空间格局优化和主体功能区划的重要基础，可服务于生态保护红线、永久基本农田、城镇开发边界（“三线”）的划定。2018 年 4 月 26 日习近平总书记《在深入推动长江经济带发展座谈会上的讲话》里提到“在开展资源环境承载能力和国土空间开发适宜性评价的基础上，抓紧完成长江经济带生态保护红线、永久基本农田、城镇开发边界三条控制线划定工作”。2019 年 5 月《中共中央国务院关于建立国土空间规划体系并监督实施的若干意见》提出，在资源环境承载能力和国土空间开发适宜性评价的基础上，科学有序统筹布局生态、农业、城镇等功能空间，划定“三线”的空间管控边界。

已开展的各个尺度资源环境承载能力和国土空间开发适宜性评价工作，以大尺度的评价为主，且已取得显著成果，如长江经济带资源环境承载力评价、江苏省及沿海地区资源环境承载力与国土空间开发建设适宜性评价、京津冀地区资源环境分析、中原城市群承载力与适宜性评价、长三角区城市土地资源承载力评价等。与大尺度研究相比较，中小尺度下的国土空间开发适宜性研究开展较晚、成果较少，如延安市延川县承载力与适宜性评价、张家口市崇礼区国土空间开发适宜性评价、淮安市城市水资源承载力评价、广西江南片区建设用地适宜性评价等。由于前期的地质调查工作以大尺度为主，生态、环境等指标的基层监测网络不完善，加上市县层面的资源环境监测数据多为内部资料，公开化程度很低，导致中小尺度评价的基础数据获取难度较大。随着生态文明建设的推进，国土资源与空间需要更精细化的管理，市县是落实主体功能区划等政策的基本单元，为了提供有效的支撑，这就要求国土空间开发适宜性评价研究应向中小尺度推进。

一、资源环境承载能力评价

1. 数据来源与选取

评价所需的要素包括DEM、土地利用现状、年平均降水量、地表水资源量、地下水资源量、水系沉积物污染物含量、年平均静风日数、年平均风速、断面点监测数据、洪涝、干旱、低温寒潮、霜冻、高速、国道、省道、县道、乡道、高速闸口、铁路站点、机场、港口等。数据类型主要为矢量数据和栅格数据，均转换为CGCS 2000坐标系后，再全部转为30m空间分辨率的栅格数据；水资源、水系沉积物、断面点监测数据等为带坐标的文本数据，插值为30m空间分辨率的栅格数据后使用。

DEM数据来源于中国科学院计算机网络信息中心地理空间数据云平台(http://www.gscloud.cn)，空间分辨率为30m；土地利用现状来源于从中国地质调查局武汉地质调查中心收集的全国第二次土地利用现状更新调查数据；年平均降水量、地表水资源量、地下水资源量数据来源于从水利和湖泊局收集的宜昌市水资源公报；水系沉积物污染物含量来源于1∶200 000区域地球化学调查成果；断面点监测数据来源于中国地质调查局武汉地质调查中心《宜昌市生态文明示范区地质调查》工程；年平均静风日数、年平均风速、洪涝、干旱、低温寒潮、霜冻等数据来源于宜昌市气象局；高速、国道、省道、县道、乡道、高速闸口、铁路站点、机场、港口数据来源于百度地图API；远安县和嫘祖镇双评价采用了1∶50 000和1∶10 000生态地质调查等工作的地面调查、水质监测等数据。

2. 评价模型及指标选取

国土空间开发适宜性评价是在资源环境要素评价的基础上，将生态保护承载力纳入斑块集中度，农业生产承载力纳入地块连片度，城镇建设承载力纳入区位优势度和地块集中度，进行评价的。资源环境要素包括生态系统服务功能、生态敏感性、土地资源、水资源、环境、灾害、区位优势度等要素(表5.2.1)。

表5.2.1 双评价指标体系

评价类型	指标体系	评价要素	具体指标
生态保护重要性	生态保护承载力	生态系统服务功能	生物多样性、水源涵养、水土保持
		生态敏感性	水土流失、石漠化
	适宜性指标	地块	斑块集中度
农业生产适宜性	农业生产承载力	土地资源	坡度、土壤质地、土地利用现状
		水资源	降水量
		环境	土壤污染物含量
	适宜性指标	自然灾害	洪涝、干旱、低温寒潮、霜冻
		地块	地块连片度
城镇建设适宜性	城镇建设承载力	土地资源	坡度、高程、地形起伏度、土地利用现状
		水资源	地表水资源量、地下水资源量
		环境	大气环境容量、水环境容量
	适宜性指标	自然灾害	地质灾害
		区位优势度	区位条件、交通网络密度
		地块	地块集中度

3. 评价指标分级及权重计算

1)生态保护承载力评价

在生态系统服务功能重要性评价方面，分别对生物多样性维护功能重要性、水源涵养功能重要性、水土保持功能重要性进行计算，宜昌市防风固沙功能重要性均为低，故不对防风固沙功能重要性进行计算。对每种生态系统服务功能评估结果栅格图，按服务功能量评估值大小对各像元进行降序排列，分别将累积服务功能量占前50%、50%～70%、70%～85%、85%～100%的像元划分为5个等级，由高到低分别为高、较高、中等、较低、低，形成各服务功能重要性评价结果。

在生态敏感性评价方面，采用自然断点法将水土流失敏感性、石漠化敏感性划分为5级，由高到低分别为高、较高、中等、较低、低，取水土流失敏感性、石漠化敏感性最大值形成生态敏感性评价等级。

生态保护承载力等级采用就高原则对生态系统服务功能重要性、生态敏感性进行集成，再通过生态斑块的集中度和生态廊道与生态系统景观格局进行修正，最后得到生态保护承载力等级，划分为高、较高、中等、较低、低5个等级。

2)农业生产承载力评价

在土地资源方面，以坡度和土壤质地两项指标评价农业耕作条件，分级阈值及评分见表5.2.2。在土壤为黏土和砂土的区域，将坡度分级降一级，得到农业耕作条件。

在水资源方面，以多年平均降水量评价农业供水条件，宜昌市多年平均降水量最小值大于800mm，按照降水量大于1200mm、1200～800mm划分等级，作为农业供水条件。

在环境方面，以土壤污染物浓度评价土壤环境容量，宜昌市未进行覆盖全域的土地质量地球化学调查工作，因此用水系沉积物数据代替土壤数据。依据《土壤环境质量农用地土壤污染风险管控标准(试行)》(生态环境部国家市场监督管理总局，2018)中筛选值和管制值作为阈值分级(表5.2.2)。

在灾害方面，以洪涝、干旱、低温寒潮、霜冻指标评价气象灾害风险。以县区为单元，将洪涝日超过20d记为1个洪涝年，干旱日超过90d记为1个干旱年，低温寒潮日超过15d记为1个低温寒潮年，霜冻日超过90d记为1个霜冻年；统计历史受灾次数，按照表5.2.2划分单项气象灾害等级，取4个指标最小值形成气象灾害风险等级。

表5.2.2 农业生产适宜性单指标评价分级阈值

类型	因子	分级阈值	赋值	适宜性评分
非强限制性指标	坡度/(°)	≤2	5	5
		<2～6	4	4
		<6～15	3	3
		<15～25	2	2
		>25	1	1
	土壤质地	壤土	4	0
		砂壤土	3	0
		黏土	2	−1
		砂土	1	−1

续表 5.2.2

类型	因子	分级阈值	赋值	适宜性评分
非强限制性指标	农业耕作条件	坡度叠加土壤质地	5	5
			4	4
			3	3
			2	2
			1	1
	降水量/mm	＞1200	5	5
		800～1200	4	4
	土壤污染物含量	小于或等于风险筛选值	3	0
		大于风险筛选值但小于或等于风险管制值	2	0
		大于风险管制值	1	－2
	洪涝、干旱、低温寒潮、霜冻历年发生频率/%	≤20	5	
		＜20～40	4	
		＜40～60	3	
		＜60～80	2	
		＞80	1	
	气象灾害风险	洪涝、干旱、低温寒潮、霜冻评价结果取最小值	5	0
			4	0
			3	0
			2	0
			1	适宜等级评分－1，其他等级评分 0
强限制性指标	土地利用现状	现状建设用地	0	－5
		其他	1	0
适宜性指标	地块连片度/km^2	≥0.27	5	5
		0.17～＜0.27	4	4
		0.1～＜0.17	3	3
		0.05～＜0.1	2	2
		＜0.05	1	1

基于农业耕作条件和农业供水条件，利用矩阵组合法（中华人民共和国自然资源部，2019）（表 5.2.3），得到水土资源分级结果。对于土壤环境容量低的区域，将水土资源评价结果下降两个等级；对于气象灾害风险性高的区域，将上步结果为适宜的调整为较适宜等级，将结果中土地利用现状为建设用地的，直接划为低等级，作为农业生产承载力等级。

表 5.2.3　农业生产功能指向的水土资源基础参考判别矩阵

农业供水条件	农业耕作条件				
	高	较高	中等	较低	低
好	适宜	适宜	较适宜	一般适宜	不适宜
较好	适宜	适宜	较适宜	较不适宜	不适宜
一般	适宜	较适宜	一般适宜	较不适宜	不适宜
较差	较适宜	一般适宜	较不适宜	不适宜	不适宜
差	不适宜	不适宜	不适宜	不适宜	不适宜

3)城镇建设承载力评价

在土地资源方面，以坡度、高程和地形起伏度 3 项指标评价城镇建设条件。坡度、高程和地形起伏度分级阈值见表 5.2.4。高程大于 2000m 的区域，将坡度分级降两级，在 1000～2000m 之间的，将坡度分级降一级；地形起伏度大于 200m 的区域将评价结果降两级，在 100～200m 之间的，将评价结果降一级，最终得到城镇建设条件。

在水资源方面，以地表水资源量和地下水资源量评价城镇供水条件。扣除地表水和地下水资源量重复计算量后，得到水资源总量，以县级行政区划为单元，水资源总量模数按表 5.2.5 进行分级，得到城镇供水条件。

表 5.2.4　部分限制性指标评价分级阈值

类型	因子	分级阈值	赋值	适宜性评分
非强限制性指标	坡度/(°)	≤3	5	5
		<3～8	4	4
		<8～15	3	3
		<15～25	2	2
		>25	1	1
	高程/m	<200	5	0
		200～750	4	0
		<750～1000	3	0
		<1000～2000	2	−1
		>2000	1	−2
	地形起伏度/m	<100	3	0
		100～200	2	−1
		>200	1	−2
	城镇建设条件	坡度叠加高程、地形起伏度	5	5
			4	4
			3	3
			2	2
			1	1

续表 5.2.4

类型	因子	分级阈值	赋值	适宜性评分
非强限制性指标	水资源总量模数/(万 $m^3 \cdot a^{-1} \cdot km^{-2}$)	≥25	5	5
		13～<25	4	4
		8～<13	3	3
		3～<8	2	2
		<3	1	1
	地质灾害	低危险	5	0
		较低危险	4	0
		中等危险	3	0
		较高危险	2	适宜等级评分－1，其他等级评分 0
		高危险	1	适宜等级评分－2、较适宜等级评分－1，其他等级评分 0
强限制性指标	土地利用现状	现状耕地	0	－5
		其他	1	0

在环境方面，以各站点多年平均静风日数、年平均风速、评价单元年均水质目标浓度和地表水资源量 4 项指标评价城镇建设环境条件，因年均水质目标浓度的数据精度不够，该指标以宜昌市断面点多年已监测数据的均值代替。以流域分区为评价单元，水体中单位面积强度生物需氧量、氨氮、化学需氧量、总氮、总磷 5 个指标分别按自然断点法分为五级(表 5.2.5)，取 5 个指标中的最低值作为水环境容量等级。静风日数和平均风速分级阈值见表 5.2.5，取二者较低值作为大气环境容量等级。取大气环境容量、水环境容量较低值，作为城镇建设环境条件等级，赋值为 1～5，值为 1 的区域评分为－2，值为 2 的区域评分为－1，其他区域评分为 0。

表 5.2.5　环境单指标评价分级阈值

因子	生物需氧量/($t \cdot km^{-2}$)	氨氮/($t \cdot km^{-2}$)	化学需氧量/($t \cdot km^{-2}$)	总氮/($t \cdot km^{-2}$)	赋值
水环境容量	>2.06	>0.24	>8.65	>1.92	5
	<1.51～2.06	<0.15～0.24	<7.34～8.65	<1.59～1.92	4
	<1.07～1.51	<0.12～0.15	<6.10～7.34	<1.12～1.59	3
	<0.71～1.07	<0.06～0.12	<5.46～6.10	<0.70～1.12	2
	≤0.71	≤0.06	≤5.46	≤0.70	1
因子	**静风日数/%**	**平均风速/($m \cdot s^{-1}$)**	**总磷/($t \cdot km^{-2}$)**		**赋值**
大气环境容量	>30	>5	>0.12		5
	<20～30	<3～5	<0.08～0.12		4
	<10～20	<2～3	<0.05～0.08		3
	<5～10	1～2	<0.02～0.05		2
	≤5	≤1	≤0.02		1

在灾害方面，以收集到的地质灾害易发性分区图为基础，改编为地质灾害危险性等级，分级阈值见表5.2.5。

在交通方面，以区位条件和交通网络密度2项指标评价区位优势度。区位条件需综合考虑交通干线可达性、中心城区可达性、交通枢纽可达性和周边中心城市可达性，分别对格网单元到不同技术等级交通干线的距离、现状中心城区时间、不同类型交通枢纽的时间、武汉市的距离进行打分，按照相同的权重进行加权求和，再按照相等间隔法将各单项指标分级；对4项指标按相同权重进行加权求和，采用相等间隔法分级，得到区位条件（表5.2.6）。栅格单元邻域范围内的公路通车里程总长度与栅格单元邻域面积的比值作为交通网络密度。基于区位条件和交通网络密度，用矩阵组合法（表5.2.7），得到区位优势度等级。

表5.2.6　适宜性单指标评价分级阈值

类型	因子	分级阈值	赋值	适宜性评分
适宜性指标	区位条件	好	5	
		较好	4	
		一般	3	
		较差	2	
		差	1	
	交通网络密度	高	5	
		较高	4	
		一般	3	
		较低	2	
		低	1	
	区位优势度	高	5	较适宜、一般适宜和较不适宜等级评分+1，其他等级评分0
		较高	4	0
		中等	3	0
		较低	2	−1
		低	1	适宜等级评分−5，其他等级评分0
	地块集中度/km^2	≥2	5	5
		1～<2	4	4
		0.5～<1	3	3
		0.25～<0.5	2	2
		<0.25	1	1

表5.2.7　区位优势度参考判别矩阵

交通网络密度	区位条件				
	好	较好	一般	较差	差
高	高	高	较高	中等	低
较高	高	高	较高	较低	低
一般	高	较高	中等	较低	低
较低	较高	较高	中等	低	低
低	中等	中等	较低	低	低

基于城镇建设条件和城镇供水条件，利用矩阵组合法（表5.2.8），得到水土资源分级结果。对于城镇建设环境条件为最低值、次低值的区域，水土资源分级结果分别下降两个等级、一个等级。对于上步等级结果为适宜和较适宜的，但地质灾害危险性高的区域，将其调整为一般适宜；结果为适宜等级，但地质灾害危险性较高的区域，将其调整为较适宜等级（表5.2.8），将结果中土地利用现状为农用地的，直接划为低等级，作为城镇建设承载力等级。

表5.2.8　城镇建设功能指向的水土资源基础参考判别矩阵

城镇供水条件	城镇建设条件				
	高	较高	中等	较低	低
好	适宜	适宜	较适宜	一般适宜	不适宜
较好	适宜	适宜	较适宜	较不适宜	不适宜
一般	适宜	较适宜	一般适宜	较不适宜	不适宜
较差	较适宜	较适宜	一般适宜	不适宜	不适宜
差	一般适宜	一般适宜	较不适宜	不适宜	不适宜

4. 资源环境承载能力评价

1）生态保护功能指向的承载能力评价

宜昌市高等级占总面积的24.80%，集中分布于西南高山区的五峰县和长阳县；较高和中等等级占总面积的45.03%，集中分布于西北部的秭归县、兴山县和夷陵区；较低和低等级占总面积的30.17%，集中分布于东部平原区的当阳市和枝江市。较高以上生态保护等级的区域面积占比为44.73%（表5.2.9，图5.2.1），《宜昌市环境总体规划》将宜昌市48.83%的国土面积划定为生态功能红线区，与规划的生态功能红线区面积误差为－4.1%。

表5.2.9　宜昌市各区县生态保护等级评价结果汇总表

区（县、市）	低		较低		中等		较高		高		合计面积/km²
	面积/km²	比例/%	面积/km²	比例/%	面积/km²	比例/%	面积/km²	比例/%	面积/km²	比例/%	
西陵区	24.48	31.97	30.14	39.36	9.52	12.43	2.99	3.90	9.45	12.34	76.58
伍家岗区	34.10	41.22	30.56	36.94	9.80	11.85	1.30	1.57	6.96	8.41	82.72
点军区	19.22	3.69	120.51	23.11	205.31	39.38	105.43	20.22	70.89	13.60	521.37
猇亭区	32.71	26.82	40.75	33.41	33.05	27.10	5.53	4.54	9.91	8.13	121.96
夷陵区	105.71	3.09	784.48	22.95	916.62	26.81	892.43	26.10	719.49	21.05	3 418.72
远安县	72.08	4.14	351.71	20.18	612.77	35.16	500.33	28.71	205.68	11.80	1 742.57
兴山县	21.13	0.91	516.08	22.26	633.03	27.31	464.20	20.03	683.60	29.49	2 318.04
秭归县	41.41	1.82	563.70	24.76	628.33	27.60	431.76	18.97	611.29	26.85	2 276.49
长阳县	48.79	1.43	280.45	8.21	1 047.08	30.66	915.34	26.80	1 123.47	32.90	3 415.13
五峰县	11.47	0.48	91.24	3.84	357.96	15.07	478.63	20.15	1 436.57	60.47	2 375.87
宜都市	96.51	7.15	392.70	29.09	416.39	30.84	295.08	21.86	149.39	11.07	1 350.07

续表 5.2.9

区(县、市)	低		较低		中等		较高		高		合计面积/km²
	面积/km²	比例/%	面积/km²	比例/%	面积/km²	比例/%	面积/km²	比例/%	面积/km²	比例/%	
当阳市	642.26	29.93	872.19	40.65	414.41	19.31	134.81	6.28	82.19	3.83	2 145.87
枝江市	504.45	36.64	673.70	48.93	41.65	3.03	2.51	0.18	154.47	11.22	1 376.78
总计	1 654.33	7.80	4 748.21	22.37	5 325.92	25.10	4 230.35	19.93	5 263.36	24.80	21 222.17

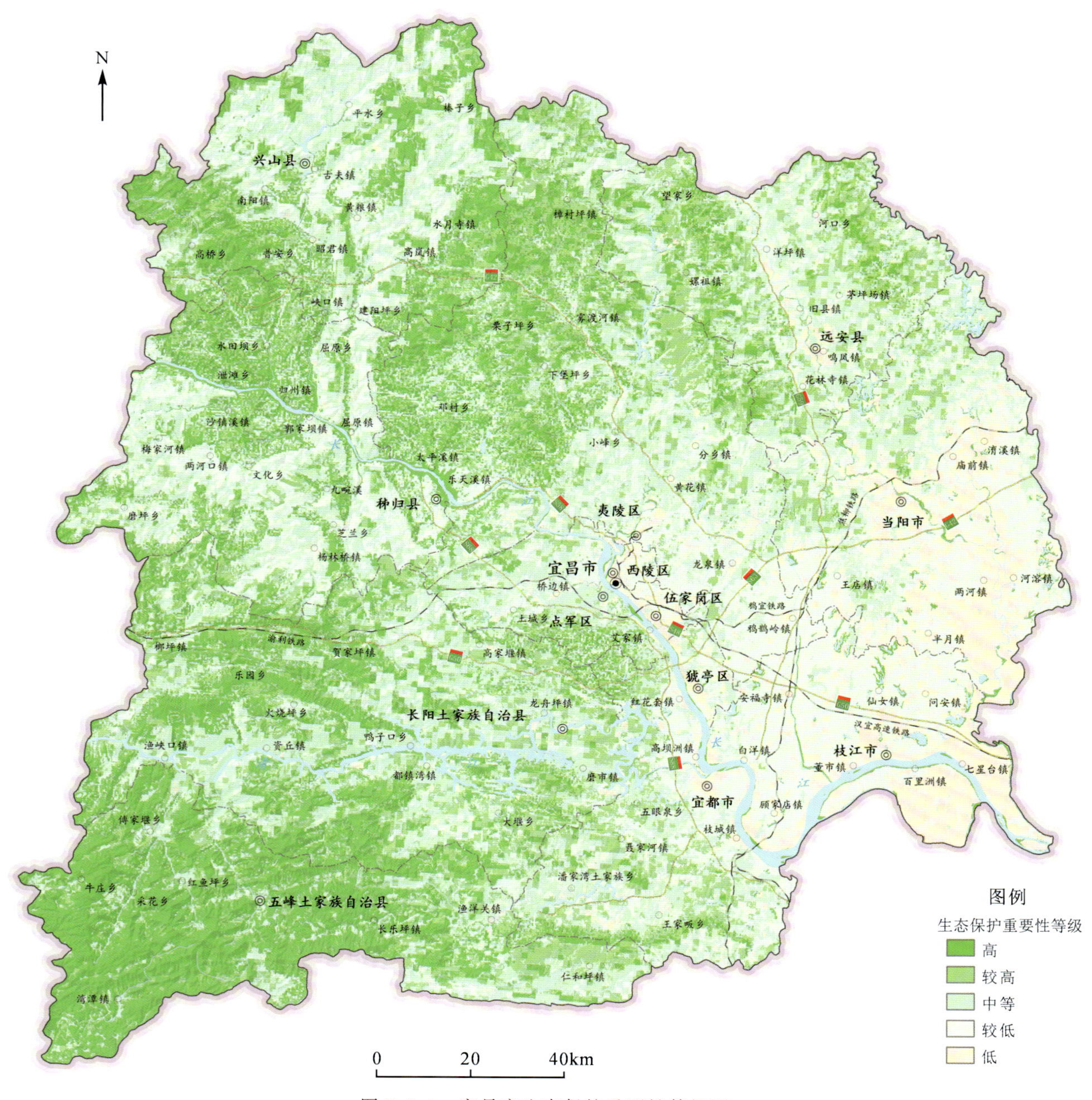

图 5.2.1 宜昌市生态保护重要性等级图

2)农业功能指向的承载能力评价

宜昌市高等级土地面积约为 3 758.48km²，占总面积的 17.72%，集中分布于东部平原区的当阳市、枝江市和猇亭区；较高等级土地面积约为 5 295.72km²，占总面积的 24.95%，集中分布于中部丘陵区的西陵区、伍家岗区、点军区和夷陵区东南部；中等等级土地面积约为 3 257.50km²，占总面积的 15.35%，在西南高山区的秭归县、五峰土家族自治县和长阳土家族自治县相对集中分布；较低等级土地面积约为 2 227.07km²，占总面积的 10.49%，在远安县相对集中分布；低等级土地面积约为 6 682.40km²，占总面积的 31.49%，集中分布于西部高山区的兴山县、秭归县和长阳土家族自治县。农业功能承载能力为高等级的区域面积(图 5.2.2，表 5.2.10)与《宜昌市环境总体规划(2013—2030 年)》划定的 2020 年耕地保有量红线面积(3280km²)误差约为 478km²，与 2018 年末耕地保有量面积(3475km²)相差 283km²。

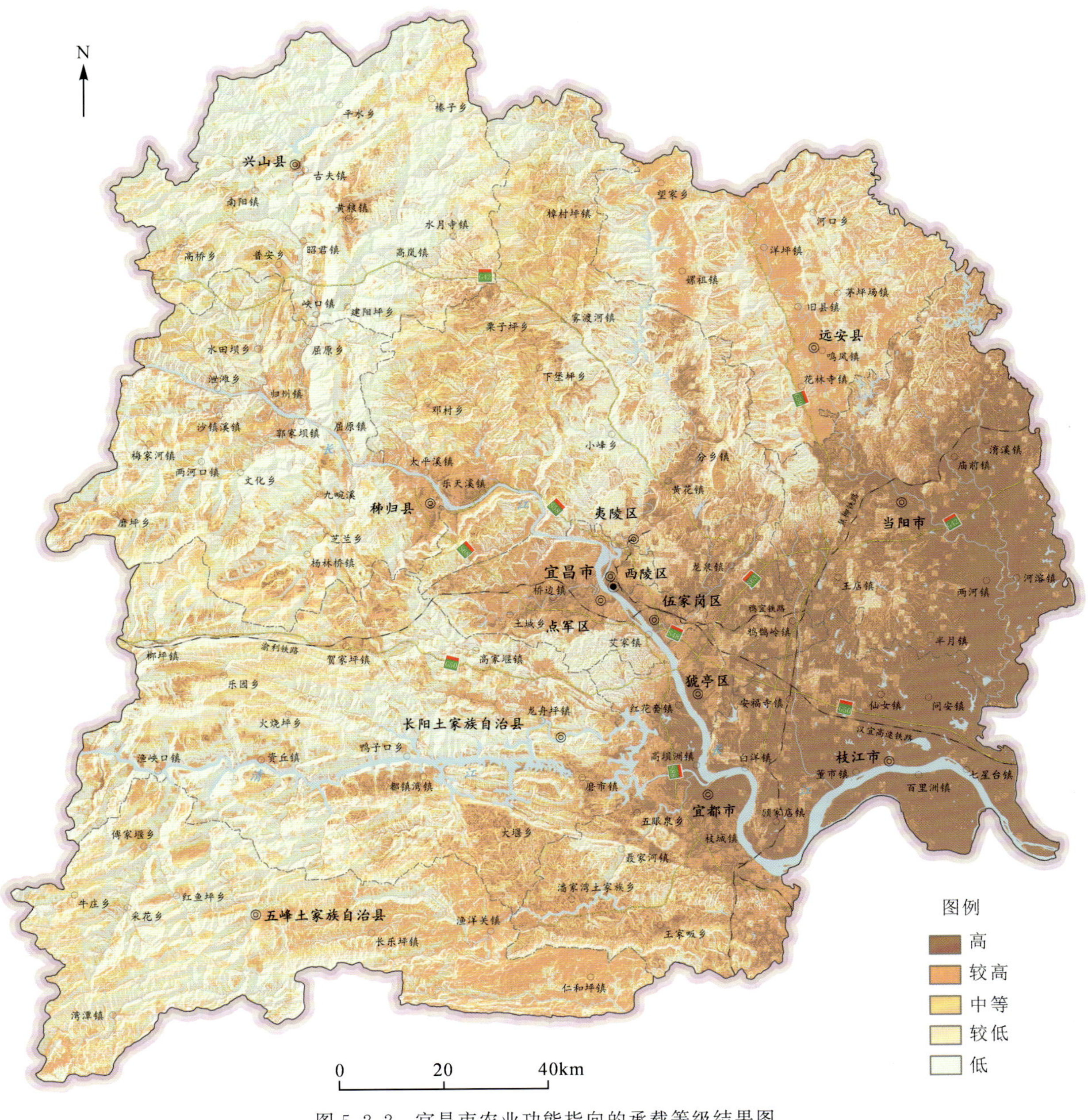

图 5.2.2　宜昌市农业功能指向的承载等级结果图

表 5.2.10　宜昌市农业功能指向的承载等级结果汇总表

区(县、市)	低		较低		中等		较高		高		合计面积/km²
	面积/km²	比例/%	面积/km²	比例/%	面积/km²	比例/%	面积/km²	比例/%	面积/km²	比例/%	
西陵区	8.98	11.73	12.11	15.82	—	—	35.92	46.92	19.55	25.54	76.56
伍家岗区	1.73	2.09	2.19	2.65	—	—	38.78	46.88	40.02	48.38	82.72
点军区	127.91	24.53	—	—	39.95	7.66	266.36	51.09	87.14	16.71	521.36
猇亭区	1.68	1.38	1.78	1.46	—	—	50.42	41.35	68.05	55.81	121.93
夷陵区	918.46	26.87	455.53	13.32	604.99	17.70	992.27	29.02	447.46	13.09	3 418.71
远安县	415.69	23.86	466.57	26.78	63.58	3.65	796.60	45.72	0.03	0.00	1 742.47
兴山县	1 406.73	60.69	372.36	16.07	301.45	13.01	206.30	8.90	30.96	1.34	2 317.80
秭归县	1 127.10	49.51	119.07	5.23	549.84	24.15	419.76	18.44	60.61	2.66	2 276.38
长阳县	1 511.27	44.25	263.53	7.72	827.82	24.24	661.05	19.36	151.44	4.43	3 415.11
五峰县	910.07	38.31	303.65	12.78	626.96	26.39	535.09	22.52	—	—	2 375.77
宜都市	193.37	14.32	1.14	0.08	242.91	17.99	520.43	38.55	392.15	29.05	1 350.00
当阳市	54.98	2.56	194.40	9.06	—	—	562.12	26.20	1 334.25	62.18	2 145.75
枝江市	4.43	0.32	34.74	2.52	—	—	210.62	15.30	1 126.82	81.85	1 376.61
总计	6 682.40	31.49	2 227.07	10.49	3 257.50	15.35	5 295.72	24.95	3 758.48	17.72	21 221.17

3)城镇建设功能指向的承载能力评价

宜昌市城镇建设承载等级以低等级为主,土地面积约为 11781.65 km²,占总面积的 55.52%,集中分布于西部高山区的兴山县、秭归县、长阳土家族自治县和五峰土家族自治县;其它各等级土地面积大致相同,均占总面积的 10%左右,较低和中等等级土地在西部山区零散分布,较高和高等级土地集中分布于中部丘陵—东部平原区。城镇功能承载能力为高等级的区域面积为 2 237.13km²,与《宜昌市环境总体规划》划定的建设用地底线面积(1 359.2km²)相差为 877.93km²。

表 5.2.11　宜昌市城镇功能指向的承载等级结果汇总表

区(县、市)	低		较低		中等		较高		高		合计面积/km²
	面积/km²	比例/%	面积/km²	比例/%	面积/km²	比例/%	面积/km²	比例/%	面积/km²	比例/%	
西陵区	10.00	13.06	7.07	9.23	18.73	24.46	30.41	39.72	10.35	13.52	76.56
伍家岗区	0.72	0.87	3.51	4.24	17.69	21.39	38.99	47.13	21.81	26.37	82.72
点军区	183.54	35.20	85.80	16.46	116.15	22.28	115.68	22.19	20.19	3.87	521.36
猇亭区	1.23	1.01	3.39	2.78	21.24	17.42	58.12	47.67	37.95	31.12	121.93
夷陵区	1895.30	55.44	500.90	14.65	404.06	11.82	456.94	13.37	161.51	4.72	3418.71
远安县	741.75	42.57	326.66	18.75	312.44	17.93	276.71	15.88	84.91	4.87	1742.47
兴山县	2049.91	88.44	171.87	7.42	73.68	3.18	21.96	0.95	0.38	0.02	2317.80
秭归县	1856.34	81.55	262.41	11.53	123.84	5.44	33.73	1.48	0.06	0.00	2276.38
长阳县	2452.04	71.80	436.57	12.78	314.15	9.20	189.56	5.55	22.79	0.67	3415.11

续表 5.2.11

区(县、市)	低		较低		中等		较高		高		合计面积/km²
	面积/km²	比例/%	面积/km²	比例/%	面积/km²	比例/%	面积/km²	比例/%	面积/km²	比例/%	
五峰县	1988.26	83.69	242.00	10.19	116.39	4.90	28.99	1.22	0.13	0.01	2375.77
宜都市	508.67	37.68	217.56	16.12	266.38	19.73	218.45	16.18	138.94	10.29	1350.00
当阳市	90.36	4.21	121.23	5.65	293.03	13.66	799.64	37.27	841.49	39.22	2145.75
枝江市	3.53	0.26	7.77	0.56	46.60	3.39	422.09	30.66	896.62	65.13	1376.61
总计	11 781.65	55.52	2 386.74	11.25	2 124.38	10.01	2 691.27	12.68	2 237.13	10.54	21 221.17

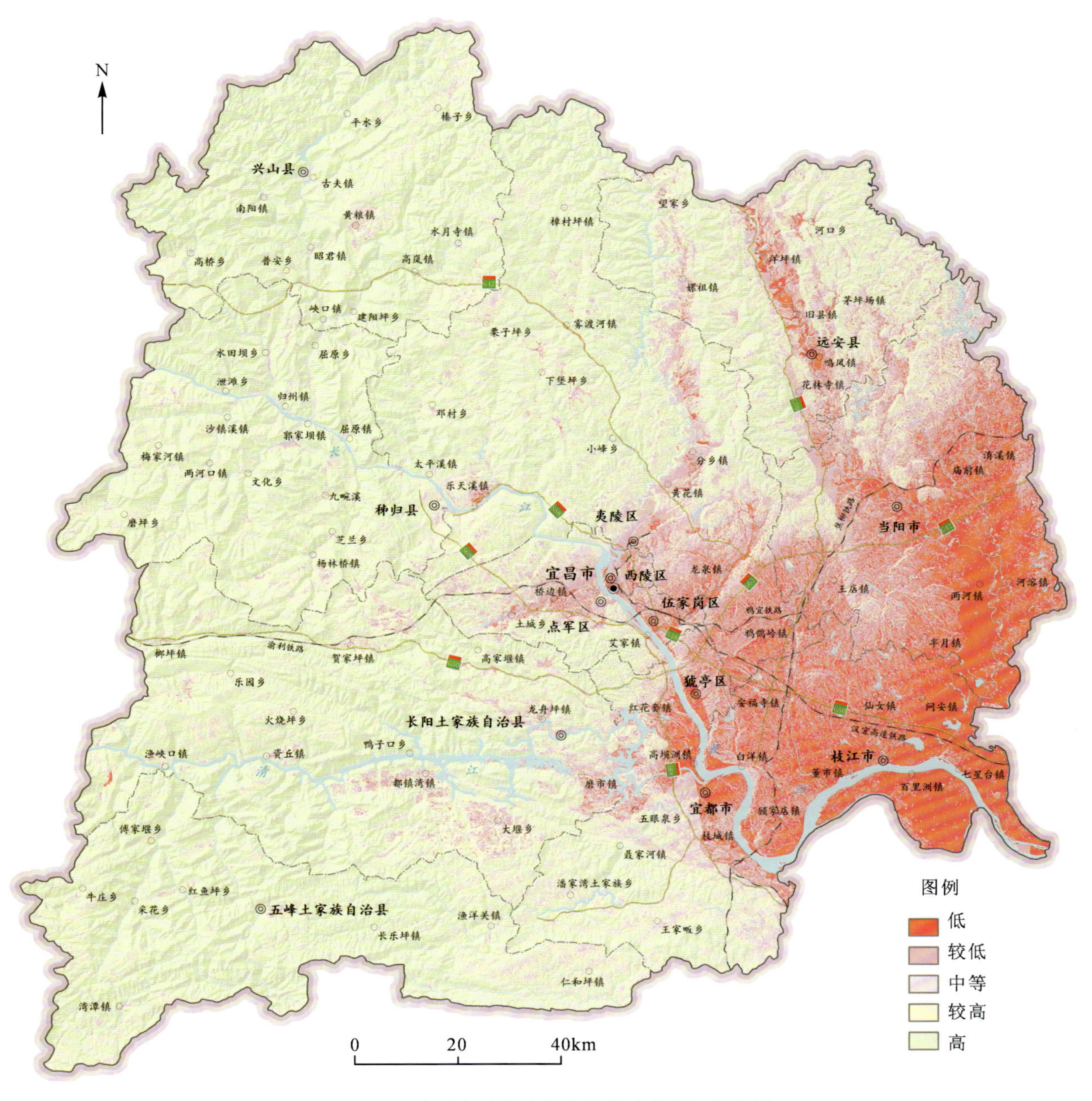

图 5.2.3 宜昌市城镇功能指向的承载等级结果图

二、国土空间开发适宜性评价

1. 评价指标分级及权重计算

1)生态保护重要性评价

根据生态保护重要性等级评价结果,扣除水域面积后,确定生态保护极重要区、重要区的备选区域。将生态保护重要性等级高(Ⅴ)的空间单元,作为生态保护极重要区的备选区域;将生态保护重要性较高(Ⅳ)、中等(Ⅲ)、较低(Ⅱ)的空间单元,作为生态保护重要区的备选区域;将生态保护重要性等级为低(Ⅰ)的空间单元,直接划定为生态保护一般区。通过将邻近的图斑聚合为相对完整连片的地块,分别对生态保护极重要备选区和重要备选区进行聚合操作,聚合距离采用90m,根据斑块集中度评价分级参考阈值将斑块集中度分为低、较低、一般、较高、高5个等级。按照斑块集中度与生态保护重要性参考判别矩阵,进一步确定生态保护极重要区、重要区和一般区(表5.2.12、表5.2.13)。

表5.2.12 生态斑块集中度评价分级参考阈值

斑块面积/km^2	<0.25	0.25~0.5	0.5~1.0	1~2	≥2
斑块集中度	低	较低	一般	较高	高

表5.2.13 生态斑块集中度和生态保护等级分区参考判别矩阵

生态保护承载等级		生态斑块集中度				
		高	较高	一般	较低	低
生态保护重要性	高	极重要	极重要	极重要	重要	重要
	较高	极重要	重要	重要	重要	一般
	中等	重要	重要	重要	重要	一般
	较低	重要	重要	重要	一般	一般
	低	一般	一般	一般	一般	一般

2)农业生产适宜性评价

将农业生产承载力等级结果为适宜、较适宜的区域作为农业生产适宜备选区,将适宜、较适宜、一般适宜的区域作为农业生产一般适宜区备选区,选择适宜区和一般适宜区的备选区域,聚合距离采用90m,对图斑聚合操作,然后计算地块面积,地块连片度按表5.2.13分级。基于地块连片度和初判农业生产适宜性等级,利用矩阵组合法,确定农业生产适宜性等级,将结果中土地利用现状为建设用地的,直接划为不适宜区(表5.2.14),得到农业生产适宜性的适宜区、较适宜区、一般适宜区、较不适宜区和不适宜区(李艳平,2020)。

表 5.2.14　农业生产适宜性分区参考判别矩阵

初判农业生产适宜性等级	地块连片度				
	高	较高	一般	较低	低
适宜	适宜区	较适宜区	较适宜区	较适宜区	较适宜区
较适宜	较适宜区	较适宜区	一般适宜区	一般适宜区	一般适宜区
一般适宜性	一般适宜区	一般适宜区	一般适宜区	较不适宜区	较不适宜区
较不适宜	较不适宜区	较不适宜区	较不适宜区	较不适宜区	较不适宜区
不适宜	不适宜区	不适宜区	不适宜区	不适宜区	不适宜区

3)城镇建设适宜性评价

对于区位优势度低的区域，将城镇建设承载力等级结果直接划分为不适宜区；对区位优势度为较低的区域，结果下调一级；对区位优势度为高的区域，结果中的较适宜区、一般适宜区和较不适宜区上调一级。将区位优势度修正过的适宜和较适宜的区域作为城镇建设适宜备选区，适宜、较适宜、一般适宜的区域作为城镇建设一般适宜区备选区，选择适宜区和一般适宜区的备选区域，聚合距离采用 90m，对图斑聚合操作，然后计算地块面积，地块集中度分级。基于地块集中度和初判城镇建设适宜性等级，利用矩阵组合法确定城镇建设适宜性等级，将结果中土地利用现状为耕地的，直接划为不适宜区(表 5.2.15)，得到城镇建设适宜性的适宜区、较适宜区、一般适宜区、较不适宜区和不适宜区(李艳平，2020)。

表 5.2.15　城镇建设适宜性分区参考判别矩阵

初判城镇建设适宜性等级	地块集中度				
	高	较高	一般	较低	低
适宜	适宜区	较适宜区	较适宜区	较适宜区	较适宜区
较适宜	较适宜区	较适宜区	一般适宜区	一般适宜区	一般适宜区
一般适宜性	一般适宜区	一般适宜区	一般适宜区	较不适宜区	较不适宜区
较不适宜	较不适宜区	较不适宜区	较不适宜区	较不适宜区	较不适宜区
不适宜	不适宜区	不适宜区	不适宜区	不适宜区	不适宜区

4)国土空间开发适宜性评价

(1)生态保护重要性评价。宜昌市生态保护极重要区面积为 4 552.95km^2，占总面积的 21.45%，集中分布于西部高山区的五峰土家族自治县、长阳土家族自治县、兴山县等地；重要区面积为 13 315.89km^2，占总面积的 62.75%，集中分布于中部的丘陵区；一般区面积为 3 352.33km2，占总面积的 15.80%，在东部平原区的枝江市、当阳市和长江沿岸均有分布(图 5.2.4，表 5.2.16)。

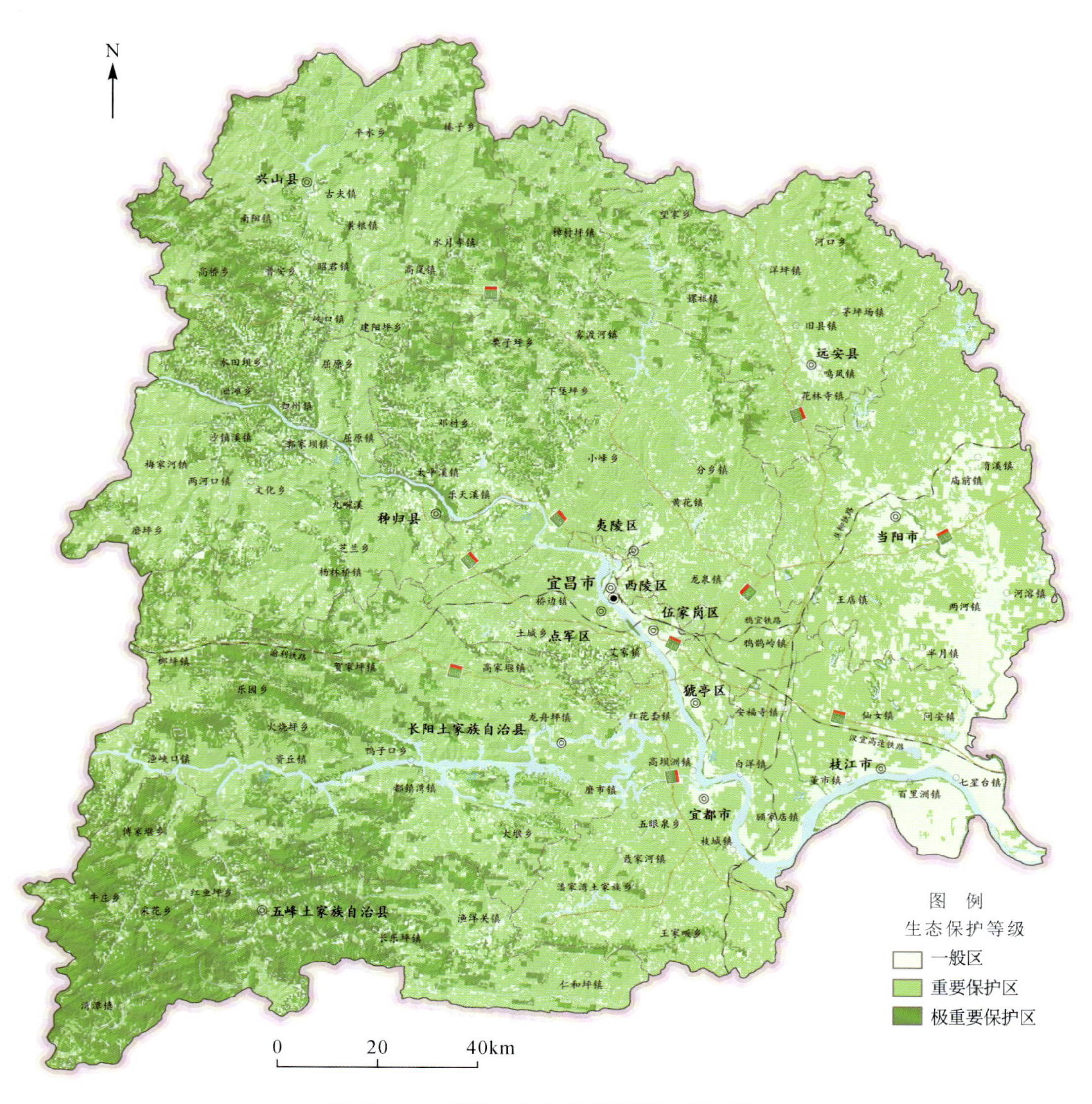

图 5.2.4 宜昌市生态保护重要性等级图

表 5.2.16 宜昌市各区(县、市)生态保护等级评价结果汇总表

区(县、市)	一般		重要		极重要		合计面积/km²
	面积/km²	比例/%	面积/km²	比例/%	面积/km²	比例/%	
西陵区	27.95	36.51	45.34	59.22	3.27	4.27	76.56
伍家岗区	38.13	46.09	44.44	53.73	0.15	0.18	82.72
点军区	80.51	15.44	406.77	78.02	34.08	6.54	521.36
猇亭区	39.26	32.19	80.02	65.63	2.65	2.18	121.93
夷陵区	448.69	13.12	2 353.29	68.84	616.73	18.04	3 418.71
远安县	230.72	13.24	1 358.57	77.97	153.18	8.79	1 742.47
兴山县	214.06	9.24	1 459.01	62.95	644.73	27.82	2 317.80
秭归县	306.38	13.46	1 419.72	62.37	550.29	24.17	2 276.38
长阳县	335.14	9.81	2 088.05	61.14	991.92	29.05	3 415.11
五峰县	192.98	8.12	760.68	32.02	1 422.10	59.86	2 375.77

续表 5.2.16

区(县、市)	一般		重要		极重要		合计面积/km²
	面积/km²	比例/%	面积/km²	比例/%	面积/km²	比例/%	
宜都市	210.28	15.58	1 062.99	78.74	76.73	5.68	1 350.00
当阳市	713.23	33.24	1 409.28	65.68	23.24	1.08	2 145.75
枝江市	515.01	37.41	827.72	60.13	33.88	2.46	1 376.61
总计	3 352.33	15.80	13 315.89	62.75	4 552.95	21.45	21 221.17

(2)农业生产适宜性评价。对农业适宜性评价结果按区(县、市)统计,结果见表 5.2.17。由表 5.2.17、图 5.2.5 可知,自然地形条件是适宜性评价的主导因素,其他各项指标则主要体现在细节之处。适宜等级的土地面积为 3 411.62 km²,占总面积的 16.08%,空间分布比较集中,其中东部平原区的当阳市和枝江市适宜土地最多,主要是因为这些地区地势平坦、水资源丰富,非常适宜农业生产。较适宜等级的土地面积为 4 603.63 km²,占总面积的 21.69%,主要分布在远安地堑、长江沿岸等地势较平坦的地区。一般适宜等级的土地面积为 3 603.88 km²,占总面积的 16.98%,在各区县均有零散分布,这些地区各项指标评价都为中等水平,农业生产条件一般。较不适宜等级的土地面积为 2 417.00 km²,占总面积的 11.39%,在各区县零散分布。不适宜等级的土地面积为 7 185.04 km²,占总面积的 33.86%,在西部山区和中东部城区位置均有分布,兴山县、秭归县、长阳县和五峰县,这些地区地势高、无水源保证,西陵区、伍家岗区、猇亭区等城区位置,为建设用地,均不适宜农业生产的开展。

表 5.2.17 宜昌市农业生产适宜性等级评价结果汇总表

区(县、市)	适宜		较适宜		一般适宜		较不适宜		不适宜	
	面积/km²	比例/%	面积/km²	比例/%	面积/km²	比例/%	面积/km²	比例/%	面积/km²	比例/%
西陵区	5.76	7.52	15.56	20.32	1.45	1.89	7.23	9.44	46.56	60.82
伍家岗区	13.63	16.48	21.48	25.97	1.56	1.89	2.11	2.55	43.94	53.12
点军区	81.37	15.61	242.04	46.42	59.16	11.35	0.65	0.12	138.14	26.50
猇亭区	43.11	35.36	37.42	30.69	1.54	1.26	1.67	1.37	38.19	31.32
夷陵区	410.73	12.01	843.75	24.68	731.08	21.38	463.26	13.55	969.89	28.37
远安县	0.02	0.00	768.52	44.11	71.81	4.12	468.52	26.89	433.60	24.88
兴山县	23.06	0.99	139.00	6.00	321.89	13.89	417.28	18.00	1 416.57	61.12
秭归县	46.67	2.05	330.56	14.52	612.56	26.91	143.16	6.29	1 143.43	50.23
长阳县	137.31	4.02	542.74	15.89	896.54	26.25	315.45	9.24	1 523.07	44.60
五峰县	0.00	0.00	476.74	20.07	598.47	25.19	369.75	15.56	930.81	39.18
宜都市	355.67	26.35	470.00	34.81	282.70	20.94	2.19	0.16	239.44	17.74
当阳市	1 281.97	59.74	525.42	24.49	22.41	1.04	192.65	8.98	123.30	5.75
枝江市	1 012.32	73.54	190.40	13.83	2.71	0.20	33.08	2.40	138.10	10.03
总计	3 411.62	16.08	4 603.63	21.69	3 603.88	16.98	2 417.00	11.39	7 185.04	33.86

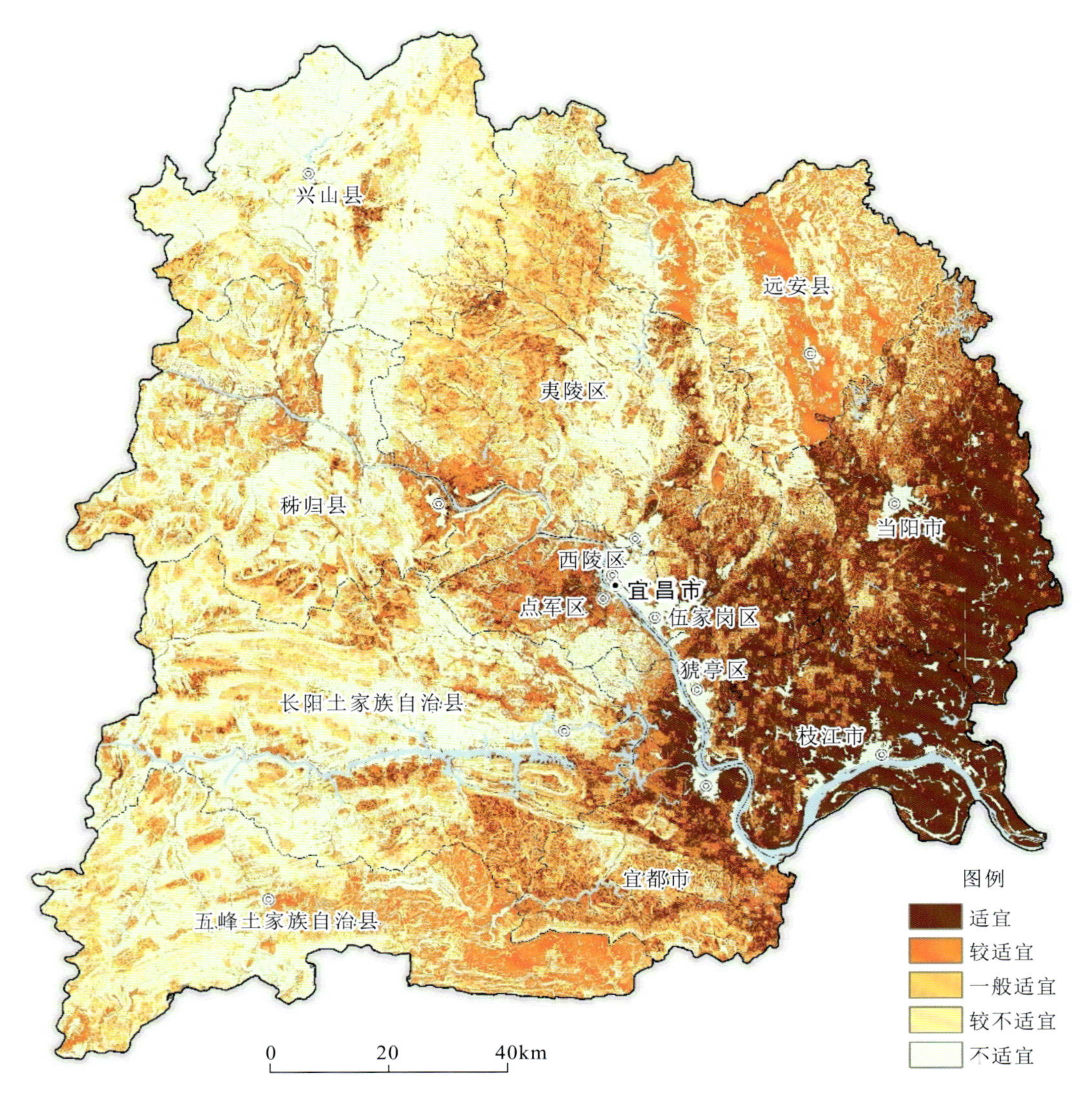

图 5.2.5　宜昌市农业生产适宜性等级图

(3)城镇建设适宜性评价。对城镇建设适宜性评价结果按区(县、市)统计,结果见表 5.2.18。由表 5.2.18、图 5.2.6 可知,宜昌市适宜等级的土地较少,面积为 748.29 km^2,占总面积的 3.53%,集中分布在东部平原区、长江沿岸的枝江市南部、宜都市北部等地,这些地区地势平坦、交通发达。较适宜等级的土地面积为 1 731.60 km^2,占总面积的 8.16%,主要分布在东部平原一中部丘陵区的远安地堑、夷陵区东南部、伍家岗区、西陵区、点军区等地。一般适宜等级的土地面积为 1 738.46 k^{m2},占总面积的 8.19%,在中部丘陵区零散分布。较不适宜等级的土地面积为 2 135.99 km^2,占总面积的 10.16%,在西部山区一中部丘陵区零星分布。不适宜等级的土地最多,面积为 14 866.83 km^2,占总面积的 70.06%,在西部山区、东部平原区大面积分布,西部山区地势高、交通欠发达,东部的当阳市有大量耕地,均不适宜城镇建设。

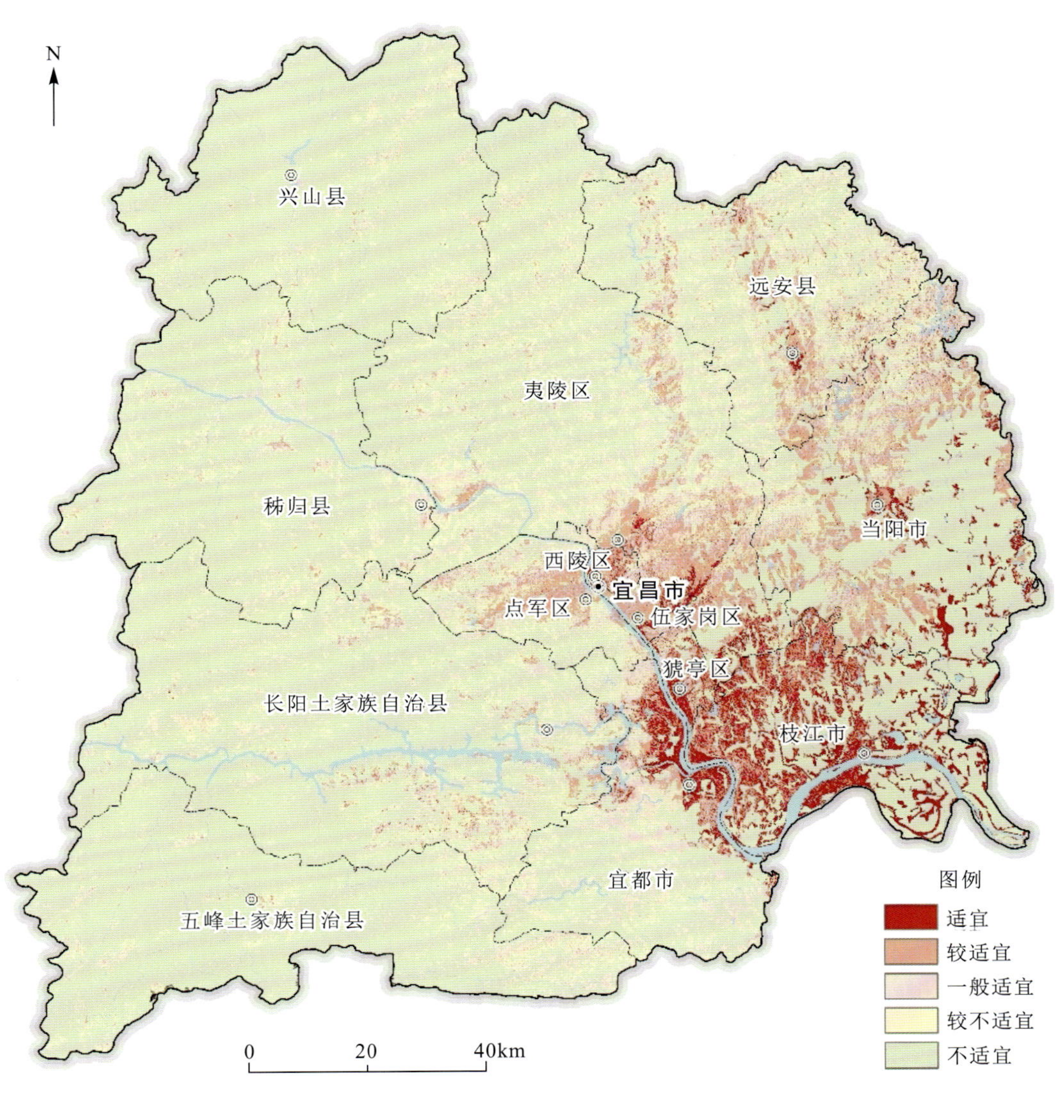

图 5.2.6 宜昌市城镇建设适宜性等级图

表 5.2.18 宜昌市城镇建设适宜性等级评价结果汇总表

区(县、市)	适宜		较适宜		一般适宜		较不适宜		不适宜	
	面积/km^2	比例/%	面积/km^2	比例/%	面积/km^2	比例/%	面积/km^2	比例/%	面积/km^2	比例/%
西陵区	10.05	13.13	28.92	37.77	20.47	26.74	7.12	9.30	10.00	13.06
伍家岗区	10.07	12.17	48.86	59.07	19.39	23.44	3.69	4.46	0.71	0.86
点军区	1.73	0.33	121.56	23.32	108.41	20.79	94.79	18.18	194.87	37.38
猇亭区	31.17	25.56	44.21	36.26	21.09	17.30	3.37	2.76	22.09	18.12
夷陵区	52.30	1.53	347.36	10.16	354.45	10.37	510.97	14.95	2 153.63	63.00
远安县	19.70	1.13	185.50	10.65	249.95	14.34	300.38	17.24	986.94	56.64

续表 5.2.18

区(县、市)	适宜		较适宜		一般适宜		较不适宜		不适宜	
	面积/km²	比例/%	面积/km²	比例/%	面积/km²	比例/%	面积/km²	比例/%	面积/km²	比例/%
兴山县	0.09	0.00	8.25	0.36	52.92	2.28	151.06	6.52	2 105.48	90.84
秭归县	0	0	19.55	0.86	95.06	4.18	209.74	9.21	1 952.03	85.75
长阳县	4.01	0.12	126.57	3.71	231.33	6.77	373.31	10.93	2 679.89	78.47
五峰县	0.13	0.01	12.38	0.52	89.53	3.77	199.35	8.39	2074.38	87.31
宜都市	105.29	7.80	117.56	8.71	194.49	14.41	157.53	11.67	775.13	57.42
当阳市	109.84	5.12	422.19	19.68	254.18	11.85	116.94	5.45	1 242.60	57.91
枝江市	403.91	29.34	248.69	18.07	47.19	3.43	7.74	0.56	669.08	48.60
总计	748.29	3.53	1 731.60	8.16	1 738.46	8.19	2 135.99	10.07	14 866.83	70.06

第三节　远安县资源环境承载能力与国土空间适宜性评价

一、资源环境承载能力评价

1. 数据来源与选取

灾害评价采用了中国地质调查局武汉地质调查中心《湖北省远安县地质灾害详细调查》成果及报告;其他基础数据由于公开化程度很低,获取难度较大,采用与宜昌市双评价相同的数据。

2. 评价模型及指标选取

远安县地处鄂西山地向江汉平原的过渡地带,县域内共发育以滑坡为主的地质灾害体 285 处,是湖北省地质灾害高发区,因此远安县双评价着重进行了灾害评价,其他评价模型及指标与宜昌市双评价大致相同。在远安县地质灾害详细调查和资料收集的基础上,利用 ArcGIS 与信息量模型、专家打分模型相结合的方法,分析了远安县地质灾害的易发性、危险性、易损性的评价因子及权重,在此基础上开展了远安县县域尺度的地质灾害风险分区评价。

3. 评价指标分级及权重计算

灾害危险性评价分级如下:

1)易发性评价

通过对远安县 1∶5 万地质灾害详细调查成果资料的分析,以及对典型地质灾害点勘查成果的研究,选取斜坡几何形态、斜坡结构类型、工程岩组、地质构造、水文地质条件和人类工程活动六类指标因子用于信息量模型的评价,其中斜坡几何形态又包含了坡高和坡度两个评价因子。

利用 ArcGIS 的空间分析功能,选取栅格单元大小为 30m×30m,得到各因子的栅格图层,然后将各指标因子图与地质灾害分布图进行叠加分析,得到地质灾害在各因子分类中的分布状况。利用 ArcGIS

的重分类功能进行各因子栅格图层重分类，根据信息量值重新生成各因子的信息量图，最后利用 ArcGIS 的栅格计算功能完成信息量计算，计算结果如表 5.3.1 所示。

表 5.3.1　评价因子信息量计算结果表

类别	评价因子	分级指标	信息量计算				信息量排序
			S_j	N_j	N_{atj}	修改值	
斜坡几何形态	坡高 h/m	$h\leq 100$	1388	516 016	0.048 35	0.1	16
		$100<h\leq 500$	7781	1 165 068	0.957 77	0.22	13
		$500<h\leq 1000$	220	256 005	−1.092 71	−1.1	24
		$h>1000$	0	3658	−2.738 21	−3.0	27
	坡度 p/(°)	$p\leq 10$	1753	506 307	0.300 80	−0.3	19
		$10<p\leq 25$	6037	874 058	1.091 38	1	6
		$25<p\leq 35$	1028	362 688	0.100 69	0.2	14
		$p>35$	571	197 696	0.119 52	0.12	15
斜坡结构类型		近水平	811	178 495	0.572 57	0.5	12
		顺向坡	750	174 052	0.519 58	1.5	1
		横向坡	826	145 412	0.795 89	−0.7	23
		斜向坡	1674	326 990	0.691 91	0.7	10
		逆向坡	3382	641 978	0.720 53	−0.3	20
工程岩组		第四系松散岩土类	16	70 473	−2.423 78	0.6	11
		软硬相间碎屑岩类	8125	854 317	1.427 26	1.4	4
		坚硬碎屑岩类	183	336 176	−1.549 28	−1.6	26
		软硬相间碳酸盐岩类	514	276 392	0.920 73	1.2	5
		坚硬碳酸盐岩类	524	391 009	−0.648 38	−0.65	22
		较坚硬变质岩类	27	12 888	−0.201 60	−0.21	18
地质构造	断裂带影响	1km 之内	5324	967 681	0.765 20	0.8	8
		1km 之外	4065	973 068	0.488 58	−0.2	17
水文	与河(沟)谷的表面距离/m	<50,350～550	2003	276 501	0.439 05	1	7
		50～350	4002	333 215	1.244 63	1.5	2
		550～800	1236	224 371	0.763 94	0.8	9
		>800	2148	1 106 662	−0.277 95	−0.3	21
人类工程活动		强烈	7684	719 938	1.426 59	1.427	3
		一般	1705	1 221 677	−0.607 80	−1.5	25

注：S 为当前因子条件下发育地质灾害的单元个数；N_j 为当前因子的单元个数；N_{atj} 为当前因子的信息量。

通过对 27 种分级指标的计算结果的信息量大小进行排序，排在前 6 位的指标分别是：斜坡结构类型为顺向坡、与河谷的表面距离为 50～350m、强烈的人类工程活动、软硬相间碎屑岩类、软硬相间碳酸盐岩类、斜坡坡度 10°～25°。可以说这些指标因子对远安县地质灾害的形成发育起决定性的作用，是地质灾害形成的主要控制条件。

某一地区的信息量值越大，表明该地区发生滑坡的可能性越大。根据信息量计算结果，采用自然断点法将远安县地质灾害易发性划分为3级：高易发区、中易发区、低易发区，分区结果见表5.3.2。

表5.3.2 易发性分区结果

易发程度	信息量值 N_{at}	栅格单元个数/个	a/%	c	b/%	b/a
高易发区	1.9～4.264 59	310 374	27.39	12 847	59.74	2.181 1
中易发区	−0.1～1.9	624 454	55.11	4789	39.41	0.715 1
低易发区	−5.661 52～−0.1	198 325	17.50	26	0.85	0.048 6
合　计		1 133 153	100.00	17 662	100	2.944 8

注：a为该类易发分区等级的面积占远安县总面积的百分比；b为落在该易发分区等级内的灾害点占总灾害点数的百分比；c为落在该易发分区等级内的灾害点所占栅格总数；b/a为灾害实际发生的比率。

由表5.3.2可知，高易发区内包含了59.47%的已知地质灾害体、中易发区包含了39.41%的已知地质灾害体、低易发区中仅包含了0.85%的已知地质灾害体。通过信息量模型计算得到的各易发程度中包含的已知地质灾害数量随着易发程度的降低而减少，地质灾害实际发生的比率(b/a)同样随之减小，计算结果亦说明这种划分标准较为理想。

2)危险性评价

地质灾害危险性是指在某种诱发因素作用下，一定区域内某一时间段发生特定规模和类型地质灾害的概率。地质灾害危险性包含时间概率和空间概率两个因子。时间概率是指地质灾害受诱发因素的影响而发生的重现周期，空间概率是指受时间概率影响的区域地质灾害发生的概率，也就是危险性。降雨是远安县地质灾害的主要诱发因素，基于研究区范围与数据资料限制，以远安县平均年降雨量来作为地质灾害危险性评价的时间概率指标。

采用ArcGIS数据分析功能对远安县气象站获得的远安县县域范围1989—2019年的30年降雨数据进行分析，划分了3个等级，分别为年平均降雨量800～1000mm、1000～1200mm、大于1200mm，以此等级对应地质灾害危险性评价指标分级标准的低危险性、中危险性、高危险性。

将降雨危险性评价分级与易发性通过ArcGIS进行叠加处理，得到远安县地质灾害危险性分区，地质灾害危险性分区特征见表5.3.3。其中：低危险区位于远安县地堑内沮河沿岸，南襄村—旧县—慈化一带，占全县总面积的17.39%，发育地质灾害28处，平均灾害点密度为8.86处/100km^2；中危险区主要分布在远安县高峰—贾家山、蔡家沟—龙凤、紫山—汤家、朝阳—望山宫、狮子坪—李家台、肖家山—李家湾、鸣凤山—北门一带，占全县总面积的57.55%，发育灾点65处，平均灾害点密度6.44处/100km^2；高危险区主要分布在远安县神农—盐池河、真金—花庙冲、百井—余家畈、中南—台子、横岩坪—宝华、赵家河—两河一带，占全县总面积的25.06%，发育灾点192处，平均灾害点密度43.7处/100km^2。

表5.3.3 远安县危险性分区特征表

等级划分	面积/km^2	占全县面积比例/%	特征情况
低危险区	304.7	17.39	位于远安县地堑内沮河沿岸，南襄村—旧县—慈化一带，该区主要为地质灾害低易发区和不易发区，区内以滑坡为主，发育地质灾害28处，其中滑坡18处、不稳定斜坡5处、崩塌5处，平均灾害点密度为8.86处/100km^2

续表 5.3.3

等级划分	面积/km^2	占全县面积比例/%	特征情况
中危险区	1 008.31	57.55	主要分布在远安县高峰—贾家山、蔡家沟—龙凤、紫山—汤家、朝阳—望山宫、狮子坪—李家台、肖家山—李家湾、鸣凤山—北门一带，发育灾点 65 处，其中滑坡 54 处、泥石流 3 处、塌陷 8 处，平均灾害点密度 6.44 处/100km^2
高危险区	438.99	25.06	主要分布在远安县神农—盐池河、真金—花庙冲、百井—余家畈、中南—台子、横岩坪—宝华、赵家河—两河一带。发育灾点 192 处，其中滑坡 118 处，崩塌 55 处、泥石流 2 处、塌陷 3 处、不稳定斜坡 14 处，平均灾害点密度 43.7 处/100km^2

3)易损性评价

易损性是暴露于危险之中的某一特定对象的潜在损失程度(用 0～1 之间的无纲量系数表示)，是承灾体在面对特定强度地质灾害时抗灾能力的度量。易损性的定义表明易损性主要表现在致灾强度和承灾体抗灾能力。受限于人口、财产等相关的数据的精度，采用定性—半定量的方式进行易损性评价。

通过对资料数据的分析，选择了人口密度、经济总值、土地利用 3 类评价因子进行易损性评价，通过专家打分确定了各因子权重分别为 0.4、0.4、0.2。按易损程度对各评价因子划分为高、中、低 3 个等级，赋予各等级评价值分别为 3、2、1，作为后续易损性计算的依据，易损性评价分级标准见表 5.3.4。

表 5.3.4　远安县地质灾害易损性评价分级标准

评价因子	权重	高易损程度	中易损程度	低易损程度
		$M_{ig}=3$	$M_{iz}=2$	$M_{id}=1$
X 人口密度/(人·km^{-2})	0.4	>1000	500～1000	<500
Y 经济总值/(万元·km^{-2})	0.4	>5000	1000～5000	<1000
Z 土地利用	0.2	县城、乡镇、公路、铁路等	水系、采矿用地、水利设施、耕地等	山地、林地、草地等

以表 5.3.5 的易损性评价分级标准为依据，采用公式 $V=\sum M_{ij}\cdot N_i$ 进行计算，式中：$i=X$、Y、Z；$j=g$、z、d。

根据易损性计算值(V)，采用自然断点法将评价区划分为 3 个等级区，即高易损性区($2.2\leqslant V\leqslant 3$)、中易损性区($1.6\leqslant V<2.2$)、低易损性区($1\leqslant V<1.6$)。其中高易损区占研究区总面积的 6.57%，主要分布在鸣凤镇、旧县镇、洋坪镇、茅坪场镇等城镇区；中易损区主要分布在洋坪—花林寺一带及河口乡、嫘祖镇等人口活动相对密集的村落、采矿区等，占研究区总面积的 24.63%；低易损区分布于人口活动较少的林地、山地等区域，占研究区总面积的 68.8%，如表 5.3.5 所示。高易损区对应远安县人口密度最大、经济发展最活跃、工程活动强度最大的区域，评价成果与实际情况相符。

表 5.3.5　远安县易损性分区特征表

等级划分	面积/km^2	占全县面积比例/%	特征情况
高易损区	115	6.57	主要分布在鸣凤镇、旧县镇、洋坪镇、茅坪场镇等城镇经济较繁荣、人口较稠密的区域，以及主要交通线附近

续表 5.3.5

等级划分	面积/km^2	占全县面积比例/%	特征情况
中易损区	432	24.63	主要分布在洋坪—花林寺一带及河口乡、嫘祖镇等人口活动相对密集的村落、采矿区等
低易损区	1205	68.80	分布于人口活动较少的林地、山地等区域

4)风险评价

地质灾害风险可定义为危险性、易损性与承灾体三者的乘积，是在地质灾害危险评价和易损性评价的基础上，由危险性评价结果和易损性评价结果叠加得到。风险分区图是风险性评价结果的主要表达形式。

通过 ArcGIS 对远安县地质灾害危险性和易损性进行叠加分析，可得到远安县地质灾害风险指数，该指数代表了区域内发生地质灾害的风险程度，风险指数越高，地质灾害的风险就越高。

在远安县地质灾害详细调查成果的统计分析基础上，采用信息量模型与专家打分模型相结合的方法，对远安县地质灾害易发性、危险性以及易损性进行评价，形成远安县地质灾害风险区划。远安县共划分为 3 个风险区：高风险区、中风险区和低风险区(表 5.3.6)。

表 5.3.6　地质灾害风险性分级统计

风险分区	面积/km^2	占全区面积比例/%	灾害数量/个	占灾害总数比例/%
高风险区	69	3.98	27	9.47
中风险区	520	29.97	167	58.60
低风险区	1146	66.05	91	31.93

(1)高风险区面积为 69km^2，占远安县总面积的 3.98%，共分布地质灾害点 27 处，占灾害总数的 9.47%，主要分布于人口活动强烈的城镇与地质灾害高危险区重叠的区域，比如河口乡、茅坪场镇的乡镇区域，这些区域在极端降雨情况下易发生崩塌、滑坡、泥石流等地质灾害，灾害的风险程度大。

(2)中风险区面积为 520km^2，占远安县总面积的 29.97%，共分布地质灾害点 167 处，占灾害总数的 58.60%，主要分布于人口活动相对密集的村落、采矿区等与中危险区重叠的区域，部分区域地质构造发育，人类工程活动对地质环境破坏较多，灾害的风险程度较大。

(3)低风险区主要分布于人口活动较少的林地、山地等区域，总面积 1146km^2，占远安县总面积的 66.05%，共分布地质灾害点 91 处，占灾害总数的 31.93%。

(4)该评价结果与实际情况基本吻合。高、中风险区占全县总面积的 33.95%，面积 589km^2，区内 68.07%的已知地质灾害发生在高、中风险区内。实地调查结果表明，该类区域内断层较发育，地层主要为志留系、中三叠统、侏罗系、白垩系及第四系，工程地质条件差，岩体多为软弱岩体或者第四系松散堆积体，地质灾害点分布密度高。同时该类地区分布于集镇、社区和公路工程等周边，人口密度大，经济发展繁荣，工程建设活动强度大，灾害发生造成的损失大。

4. 资源环境承载能力评价

1)生态保护功能指向的承载能力评价

生态保护等级采用就高原则对生态系统服务功能重要性、生态敏感性进行集成，再通过生态斑块的集中度和生态廊道与生态系统景观格局进行修正，最后得到生态保护功能指向的承载等级，划分为高、较高、中等、较低、低5个等级。

评价结果表明，低等级区域面积为72.06km²，占总面积的4.14%；较低等级区域面积为351.46km²，占总面积的20.18%；中等级区域面积为612.35km²，占总面积的35.17%；较高等级区域面积为500.01km²，占总面积的28.71%；高等级区域面积为205.47km²，占总面积的11.80%（图5.3.1，表5.3.7）。

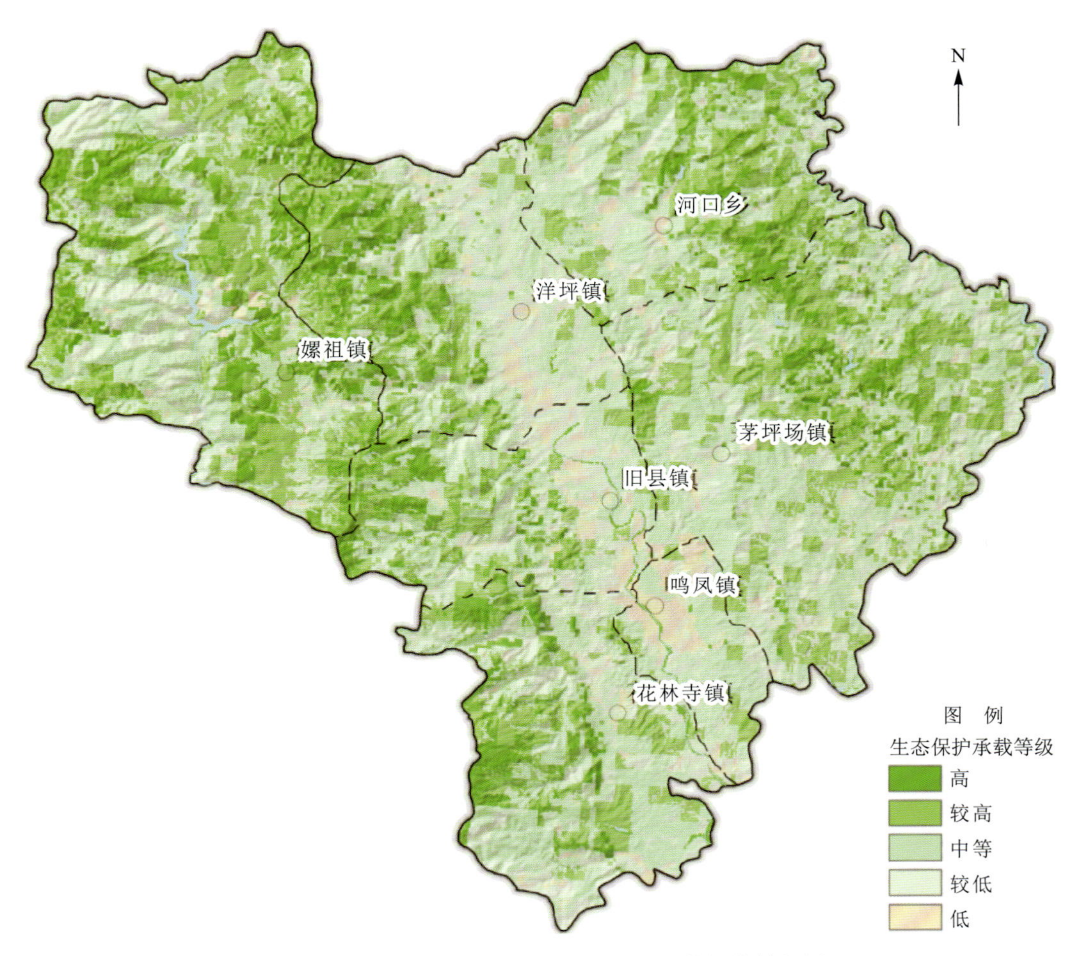

图5.3.1 远安县生态保护功能指向的承载评价等级图

表5.3.7 远安县各乡镇生态保护等级评价结果汇总表

乡镇	低		较低		中等		较高		高		合计面积/km²
	面积/km²	比例/%	面积/km²	比例/%	面积/km²	比例/%	面积/km²	比例/%	面积/km²	比例/%	
花林寺镇	6.95	3.06	52.59	23.16	83.53	36.79	57.39	25.27	26.62	11.72	227.07
鸣凤镇	17.32	24.44	15.88	22.41	28.84	40.72	7.70	10.86	1.11	1.56	70.83
旧县镇	12.64	7.43	41.01	24.10	56.19	33.02	39.95	23.48	20.36	11.97	170.15
茅坪场镇	10.62	2.44	87.08	20.04	173.79	39.99	135.00	31.07	28.05	6.46	434.54
洋坪镇	10.65	4.51	62.53	26.47	66.24	28.03	63.42	26.84	33.44	14.15	236.28

续表 5.3.7

乡镇	低		较低		中等		较高		高		合计面积/km²
	面积/km²	比例/%	面积/km²	比例/%	面积/km²	比例/%	面积/km²	比例/%	面积/km²	比例/%	
河口乡	6.65	2.91	35.34	15.46	87.25	38.16	73.06	31.96	26.33	11.52	228.63
嫘祖镇	7.25	1.94	57.04	15.26	116.51	31.16	123.49	33.03	69.57	18.61	373.85
总计	72.06	4.14	351.46	20.18	612.35	35.17	500.01	28.71	205.47	11.80	1 741.35

2)农业功能指向的承载能力评价

基于农业耕作条件、农业供水条件和光热条件，初步确定农业生产功能指向的承载等级。根据土壤环境容量、气象灾害风险对初步评价结果进行修正，计算得到农业功能指向的承载等级结果，划分为高、较高、中等、较低、低 5 个等级。

评价结果表明，农业承载能力为较高等级的区域面积为 778.92km²，占总面积的 44.81%；中等级的区域面积为 63.47km²，占总面积的 3.65%；较低等级的区域面积为 465.78km²，占总面积的 26.80%；低等级的区域面积为 430.01km²，占总面积的 24.74%(图 5.3.2，表 5.3.8)。

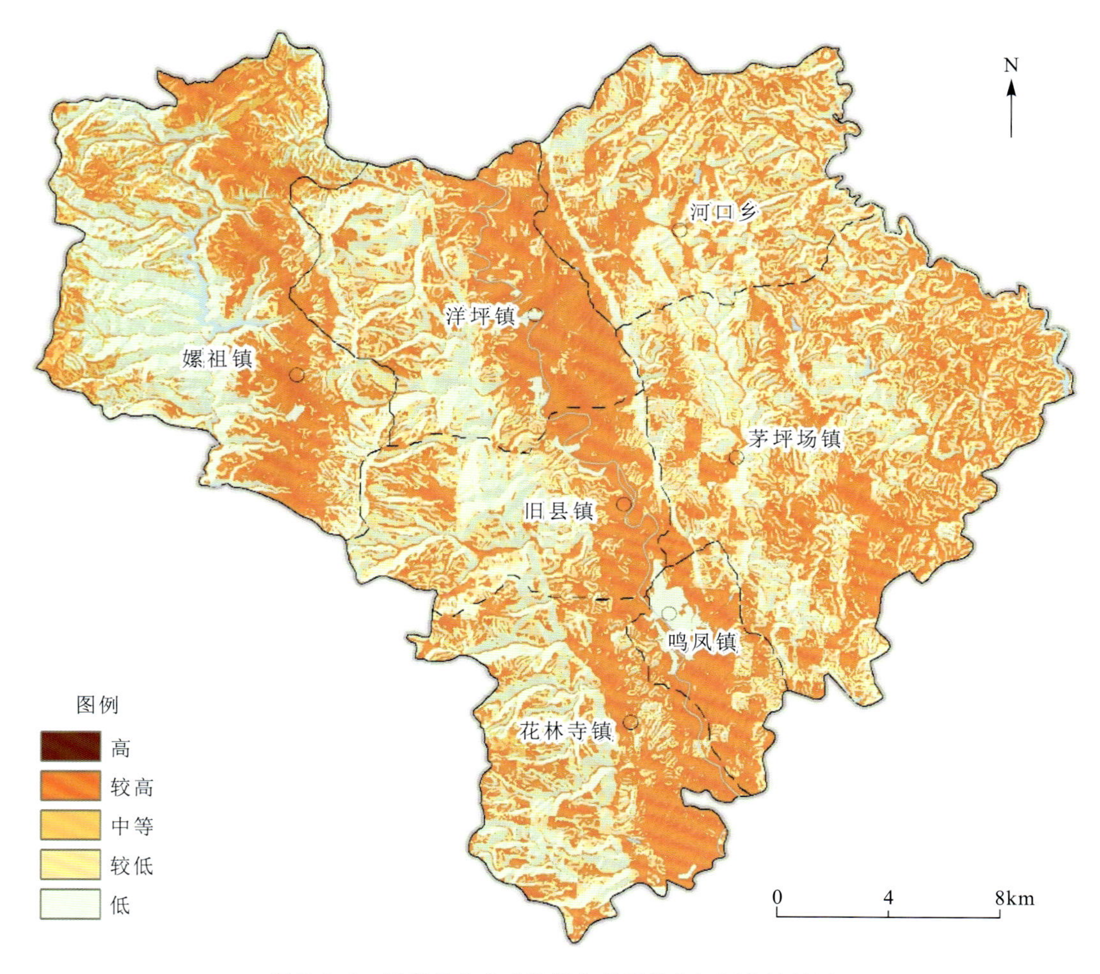

图 5.3.2 远安县农业功能指向的承载等级评价结果图

表 5.3.8 远安县农业功能指向承载等级评价结果汇总表

乡镇	低		较低		中等		较高	
	面积/km²	比例/%	面积/km²	比例/%	面积/km²	比例/%	面积/km²	比例/%
花林寺镇	54.16	23.86	61.42	27.06	2.07	0.91	109.32	48.17
鸣凤镇	12.02	16.96	12.96	18.30	0.00	0.00	45.85	64.73
旧县镇	45.63	26.82	51.52	30.28	0.00	0.00	72.97	42.89
茅坪场镇	81.01	18.69	156.70	36.15	0.00	0.00	195.70	45.15
洋坪镇	52.75	22.35	59.28	25.11	1.35	0.57	122.65	51.97
河口乡	46.14	20.28	87.17	38.31	0.00	0.00	94.22	41.41
嫘祖镇	138.31	37.05	36.73	9.84	60.04	16.09	138.20	37.02
合计	430.01	24.74	465.78	26.80	63.47	3.65	778.92	44.81

3)城镇建设功能指向的承载能力评价

基于城镇建设条件和城镇供水条件,初步确定城镇功能指向的承载等级。根据水环境容量、大气环境容量和地质灾害危险性对初步评价结果进行修正,计算得到城镇功能指向的承载等级结果,划分为高、较高、中等、较低、低5个等级。

评价结果表明,低等级区域面积为1 087.29km²,占总面积的62.48%;较低等级区域面积为249.40km²,占总面积的14.33%;中等级区域面积为212.40km²,占总面积的12.21%;较高等级区域面积为145.21km²,占总面积的8.34%;高等级区域面积为45.96km²,占总面积的2.64%(图5.3.3,表5.3.9)。

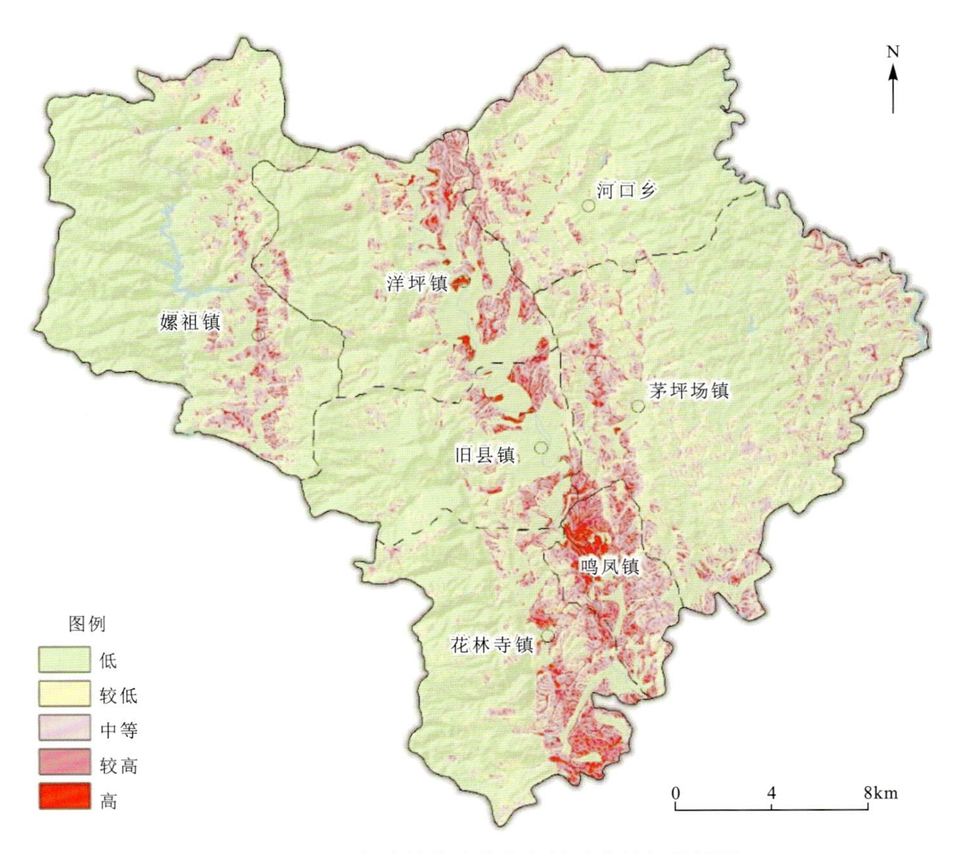

图 5.3.3 远安县城镇功能指向的承载等级结果图

表 5.3.9 远安县城镇功能指向承载等级结果汇总表

乡镇	低		较低		中等		较高		高	
	面积/km²	比例/%	面积/km²	比例/%	面积/km²	比例/%	面积/km²	比例/%	面积/km²	比例/%
花林寺镇	133.00	58.59	31.05	13.68	27.40	12.07	26.49	11.67	9.05	3.99
鸣凤镇	13.17	18.60	6.32	8.92	16.05	22.66	23.17	32.71	12.12	17.11
旧县镇	118.56	69.69	18.95	11.14	15.30	8.99	12.23	7.19	5.09	2.99
茅坪场镇	232.04	53.46	93.15	21.46	70.00	16.13	32.39	7.46	6.46	1.49
洋坪镇	150.55	63.72	25.89	10.96	28.00	11.85	23.52	9.96	8.29	3.51
河口乡	161.24	70.62	34.46	15.09	20.66	9.05	10.12	4.43	1.85	0.81
嫘祖镇	278.73	74.58	39.59	10.59	35.00	9.37	17.30	4.63	3.09	0.83
合计	1 087.29	62.48	249.40	14.33	212.40	12.21	145.21	8.34	45.96	2.64

二、国土空间开发适宜性评价

1. 生态保护重要性评价

将生态保护重要性等级高的空间单元，作为生态保护极重要区的备选区域；将生态保护重要性较高、中等、较低的空间单元，作为生态保护重要区的备选区域；将生态保护重要性等级为低的空间单元，直接划定为生态保护一般区。对生态保护极重要备选区和重要备选区进行聚合操作，根据斑块集中度评价分级参考阈值将斑块集中度分为低、较低、一般、较高、高 5 个等级。按照斑块集中度与生态保护重要性参考判别矩阵，进一步确定生态保护极重要区、重要区和一般区。

评价结果表明，一般区面积为 230.45km²，占总面积的 13.27%；重要区面积为 1 353.19km²，占总面积的 77.92%；极重要区面积为 153.07km²，占总面积的 8.81%（表 5.3.10，图 5.3.4）。

表 5.3.10 远安县各区县生态保护等级评价结果汇总表

乡镇	一般		重要		极重要		合计面积/km²
	面积/km²	比例/%	面积/km²	比例/%	面积/km²	比例/%	
花林寺镇	25.22	11.11	183.55	80.88	18.18	8.01	226.95
鸣凤镇	22.33	31.54	48.48	68.46	0	0	70.81
旧县镇	28.39	16.69	130.1	76.47	11.65	6.85	170.14
茅坪场镇	54.97	12.69	364.27	84.11	13.85	3.2	433.1
洋坪镇	32.79	13.88	175.35	74.21	28.13	11.91	236.27
河口乡	26.18	11.46	182.85	80.03	19.43	8.5	228.46
嫘祖镇	40.56	10.93	268.59	72.4	61.82	16.66	370.97
总计	230.45	13.27	1 353.19	77.92	153.07	8.81	1 736.71

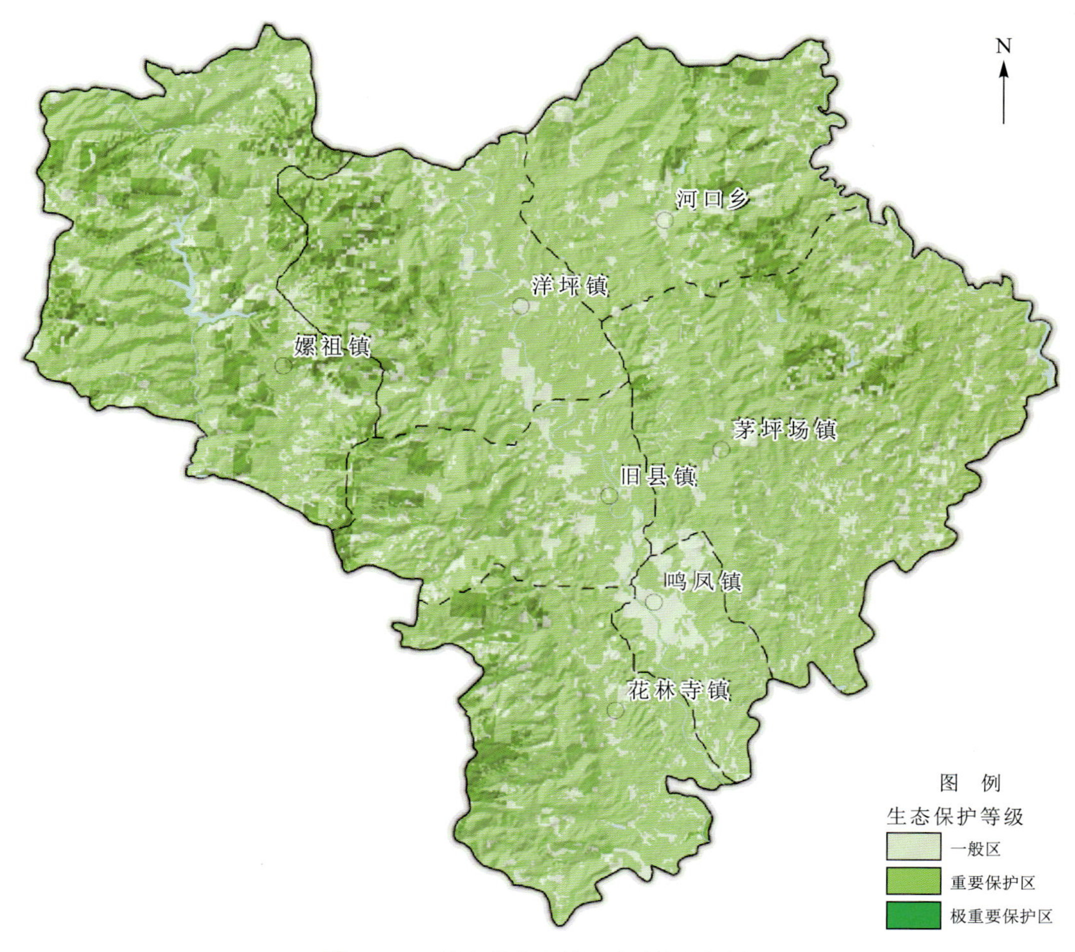

图 5.3.4 远安县生态保护重要性等级图

2. 农业生产适宜性评价

将农业生产承载等级高、较高的空间单元，作为农业生产适宜区的备选区域；将农业生产承载等级较高、中等、较低的空间单元，作为农业生产一般适宜区的备选区域；将农业生产承载等级低的空间单元，直接划定为农业生产不适宜区。根据地块连片度初步确定农业生产适宜性等级，按照农业生产承载等级与地块连片度判别矩阵，进一步划分农业生产适宜区、一般适宜区和不适宜区（李艳平，2020）。

评价结果表明，不适宜等级的区域面积为 701.42km^2，占总面积的 40.35%；一般适宜等级的区域面积为 268.55km^2，占总面积的 15.45%；适宜等级的区域面积为 768.20km^2，占总面积的 44.20%（图 5.3.5，表 5.3.11）。

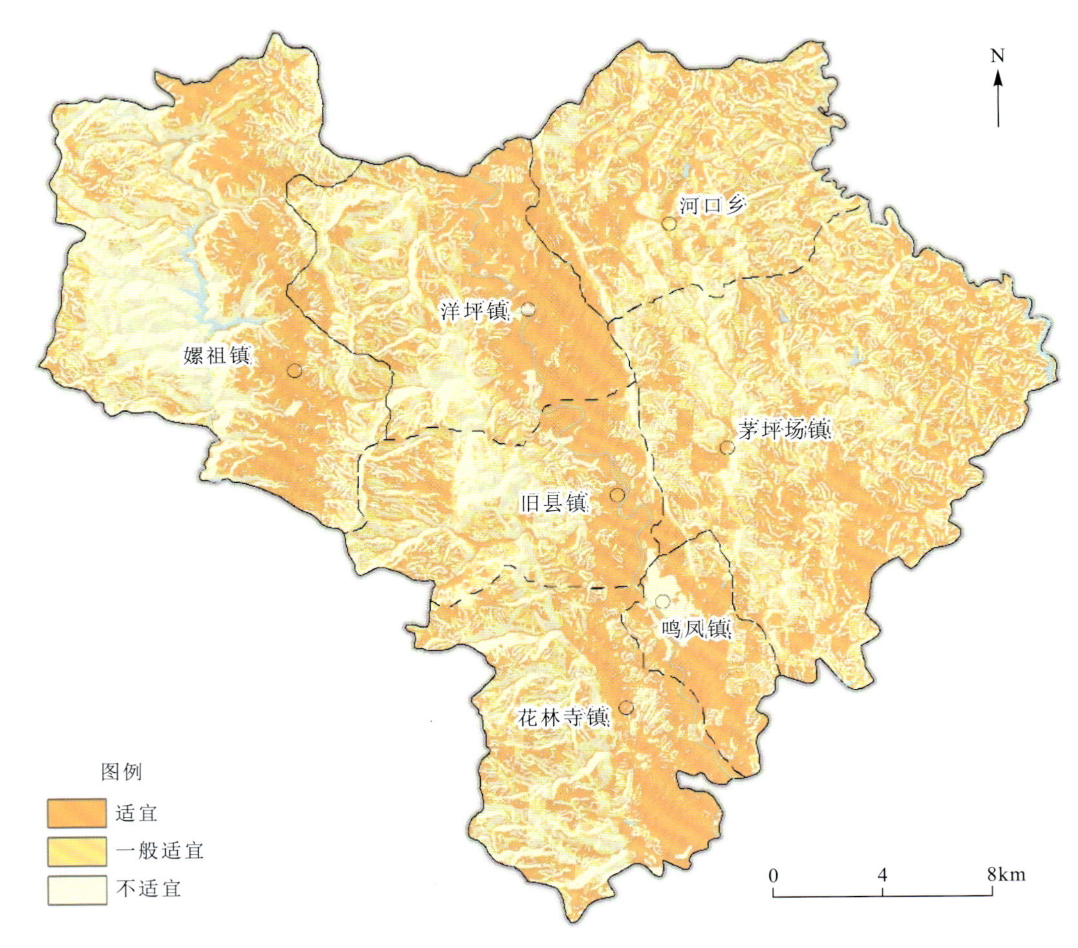

图 5.3.5 远安县农业生产适宜性等级图

表 5.3.11 远安县农业生产适宜性等级结果汇总表

乡镇	不适宜		一般适宜		适宜		合计面积/km^2
	面积/km^2	比例/%	面积/km^2	比例/%	面积/km^2	比例/%	
花林寺镇	87.07	38.36	31.76	13.99	108.14	47.65	226.98
鸣凤镇	21.17	29.89	3.83	5.41	45.83	64.70	70.83
旧县镇	69.77	41.01	28.48	16.74	71.87	42.25	170.13
茅坪场镇	171.71	39.62	68.02	15.69	193.67	44.69	433.40
洋坪镇	80.77	34.22	34.34	14.55	120.92	51.23	236.02
河口乡	84.54	37.16	49.51	21.76	93.48	41.09	227.53
嫘祖镇	186.39	49.93	52.61	14.09	134.28	35.97	373.28
总计	701.42	40.35	268.55	15.45	768.20	44.20	1 738.18

3. 城镇建设适宜性评价

将城镇建设承载等级高、较高的空间单元，作为城镇建设适宜区的备选区域；将城镇建设承载较高、中等、较低的空间单元，作为城镇建设一般适宜区的备选区域；将城镇建设承载低的空间单元，直接划定为城镇建设不适宜区。根据地块集中度初步确定城镇建设适宜性等级，按照城镇建设城镇等级与地块集中度判别矩阵，进一步划分城镇建设适宜区、一般适宜区和不适宜区，根据综合优势度修正城镇建设适宜性分区（李艳平，2020）。

评价结果表明，不适宜等级的区域面积为 1 552.63km²，占总面积的 89.33%；一般适宜等级的区域面积为 85.61km²，占总面积的 4.93%；适宜等级的区域面积为 99.93km²，占总面积的 5.75%（图 5.3.6，表 5.3.12）。

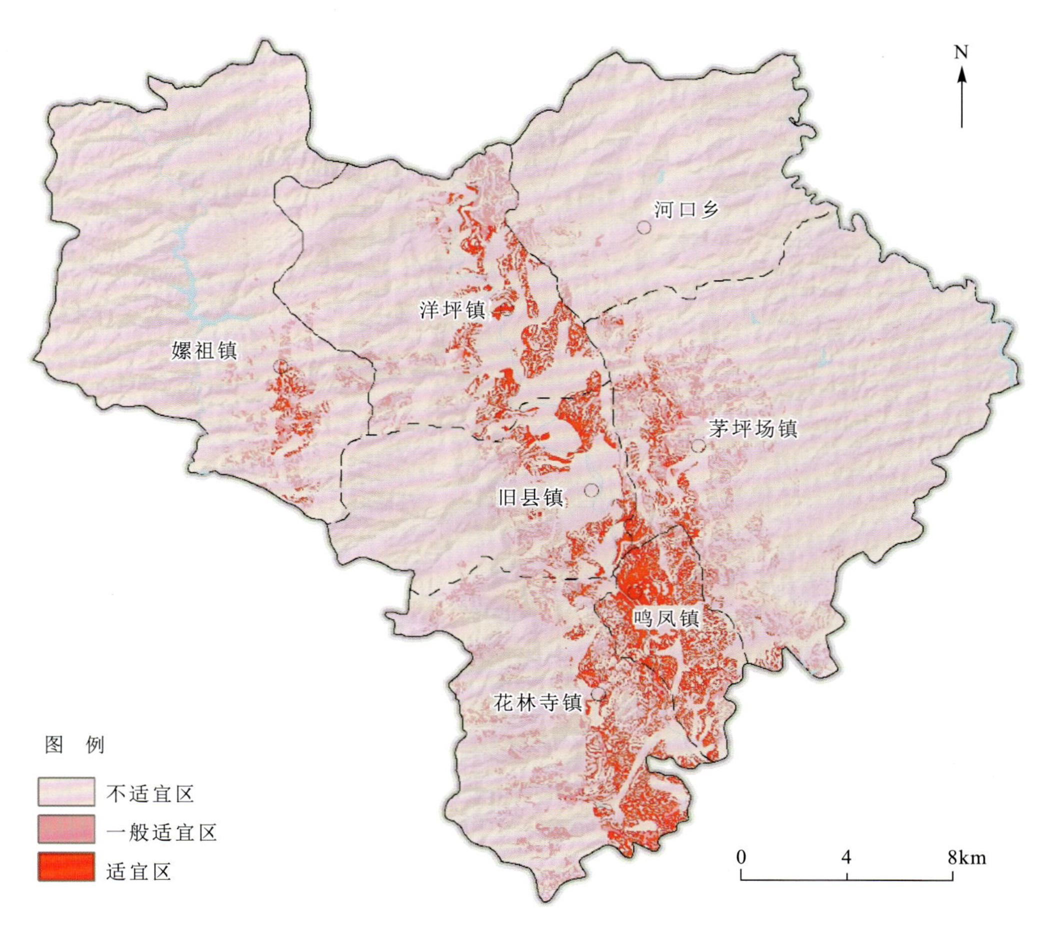

图 5.3.6 远安县城镇开发适宜性分级结果图

表 5.3.12 远安县城镇开发适宜性等级评价结果汇总表

乡镇	不适宜		一般适宜		适宜		合计面积/km²
	面积/km²	比例/%	面积/km²	比例/%	面积/km²	比例/%	
花林寺镇	181.37	79.91	21.93	9.66	23.68	10.43	226.98
鸣凤镇	37.38	52.78	2.65	3.75	30.80	43.48	70.83
旧县镇	149.67	87.98	7.53	4.43	12.92	7.59	170.13
茅坪场镇	393.16	90.71	29.46	6.80	10.79	2.49	433.40
洋坪镇	206.82	87.63	11.45	4.85	17.76	7.52	236.02

续表 5.3.12

乡镇	不适宜		一般适宜		适宜		合计面积/km^2
	面积/km^2	比例/%	面积/km^2	比例/%	面积/km^2	比例/%	
河口乡	224.68	98.75	2.85	1.25	0.00	0.00	227.53
嫘祖镇	359.55	96.32	9.73	2.61	3.99	1.07	373.28
总计	1 552.63	89.33	85.61	4.93	99.93	5.75	1 738.18

第四节　嫘祖镇资源环境承载能力与国土空间适宜性评价

一、资源环境承载能力评价

1. 数据来源与选取

乡镇级"双评价"工作重点和难点在于基础数据难以获取且精度不够，评价指标选取和阈级划分需依据当地的实际情况而定。土壤质地数据通过调查样点数据在 ArcGIS 软件中通过反距离权重插值方法插值得到。水土环境类数据如土壤环境容量，根据土壤环境质量样点调查化验结果获取各点位的主要重金属污染物含量，在 ArcGIS 软件中分别对重金属镉、铬、汞、铅和砷含量样点化验结果进行反距离权重空间插值得到。中心城区可达性数据主要通过在 ArcGIS 软件中采用网络分析工具的时间距离成本方法进行计算得到。地质灾害数据主要来源于中国地质调查局武汉地质调查中心湖北省远安县地质灾害详细调查成果及报告。相关规划资料主要来源于《宜昌市城市总体规划(2011—2030 年)》《宜昌市生态建设与环境保护"十三五"规划》《宜昌市环境总体规划(2013—2020 年)》《长江经济带生态环境保护规划》《宜昌市矿产资源总体规划(2016—2020 年)》《宜昌市地质灾害防治"十三五"规划》等。其他基础数据由于获取难度较大，采用与宜昌市双评价相同的数据。

2. 评价模型及指标选取

嫘祖镇位于湖北省宜昌市远安县西北部，交通便利、水资源丰富、文化底蕴深厚，是远安县农业大镇和磷化工重镇。同时，嫘祖镇位于黄柏河流域中上游，对整个黄柏河流域生态保护具有重要意义。通过收集地质、环境、生态、农业、气象、水资源、社会经济、土地资源、文化遗产、交通和规划等各类资料，构建基础数据库，在此基础上剖析数据，建立统一指标体系，结合生态环境综合地质调查结果，从土地资源、水资源、环境、灾害、气候、区位、生态 7 个方面开展专项评价，并从生态功能指向、农业生产功能指向和城镇建设功能指向 3 个方面进行资源环境承载能力和国土空间开发适宜性评价。在专项评价和集成评价基础上，进行综合分析，支撑区县级国土空间规划制定，见图 5.4.1、图 5.4.2。

3. 评价指标分级及权重计算

遵循《资源环境承载能力与国土空间开发适宜性评价技术指南》的评价理念，通过 2019 年野外调查工作，识别出影响嫘祖镇水环境容量的两个主要因素为磷矿开发和农业种植。根据嫘祖镇专项评价和集成评价影响因素分析，分为准则层和指标层。

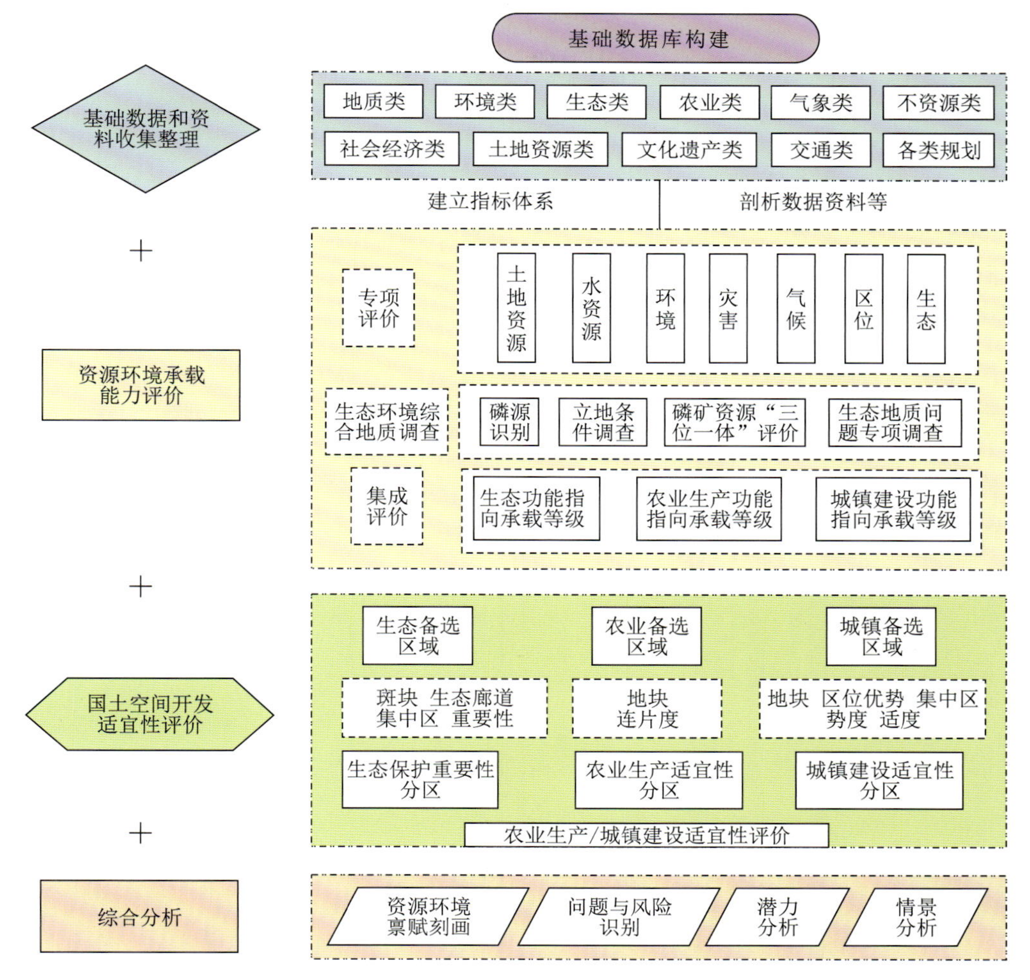

图 5.4.1　“双评价”模型及指标选取

1)准则层和评价层指标权重确定

根据野外调查—实验分析—综合研究和调查问卷，对准则层和指标层进行赋值，运用层次分析法确定指标权重。

2)评价指标分级

根据《资源环境承载能力与国土空间开发适宜性评价技术指南(试行)》，将评价指标划分为低、较低、中等、较高和高 5 级。

3)综合评估结果

在确定各指标层要素权重和进行指标分级后，采用叠加模型进行综合评估，将评价结果划分为低、较低、中等、较高和高 5 级。

$$PI = \sum_{k=0}^{n} \binom{n}{k} P_i * W_i$$

式中：PI 为评估综合指数；P_i 为各单要素指标的评估结果或分级；W_i 为各评估指标权重系数。

4. 资源环境承载能力评价

1)土地资源评价

嫘祖镇西部多山区(图 5.4.2)，地形起伏度、坡度、高程均较大，主要土地利用类型较为简单，主要有林地，含少量采矿用地、旱地、裸地等，农业耕作条件和城镇建设条件总体较差；而中东地区地形起伏度、坡度、高程均较小，土地利用类型相对复杂，根据《资源环境承载能力与国土空间开发适宜性评价技术指南(试行)》并结合当地实际情况，农业功能指向评价将嫘祖镇坡度划分为小于2°、2°～6°、6°～15°、15°～25°、大于25°共5级(表5.4.1)，将土壤质地根据粉砂含量划分为小于60%、60%～80%、大于80%共3级，农业耕作条件评价结果划分为高、较高、中等、较低、和低5级。城镇建设条件评价过程中，将坡度划分为小于3°、3°～8°、8°～15°、15°～25°和大于25°共5级，将高程划分为0～3000m、3000～5000m、大于5000m共3级，将地形起伏度划分为小于100m、100～200m和大于200m共3级，城镇建设条件评价结果划分为高、较高、中等、较低和低5级(表5.4.2、表5.4.3)。

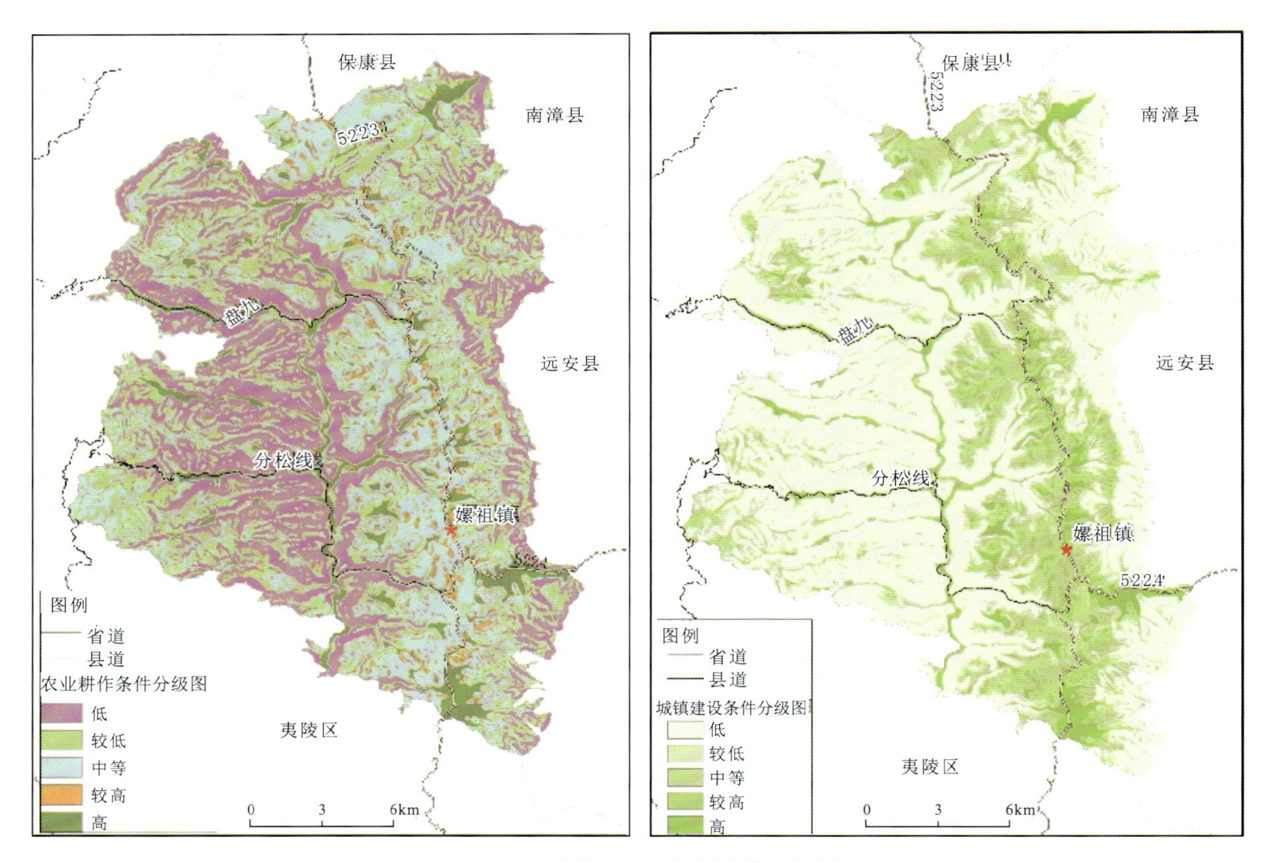

图5.4.2 嫘祖镇土地资源评价等级图

表5.4.1 农业耕作条件阈值划分表

坡度/(°)	粉砂含量/%		
	<60	60～80	≥80
<2	高	较高	中等
2～<6	较高	中等	低
6～<15	中等	低	较低
15～<25	低	较低	较低
>25	较低	较低	较低

表 5.4.2 城镇建设条件阈值划分表

坡度	高程/m		
	0～3000	3000～5000	≥5000
≤3°	高	较高	低
<3～8	较高	中等	低
<8～15	中等	较低	低
<15～25	较低	低	低
>25	低	低	低

表 5.4.3 城镇建设条件阈值划分表

初判	地形起伏度/m		
	<100	100～<200	≥200
高	高	较高	中等
较高	较高	中等	较低
中等	中等	较低	低
较低	较低	低	低
低	低	低	低

2)水资源评价

嫘祖镇位于黄柏河中上游，水系发育，主要有西河、晒旗河、桃郁河、神龙河、鱼鳞溪等。西河发源于黑良山，自北向南，纵贯嫘祖镇，于嫘祖镇的小峪沟出境，流至葛洲坝水利枢纽工程大坝注入长江。西河流经区域多为高山深谷，河床狭窄，水流湍急，落差大，有利于修水库建电站，例如玄庙观水库和天福庙水库。嫘祖镇多年平均降水量最小值已大于 800mm。降水量按照大于 1200mm、1200～800mm 划分为两级，分别为湿润和很湿润，农业功能指向水资源评价结果为较高和高(图 5.4.3)。

3)气候评价

嫘祖镇属亚热带大陆性季风气候，气候温和，雨量充沛，光照充足，四季分明，年平均气温 12～16℃，年降雨量 1000～1100mm，年活动积温为 5210°～5800°。根据《资源环境承载能力和国土空间开发适宜性评价技术指南(试行)》中的有关要求，针对农业生产功能和城镇建设功能气候评价，该地区光热条件等级属一般谷物，属一年两熟到三熟地区；12 个月舒适度中有 5 个月舒适度好，4 个月较好，3 个月一般，根据评价方法，取 12 个月舒适度等级的众数作为该区舒适度，因此可知嫘祖镇温湿条件较好，气候属较宜居城市(图 5.4.4)。

4)环境评价

嫘祖镇位于远安县西北部，出露地层主要为寒武—奥陶—志留系泥页岩和白云岩，主要为碎屑岩建造和碳酸盐岩建造，主要土壤类型为黄棕土和少量石灰土，形成土壤常量养分较高，属镁、钾、磷高值区。此外，嫘祖镇土壤环境容量总体较高，适宜种植和城镇建设，但局部地区砷普遍超标。嫘祖镇水资源整体较丰富，均达到好和较好级别，其中西部山区雨量更为丰富，供水条件较好，水环境容量较高，东部丘陵地区雨量相对较少，水环境容量较低。

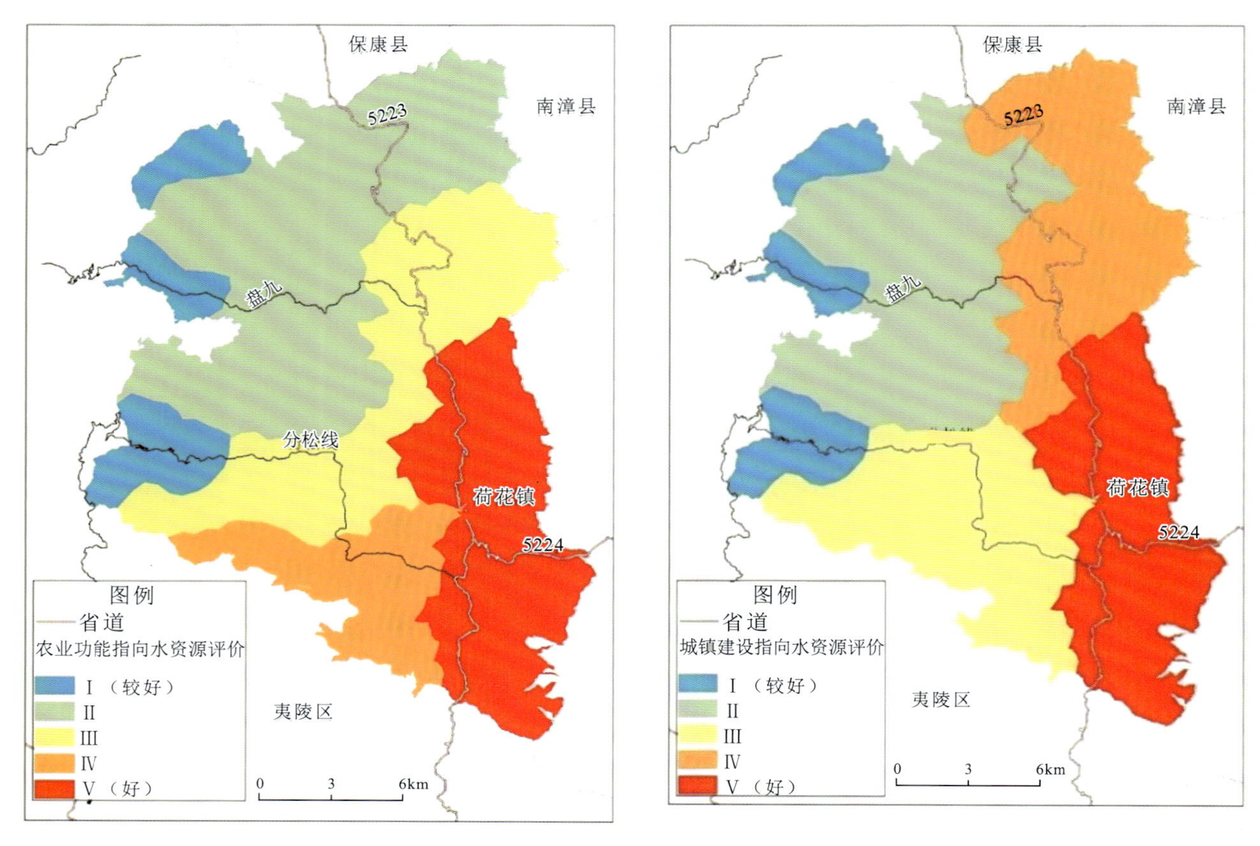

图 5.4.3　嫘祖镇水资源评价等级图

大气环境容量估算：嫘祖镇按静风日数小于 5%、5%～10%、10%～20%、20%～30%、大于 30%生成静风日数分级图，按平均风速大于 5m/s、3～5m/s、2～3m/s、1～2m/s、小于 1m/s 生成平均风速分级图。取静风日数和平均风速中的较低结果，将大气环境容量划分为高、较高、一般、较低、低 5 级，嫘祖镇整体大气环境容量较低。

水环境容量估算：以流域分区划分基础评价单元，计算出各流域单元的水环境容量，水环境容量各指标按照单位面积强度生成生化需氧量、氨氮、化学需氧量、总氮、总磷 5 个类别的水环境容量分布图层，取各指标相对较低等级作为水环境容量等级，嫘祖镇总体水环境容量较高（图 5.4.5）。土壤环境容量估算：对土壤按照农用地、建筑用地类型分类后，进行各点位主要污染物含量分析。依据《土壤环境质量　农用地土壤污染风险管控标准（试行）》（GB 15618—2018）和《土壤环境质量　建设用地土壤污染风险管控标准（试行）》（GB 36600—2018），按低于或等于风险筛选值、大于风险筛选值但小于或等于风险管制值的 70%、风险管控值 70%～100%、风险管控值 100%～150%、大于 150%风险管控值划分为好、一般、较差、差、

图 5.4.4　舒适度指数分级图

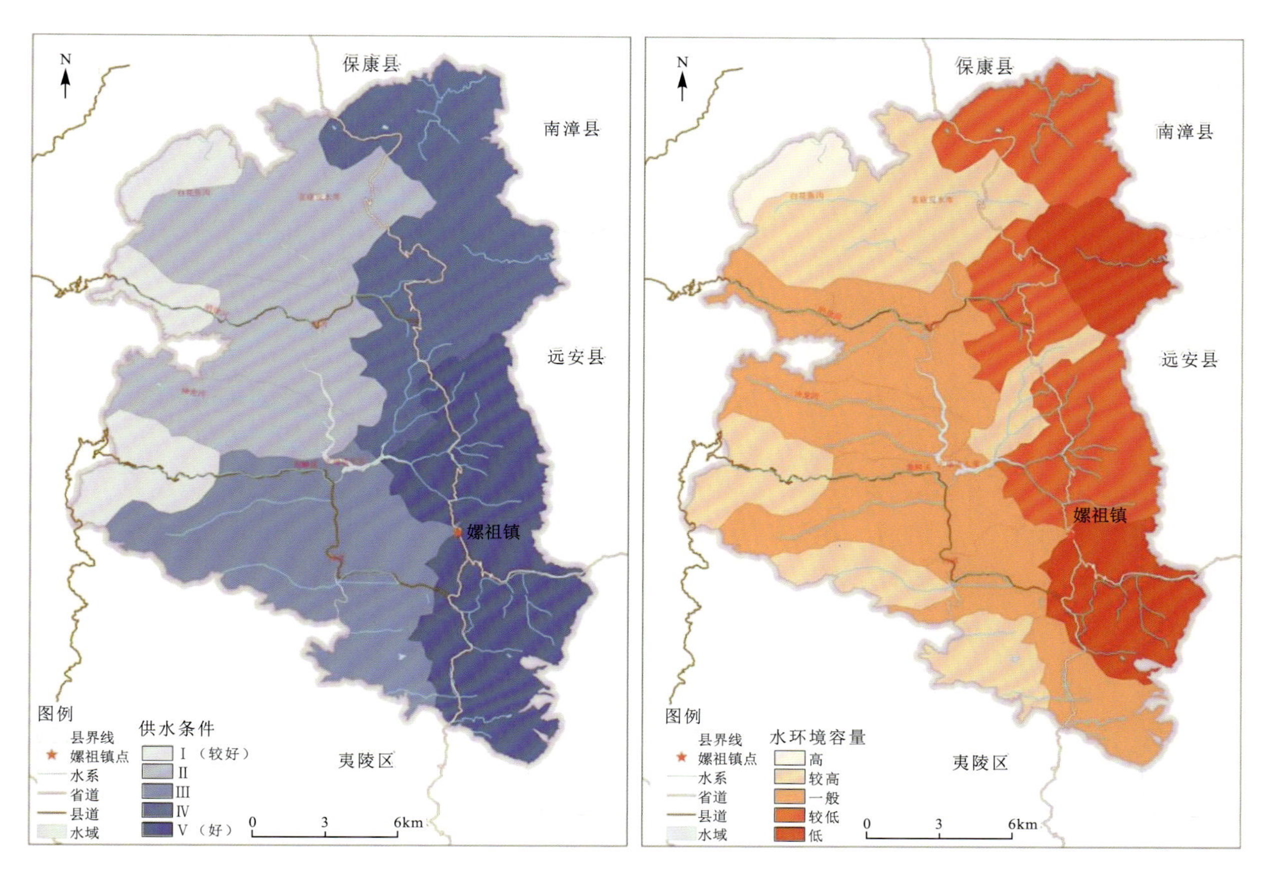

图 5.4.5 嫘祖镇水资源和水环境容量评价等级图

极差 5 个等级，生成土壤环境容量分级图。将农业生产气候和环境条件、城镇建设环境条件各指标由高至低分别赋予 9 分、7 分、5 分、3 分、1 分，将其平均值作为环境条件评价得分，按照大于 8、6～8、4～6、2～4、小于 2 的阈值划分农业生产环境条件，分为好、较好、中等、较差、差 5 级(图 5.4.6)。

5)灾害评价

针对农业生产功能指向，采用气象灾害风险作为评价指标，通过干旱、洪涝、寒潮等灾害影响的大小和可能性综合反映。针对城镇建设功能指向采用地质灾害危险性作为评价指标，通过活动断层以及崩塌、滑坡、泥石流等地质灾害影响的大小和可能性综合反映。

农业功能指向主要为气象灾害评价，气象灾害评价先进行单项灾种危险性评价，根据单项灾种发生频率划分为低、较低、中等、较高和高 5 级，然后采用最大因子法、专家评分法等确定综合气象灾害风险。

频率：
$$p_i = (n/N) \times 100\%$$

式中：n 为某站点干旱发生年数；N 为降水数据总年数；i 为统计的气象站点。

加权综合评价法：

$$C_{vj} = \sum_{i=1}^{m} Q_{vij} W_{ci}$$

式中：C_{vj} 是评价因子的总值，Q_{vij} 是对于因子 j 的指标 $i(Q_{vij})$，W_{ci} 是指标 i 的重值($O \leqslant W_{ci} \leqslant 1$)，$m$ 是评价指标个数。

根据自然灾害理论从致灾因子危险性、孕灾环境敏感性、承灾体易损性和防灾减灾能力 4 个方面选取影响灾害的关键性指标，采用层次分析法、加权综合评价法和专家打分法，确定风险指标权重，构建旱

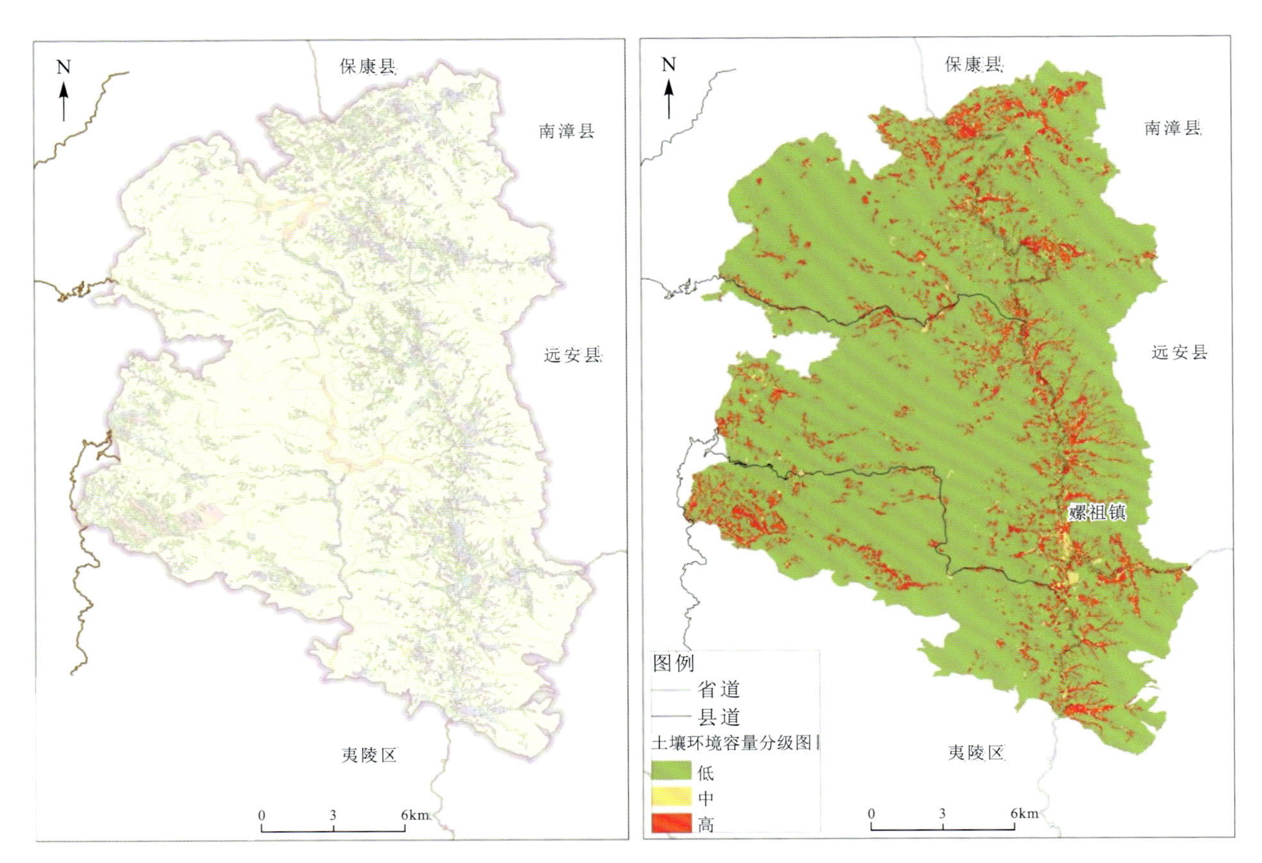

图 5.4.6　嫘祖镇土地利用类型和土壤环境容量分级图

灾风险评估模型。

嫘祖镇属地质灾害较易发区，目前已发现地质灾害点 69 处，其中 33 处为危岩体崩塌点、33 处滑坡点和 3 处泥石流点。其中研究区西部地质灾害较易发，主要为危岩体崩塌点，多为地质灾害高易发区和地质灾害中易发区。研究区中东部地质灾害相对较少，主要为沿道路和河流两侧开挖造成的边坡不稳导致的滑坡和泥石流点。将影响地质灾害因素坡度、起伏度、地貌类型、工程地质岩组、斜坡结构类型、历史地质灾害易发程度、道路、水系等划分等级，用综合信息量模型评估嫘祖镇地质灾害危险性（图 5.4.7）。

6）区位优势度

第一步，对矢量路网赋属性[道路类型、道路长度、速度（km/h）、时间成本]。

第二步，路网按 cost 转栅格，范围大小设置为县域。

第三步，栅格路网重分类。对不是路的无值区域给定一个时间成本值，按人走路的速度算时间成本。

第四步，将水域按一个很大的值转栅格，与重分类后的栅格路网叠加，代表在有水的地方时间成本极大，有阻碍作用，不能通过。

第五步，利用 GIS 中的成本距离工具，源数据设置为中心城市点栅格化的数据，成本数据设置为最终的路网栅格数据，得各栅格到中心城市点的时间图，按阈值分类即可（图 5.4.8）。

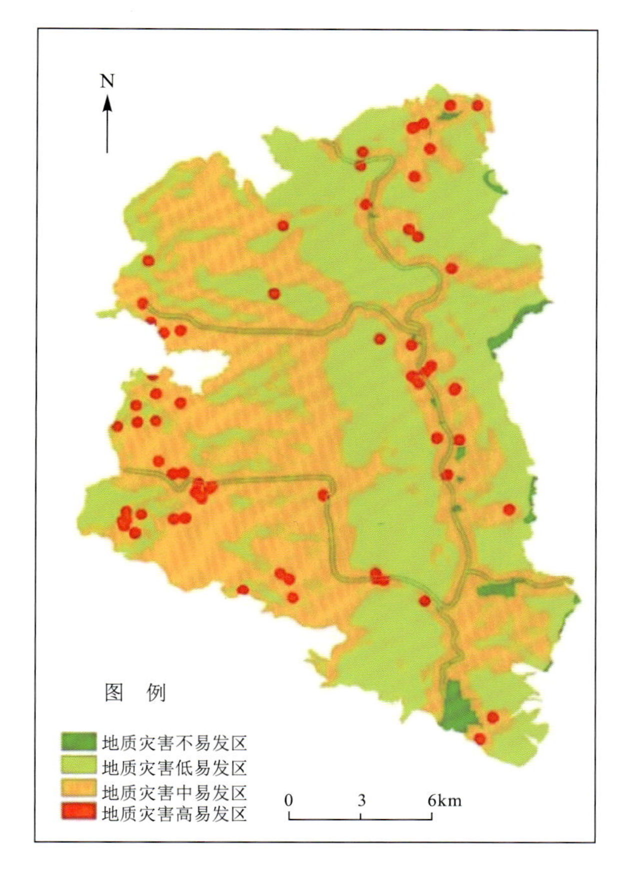

图 5.4.7 地质灾害易发性分区图

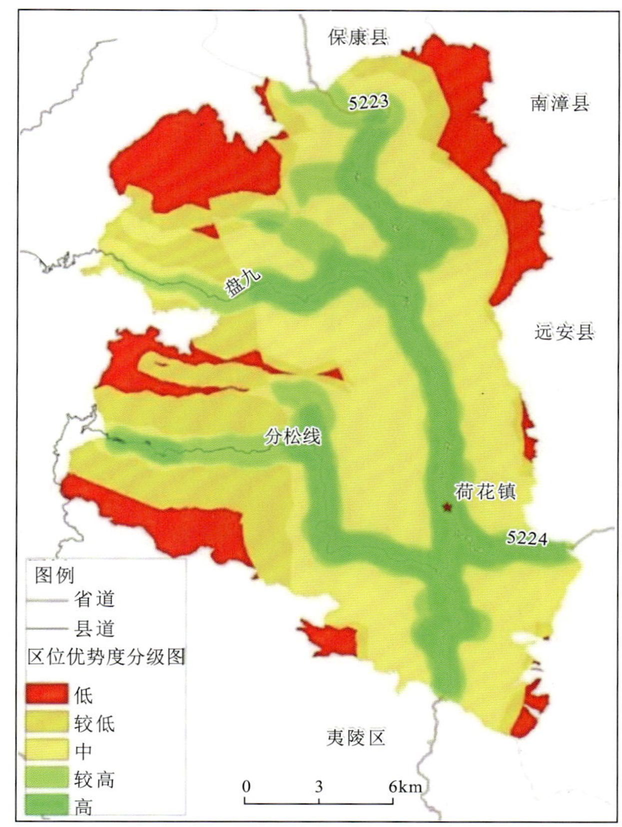

图 5.4.8 区位优势度分级图

7)生态评价结果

生态重要性主要包括生物多样性维护、水源涵养、水土保持和防风固沙等生态服务功能的重要性程度。嫘祖镇位于黄柏河流域中上游，具有较重要的水源涵养功能。此外该地区属于丘陵-中地山地区，土壤厚度薄，防风固沙和水土保持在该区域具有重要作用(图 5.4.9)。

二、国土空间开发适宜性评价

1. 生态系统服务功能重要性评价

通过生态评价，得出嫘祖镇生态系统服务功能重要性评价数据：生态系统服务功能重要性低面积为 50.91km^2，占比 13.3%；生态系统服务功能重要性较低面积为 64.87km^2，占比 16.9%；生态系统服务功能重要性一般面积为 93.09km^2，占比 24.3%；生态系统服务功能重要性较高面积为 97.74km^2，占比 25.5%；生态系统服务功能重要性高面积为 76.59km^2，占比 20%。

从评价结果看，嫘祖镇生态系统服务功能重要性较高，一般重要性以上占比 69.8%，主要分布在嫘祖镇西北部山区，中东部生态系统服务功能重要性则相对较弱(图 5.4.10)。

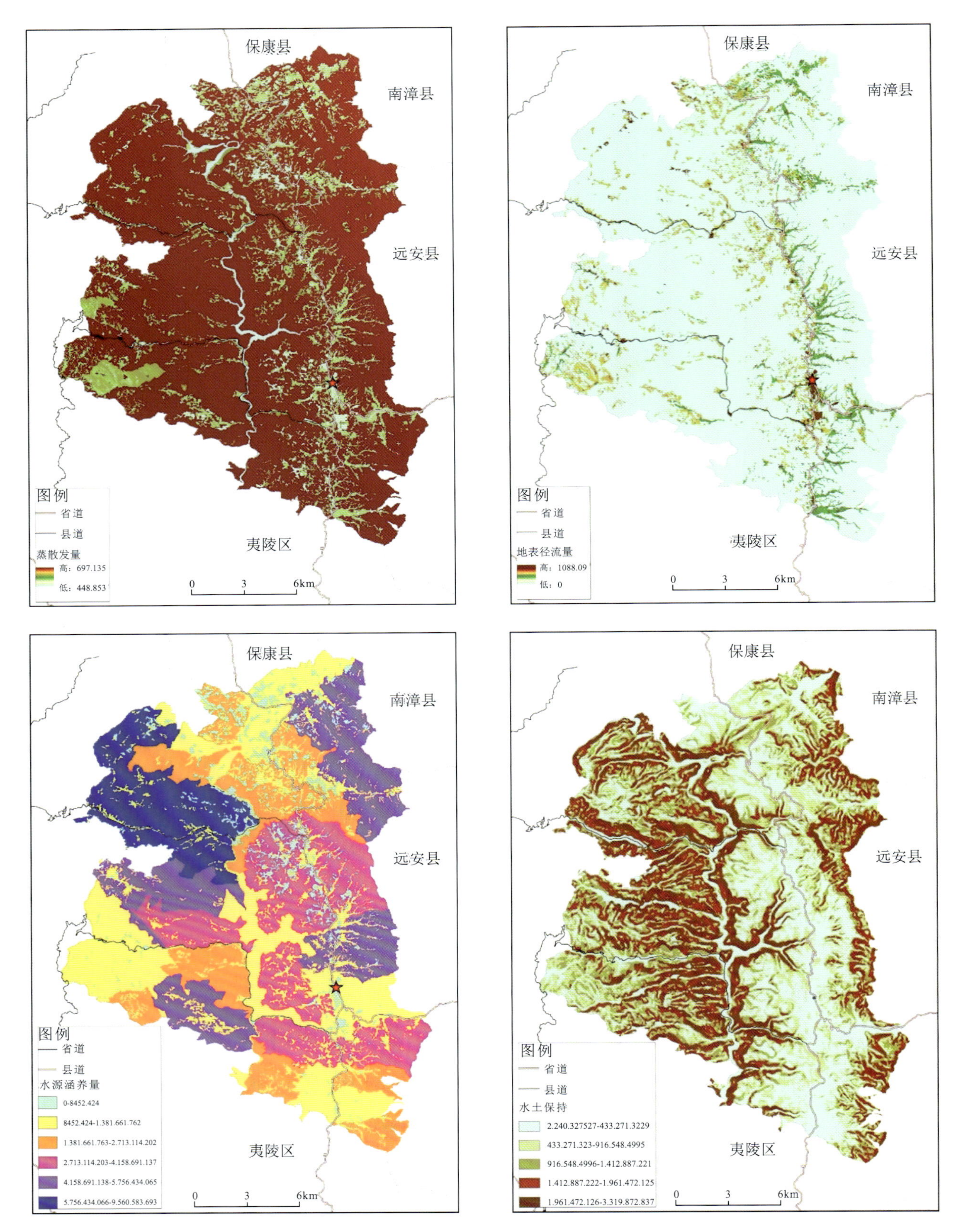

图 5.4.9　嫘祖镇生态评价等级图

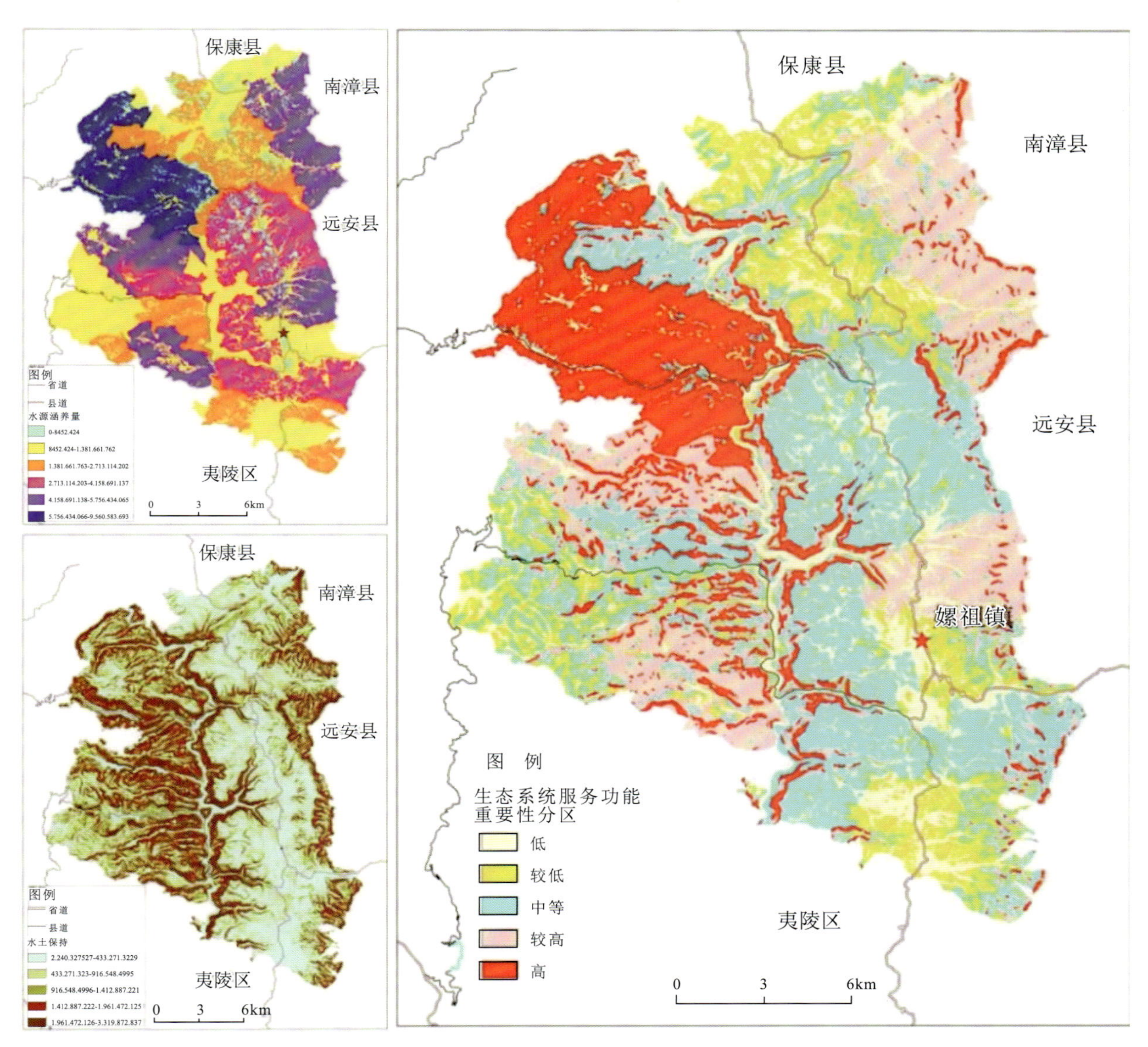

图 5.4.10　嫘祖镇生态系统服务功能重要性分区图

2. 农业生产功能指向适宜性评价

评价结果显示，在嫘祖镇农业生产不适宜区面积 205.07km^2，占比 54.7%；较不适宜区面积 92.13km^2，占比 24.6%；一般适宜区面积 52.27km^2，占比 13.9%；较适宜区面积 18.49km^2，占比 4.9%；适宜区面积 7.00km^2，占比 1.9%。

由于嫘祖镇大部分地区地形起伏大、坡度大、高程大，导致该地区农业耕作条件相对较差，从而导致整个地区适宜和较适宜种植区域面积较小，仅为 25.49km^2，占比仅为 6.8%(图 5.4.11)。

3. 城镇建设功能指向适宜性评价

评价结果显示，嫘祖镇城镇建设功能指向评价不适宜区面积 265.95km^2，占比 70.7%；较不适宜区面积 31.60km^2，占比 8.4%；一般适宜区面积 41.59km^2，占比 11.0%；较适宜区面积 22.82km^2，占比

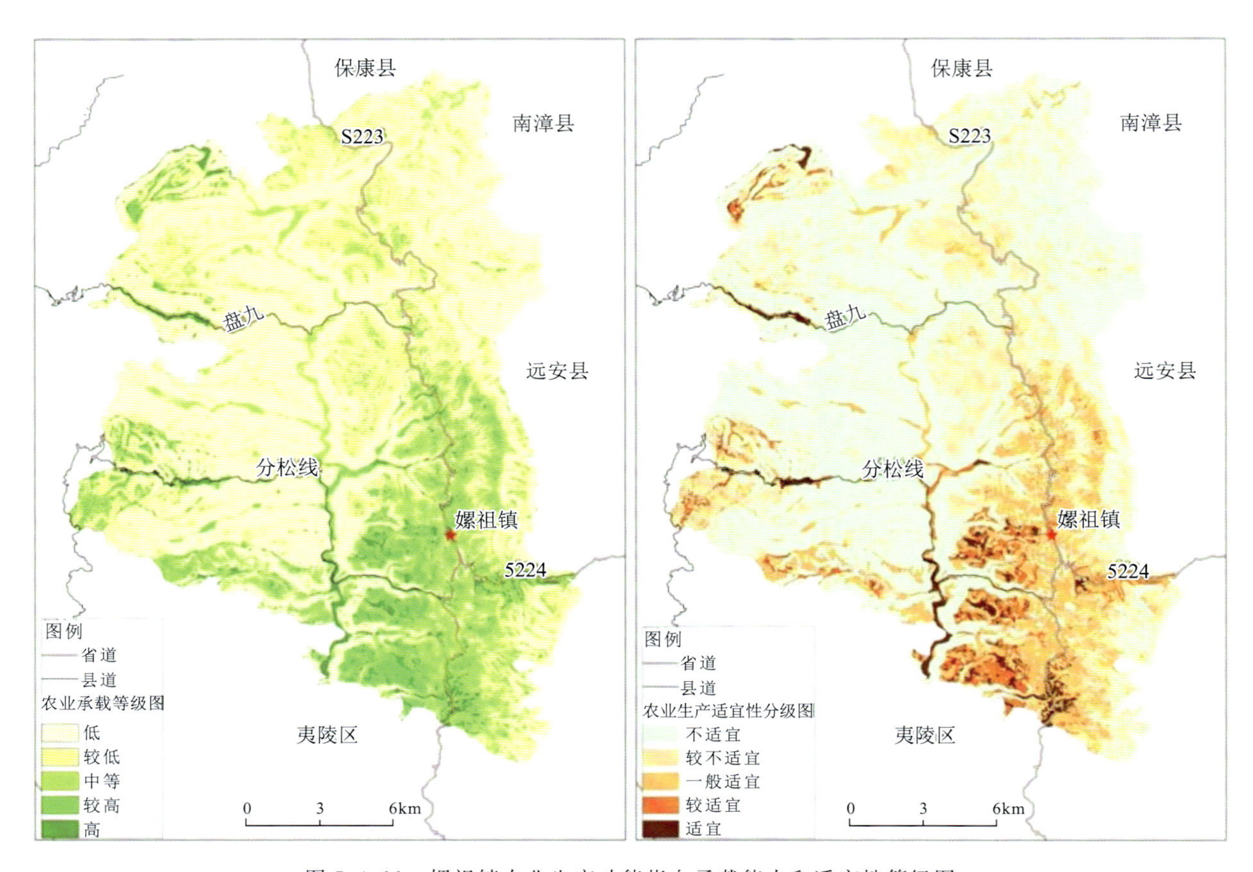

图 5.4.11 嫘祖镇农业生产功能指向承载能力和适宜性等级图

6.1%;适宜区面积 14.36km²,占比 3.8%。之所以得出这样的结果,与嫘祖镇地形起伏大、地质灾害易发有直接关联,全区适宜或较适宜作城镇建设开发用地的面积仅为 37.18km²,占比 9.9%(图 5.4.12)。

4. 问题与风险识别

嫘祖镇磷矿开发与生态功能重要性相冲突:嫘祖镇磷矿主要位于该镇西北部,跨越几个不同生态重要性级别区域(图 5.4.13)。因此,通过补充大比例尺生态环境调查,综合评估每个矿山矿产储量和矿山环境,从而根据位于不同重要性分区磷矿进行差别化开发。

嫘祖镇农业种植与农业生产功能指向适宜性分区相矛盾:据统计,嫘祖镇共 3 万人,耕地面积 26 000 亩,人均耕地面 0.87 亩,仅比全国人均耕地面积 1.40 亩的 1/2 稍多,而人均适宜区面积则更少。因此如何在有限的耕地范围内种植产出比高农作物是打赢该地区脱贫攻坚战的有效途径。

嫘祖镇生态功能衰退与生态功能定位相违背:近二三十年以来,由于人类的乱砍乱伐、乱建、网箱养殖、排污、磷矿固废压占河道等一系列行为导致该地区生态系统破坏、生态功能衰退、水体富营养化,与嫘祖镇在整个区域具有较高的生态重要性功能相违背。

嫘祖镇磷矿开发与生态功能重要性相冲突:嫘祖镇磷矿主要位于该镇西北部,同时该镇西北部亦为生态功能重要级别较高区域,因此如何在不破坏生态环境前提下,避免“一刀切”式发展模式在该地区乃至整个流域均具有重要研究意义。

嫘祖镇农业种植与农业生产功能指向适宜性分区相矛盾:据统计,嫘祖镇共 3 万人,耕地面积 26 000 亩,人均耕地面 0.87 亩,仅比全国人均耕地面积 1.40 亩的 1/2 稍多,而人均适宜区面积则少之

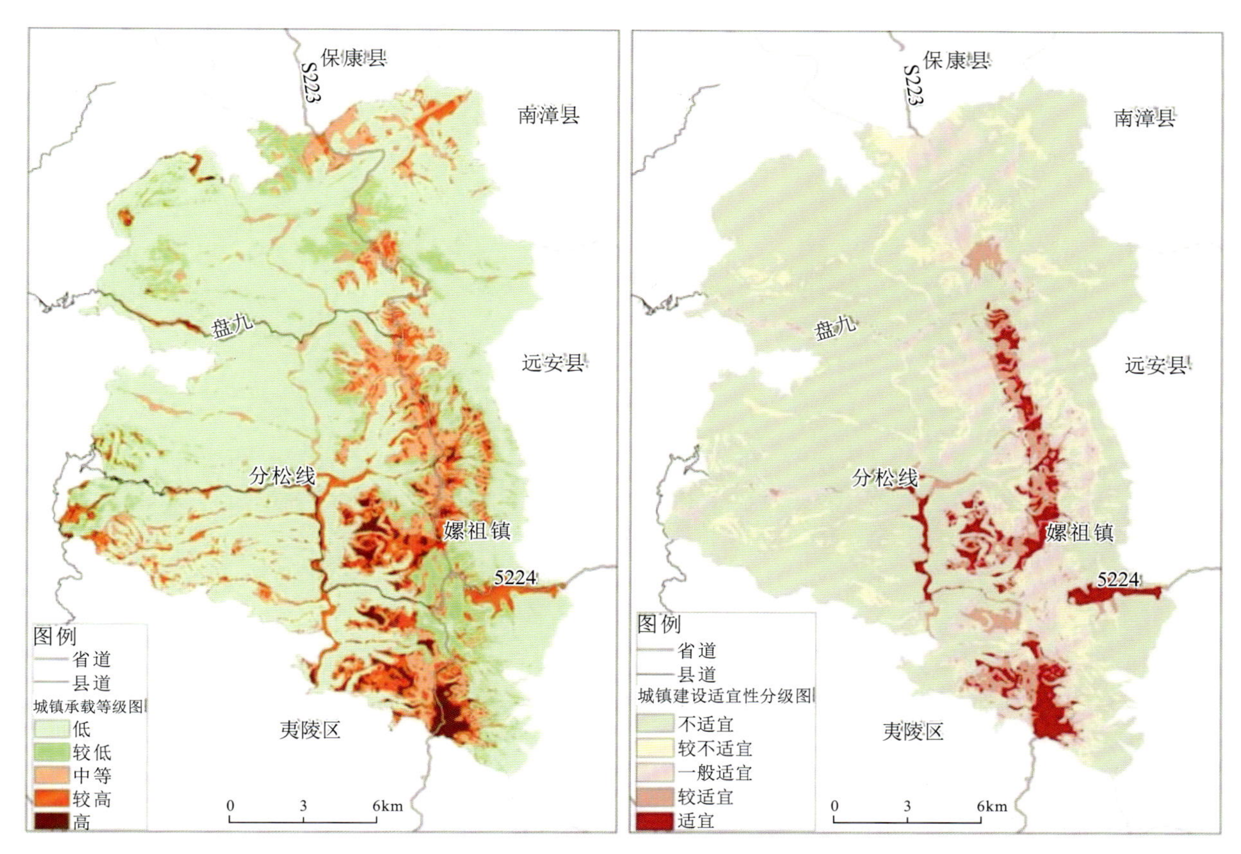

图 5.4.12 嫘祖镇城镇建设功能指向承载能力和适宜性等级图

又少。因此如何在有限的耕地范围内种植产出比高农作物是打赢该地区脱贫攻坚战的有效途径。

5. 潜力分析和空间规划支撑建议

嫘祖镇矿产资源开发区划：虽然磷矿开采区主要位于嫘祖镇西北区域，但从图 5.4.10 可知，磷矿开采区跨越几个不同生态重要性级别区域。因此，应补充大比例尺生态环境调查，综合评估每个矿山矿产储量和矿山环境，从而根据位于不同重要性分区磷矿进行差别化开发。

嫘祖镇农业区划：嫘祖镇人多地少，资源环境承载能力总体较弱，适宜耕种土地更少之又少，但该区域主要为碎屑岩建造和碳酸盐岩建造区域，形成土壤常量养分较高，属镁、钾、磷、硼、锌等元素高值区。因此在这些有益元素高值区进行立地条件调查，为优化该地区特色农产品种植结构提供建议，并进一步优化农业生产功能指向评价结果。

嫘祖镇岩源磷和面源磷识别：由嫘祖镇产业结构知，以西河为界，西部主要为磷矿开采区，东部主要为农业种植区，但是由于嫘祖镇富磷地层天然高背景和农业种植面源污染，导致西河流域乃至黄柏河流域水体富营养化，因此通过研究磷元素的迁移富集规律，查明该地区水质超标的主要原因，为宜昌市制定绿色 GDP 服务。

嫘祖镇"双评价"对区域规划的支撑作用：乡镇级别评价是在区域评价总体功能定位基础上进行的具体评价，因此对区域评价和规划具有承接功能和支撑作用。通过嫘祖镇"双评价"工作，根据生态优先原则，支撑市县级生态红线划定；根据优化后农业生产功能指向评价结果，为市县级 18 亿亩耕地红线划定提供依据；最后，结合城镇建设功能指向评价，为市县级划定城镇边界提供建议。

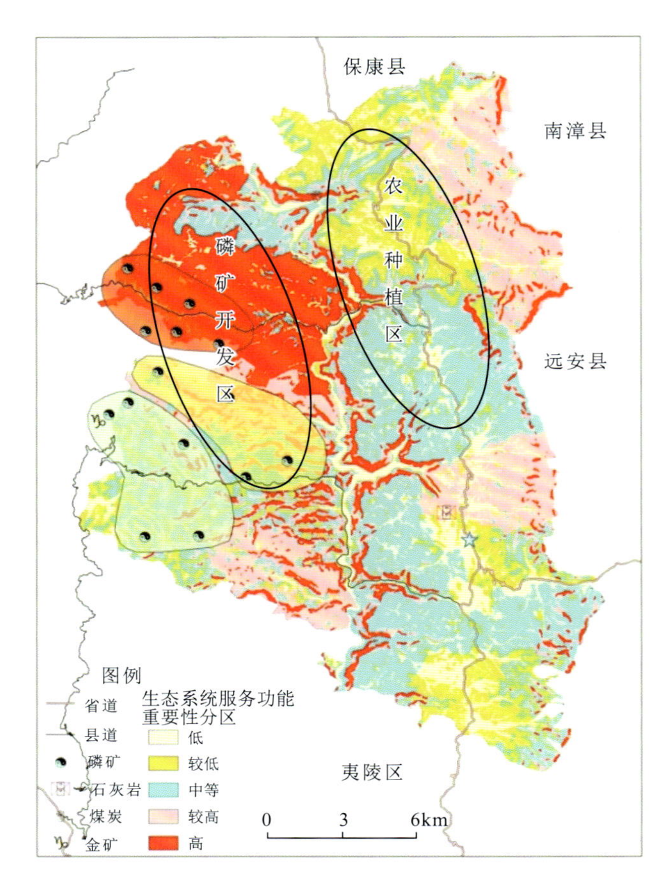

图 5.4.13　嫘祖镇农业种植与农业生产功能指向适宜性分区图

第六章 重点区地质环境风险评价与区划

地质工作在国土空间规划中的重要性日益凸显，但地质安全及水污染等专题性的适宜性评价结果难以为相关规划和建设部门提供有效支撑。本章针对宜昌市沿江重点区，以地球系统科学理论为指导，在区域地质环境调查的基础上，从资源-环境-经济协调发展的角度出发，针对不同功能的用地类型构建了不同的评价指标体系，以定性分析约束定量分析为基本原则，综合考虑区域地壳稳定性、土壤环境容量、地下水脆弱性、人类工程活动和社会经济条件等因素，获得了宜昌市重点区地质环境安全度、质量优劣和风险大小三级评价结果，将专业性的调查结果转变为通俗易懂、实用性强的评价成果，可为区域国土空间开发利用布局的优化和规避地质环境风险提供有效支撑。

第一节 重点区概况

宜昌市沿江重点区主要包括宜昌市中心城区、夷陵区等及枝江市部分地区等30多个乡镇。区内地貌由山区向平原过渡，地形总体趋势为西北高东南低，并呈带状展布。海拔为35～1971m，地形相对高差接近1900m，地貌成因上以剥蚀、侵蚀与河流冲洪积为主。地表水系主要为长江、清江、黄柏河以及沮漳河等流域，水系网络分布相对密集，水量充沛。地层出露连续、齐全，从太古宙、古生代、中生代至新生代皆有不同程度分布。

第二节 评价体系的构建

基于评价目标，构建评价体系见图6.2.1。在基础资料收集整理的基础上，结合城市建设用地类型的划分，分析不同功能用地的地质环境影响因子及其影响机理。通过区域地壳稳定性、地下水脆弱性和不同功能用地的土壤环境容量分析，获得第一级评价结果——地质环境安全性。扣除地质不安全区，综合考虑自然环境、人类工程活动和区位条件的影响，采用综合指数法获得第二级评价结果——地质环境适宜性。在地质环境安全和地质环境适宜性评价的基础上，综合分析区域地质环境自然属性和社会属性的匹配程度，获得地质环境第三级评价结果——地质环境风险区划，并提出风险管控的对策建议。

具体实施步骤概括如下：①收集和补充调查区域地质环境背景和国土空间开发利用数据，并将数据电子化录入ArcGIS数据库；②构建面向国土空间不同功能用地布局优化的地质环境安全性(Safety)、地质环境适宜性(Suitability)和地质环境风险性(Risk)三级评价体系(SSR)；③分别建立不同功能用地的地质环境安全性、地质环境适宜性和地质环境风险性评价指标体系并确立评价指标的标准值和等级赋值标准；④采用基于专家咨询的层次分析法确立各评价指标的权重；⑤采用综合指数法获得各级评价结果；⑥将评价结果与国土空间开发利用现状和规划进行比对，提出风险管控和布局优化的对策建议。

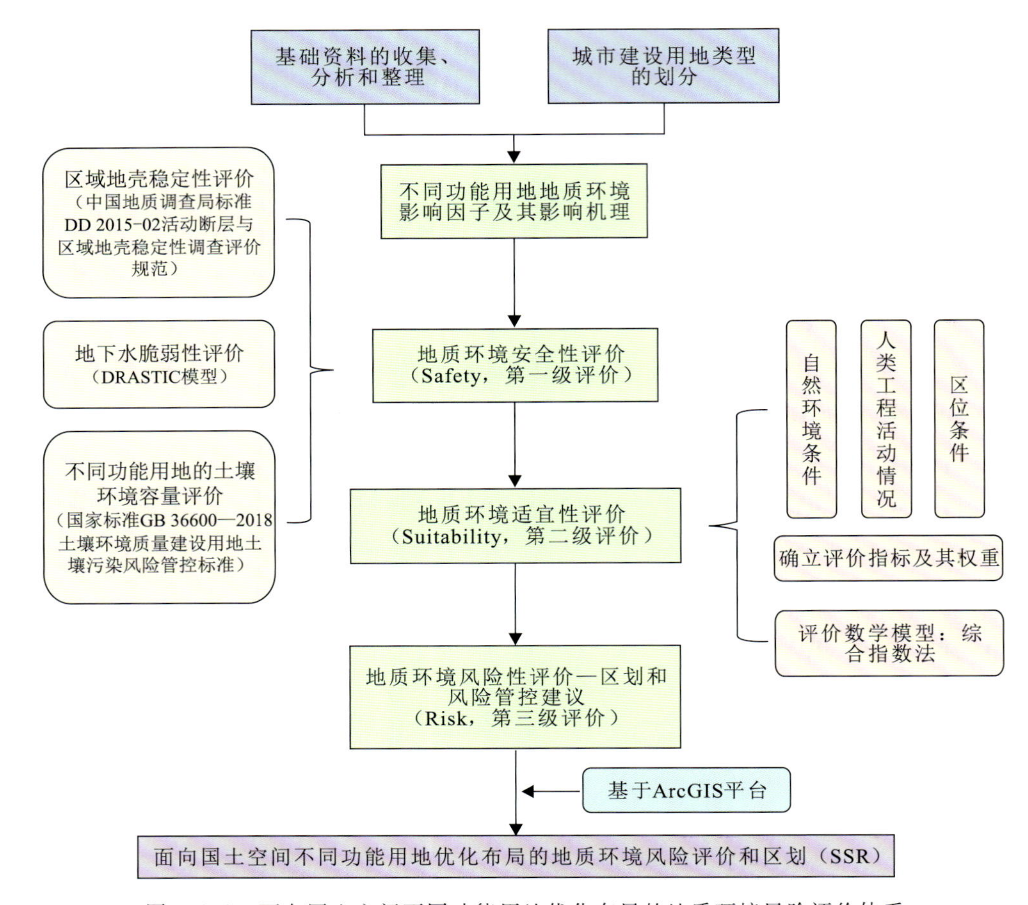

图 6.2.1　面向国土空间不同功能用地优化布局的地质环境风险评价体系

第三节　单项评价

一、地壳稳定性评价

地壳稳定安全是建设用地建设的前提。地质构造环境安全性条件对城市功能建设有重要影响，其主要考虑活动断层的影响、地震影响和地面稳定安全性影响三方面的内容。在综合搜集宜昌市重点区范围内的地质构造信息以及工程地质条件的基础上，开展区域地壳稳定性评价，具体评价方法如表 6.3.1 所示。

表 6.3.1　区域地壳稳定性评价指标

指标		不稳定	次不稳定	次稳定	稳定
地壳稳定性	活动构造	重点区受敏感性或重要性地质安全问题影响，属于地质安全避让区和不稳定区，通过工程措施很难消除其风险	重点区受重要性或一般性地质安全问题影响，属于次不稳定区，需要投入大量工程措施消除其风险	重点区受一般性地质安全问题影响，属于次稳定区，不需要投入较多的工程措施消除其风险	重点区受地质环境问题影响小，处于地质稳定区，不需要投入工程措施处理地质安全问题
	地震烈度				
	地面稳定性				

区域地壳稳定性具体评价结果见图6.3.1。宜昌市重点区地壳不稳定区与次不稳定区主要集中在西北部与南部山区，主要因素为易发崩滑流和不稳定斜坡，面积分别约为121.7km²、1 626.4km²；次稳定区与稳定区主要集中在中东部的平原地区，分布面积分别约为2525km²、2 650.8km²。

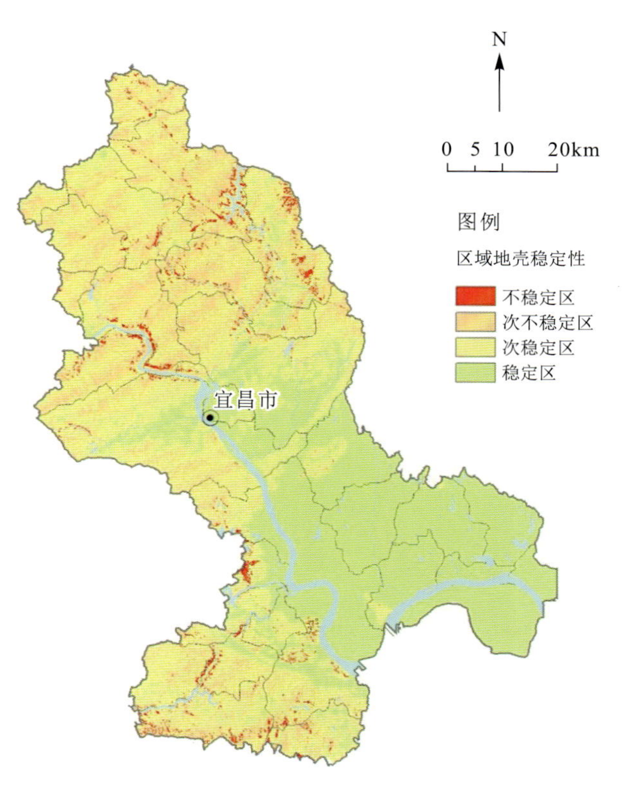

图6.3.1 区域地壳稳定性评价分区图

二、土壤安全与适宜评价

土壤作为城市土地中最为重要的组成部分，其环境容量大小反映了污染物在土壤中的剩余容纳情况，从侧面反映了土壤对不同功能建设用地的安全状态。因此，通过不同功能建设用地的土壤环境容量的计算即可得到城市土壤对建设用地的安全评价。城市土壤环境中，As、Cd、Cr、Cu、Hg、Ni、Pb、Zn八种有害元素对人居关系影响最大。

在进行土壤环境容量单因子评价等级划分时，以土壤背景值取代土壤实测值进行土壤环境容量计算而获得最高评价等级的临界值，这样就可以从环境容量的角度得到当前人类保护土壤环境质量的目标。计算公式如下：

$$W_b = M \times (C_c - C_b) \times 10^{-6}$$

式中：W_b 为土壤环境容量(t/hm²)；M 为每公顷土地耕作层的质量(kg/hm²)；C_c 土壤中某元素的风险基准值(mg/kg)；C_b 为土壤中该元素的背景值(mg/kg)。各元素背景值及基准值见表6.3.2。

表6.3.2 不同用地类型土壤背景值及风险基准值 单位：mg/kg

指标	As	Cd	Cr	Cu	Hg	Ni	Pb	Zn
背景值	5.09	0.106	23.0	13.6	0.112	10.2	45.4	70.1
居住及公用场地风险基准值	20	30	200	2800	15	75	260	22 400
工业企业用地风险基准值	44	147	1470	11 100	88	5860	750	87 900

土壤环境容量评价利用单因子指数模型，然后对各种因子的评价结果进行因子叠加，按照取差原则进行，用所有评价因子的相对环境容量的总和，反映土壤中各因子的综合情况。将环境容量划分为高容量区、低容量区、警戒区和超载区4个区间，各评价等级的主要含义如下。

(1)高容量区(安全)。当土壤污染物(重金属元素)的土壤环境容量位于高容量区，则说明土壤中污染物(重金属元素)含量在背景值范围内，说明土壤未受到或仅仅间接受到外来污染物的影响，土壤组分基本保持原有的含量状况或者属于轻污染。从总体上看，该区域中人类活动与自然环境相互适宜、相互协调，因此高容量区的土壤危害性最小。

(2)低容量区(次安全)。由于土壤受到重金属等不易降解的物质污染后，土壤本身的自净能力降低，其环境容量降低，因此划分一个低容量区。土壤环境容量在低容量区范围内，超载的可能性不是很大，但属于此区的土壤，其本身的土壤系统比较脆弱，土壤环境容量较低，其自净能力明显低于高容量区和中容量区。如果再不对进入土壤的污染物严格控制，就特别容易向警戒区和超载区发展。

(3)警戒区(次不安全)。根据管理经验，当土壤环境容量小于低容量区下限时，土壤出现超载的可能性大大增加，即土壤环境容量有可能完全用尽，属于重污染区，所以对这类地区的土壤应绝对控制污染物的侵入。环境管理方面应密切注意土壤环境容量的变化，采取相应的技术和管理措施，以降低土壤中污染物残留量。

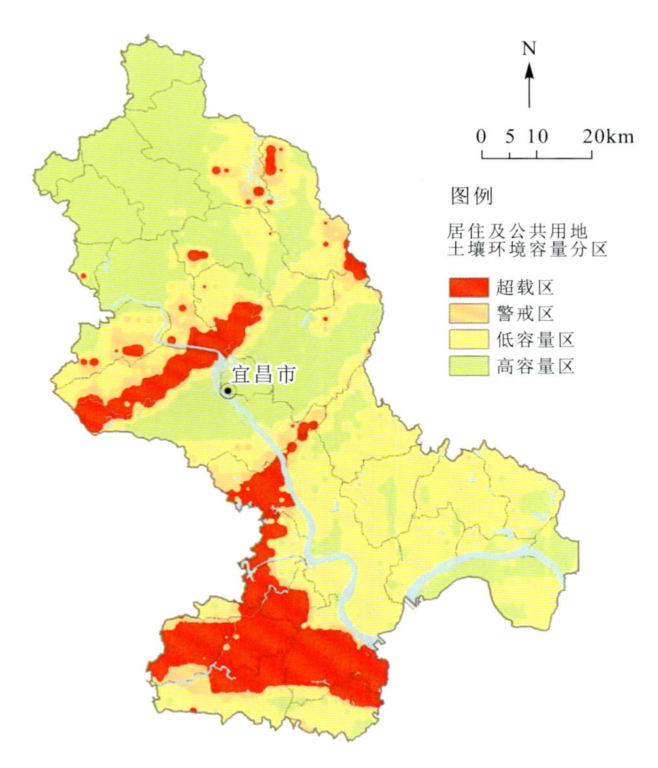

图 6.3.2 居住及公共用地土壤环境容量评价分区图

(4)超载区(不安全)。土壤环境容量完全用尽，污染物含量已超过风险基准值，即已对人体健康和环境造成危害，土壤利用超过限度。所以，在对这类土壤的利用方式上要重新规划，采取必要的措施来恢复土壤的自然结构，充分利用其自净能力，降低污染物的残留量和活性。可用新土覆盖、原土搬移等方式来降低土壤中污染物的含量，使其向警戒区或过渡区发展。

由图 6.3.2 所示，居住及公共用地土壤高容量区主要集中在研究区上部分山林地带，面积为 2 731.68km^2(表 6.3.3)，占总面积的 39.35%，这片区域由于地形错综复杂，人类活动较少，土壤金属污染属于无污染或间接受到外界的轻微污染，在自然环境作用下，土壤自身能够很好地进行调节；低容量区主要集中在东南平原地带枝江市的白洋镇、顾家店镇、仙女镇等部分地区，面积为 2 692.82km^2，占总面积的 38.79%；警戒区主要集中在研究区中部的分乡镇、三斗坪镇等地，面积为 541.80km^2，占总面积的 7.8%；超载区主要集中在西南地区宜都市的聂家河镇、枝城镇、潘家湾土家族乡等地，面积为 976.10km^2，占总面积的 14.06%。

表 6.3.3 居住及公共用地土壤环境容量面积表

乡镇名称	土壤环境容量/km^2					比例/%
	超载区	警戒区	低容量区	高容量区	合计	
松木坪镇	33.61	10.75	70.66	19.55	134.58	1.94
王家畈乡	70.10	35.75	119.79	29.91	255.55	3.68
潘家湾土家族	102.76	35.79	1.57	0.00	140.13	2.02
聂家河镇	107.12	3.72	0.68	0.00	111.52	1.61
枝城镇	171.06	16.55	38.54	6.53	232.68	3.35
顾家店镇	0.00	1.59	87.52	6.64	95.75	1.38
姚家店镇	45.80	3.75	19.22	0.02	68.80	0.99
陆城街道	0.00	0.00	54.81	2.89	57.71	0.83
百里洲镇	0.00	0.00	105.67	107.72	213.39	3.07
五眼泉乡	53.56	12.33	36.59	2.83	105.31	1.52

续表 6.3.3

乡镇名称	土壤环境容量/km²					比例/%
	超载区	警戒区	低容量区	高容量区	合计	
马家店街道	0.00	0.00	40.18	20.68	60.86	0.88
七星台镇	0.00	0.00	52.84	87.23	140.07	2.02
高坝州镇	51.29	10.85	29.33	1.72	93.19	1.34
董市镇	0.00	0.00	127.17	18.93	146.09	2.10
白洋镇	0.00	0.00	120.46	26.67	147.13	2.12
红花套镇	74.59	35.97	35.29	0.00	145.85	2.10
仙女镇	0.00	0.34	163.31	8.30	171.95	2.48
问安镇	0.00	0.44	134.21	33.53	168.18	2.42
猇亭区	6.65	10.22	81.54	12.58	111.00	1.60
福安寺镇	0.00	0.10	195.03	27.55	222.67	3.21
艾家镇	1.95	13.23	33.98	18.29	67.46	0.97
联棚乡	0.00	1.78	29.32	62.38	93.48	1.35
伍家岗区	7.15	20.66	15.20	43.78	86.78	1.25
土家城镇	60.84	34.77	55.41	28.87	179.89	2.59
鸦鹊岭镇	1.04	12.27	182.01	45.22	240.54	3.46
点军区街道	14.50	3.69	6.96	39.46	64.62	0.93
桥边镇	47.96	24.81	23.66	25.70	122.13	1.76
西陵区	17.25	0.80	2.35	54.21	74.61	1.07
三斗坪镇	10.49	46.01	75.69	49.93	182.12	2.62
龙泉镇	57.80	45.46	162.07	297.29	562.63	8.10
太平溪镇	0.73	0.72	2.11	151.83	155.39	2.24
乐天溪镇	10.05	34.98	34.10	172.09	251.22	3.62
黄花镇	6.06	7.74	107.62	158.62	280.04	4.03
邓村乡	0.00	0.00	5.47	325.00	330.47	4.76
分乡镇	17.71	79.79	130.55	91.29	319.34	4.60
下堡坪乡	0.00	0.00	4.46	258.68	263.14	3.79
雾渡河镇	6.00	36.83	100.46	237.12	380.41	5.48
樟村坪镇	0.00	0.13	206.94	258.63	465.70	6.71
合计	976.10	541.80	2 692.82	2 731.68	6 942.39	100.00

由图 6.3.3 可知，工业及仓储用地土壤高容量区主要集中在研究区北部、中部及西南平原地区的西陵区、夷陵区和枝江市的安福寺镇、董事镇、百里洲镇等地，面积为 5 635.35km²，占总面积的 81.16%；低容量区集中在研究区的中部土城乡、桥边镇及西南部的潘家湾土家族乡、五眼泉乡、聂家河乡等地，面积为 949.24km²，占总面积的 13.67%；警戒区集中在西南部的枝城镇、姚家店镇等地，面积为 252km²，

占总面积的3.6%；超载区集中在西南部的红花套镇、聂家河镇及部分枝城镇，面积为$105km^2$，占总面积的1.5%（表6.3.4）。

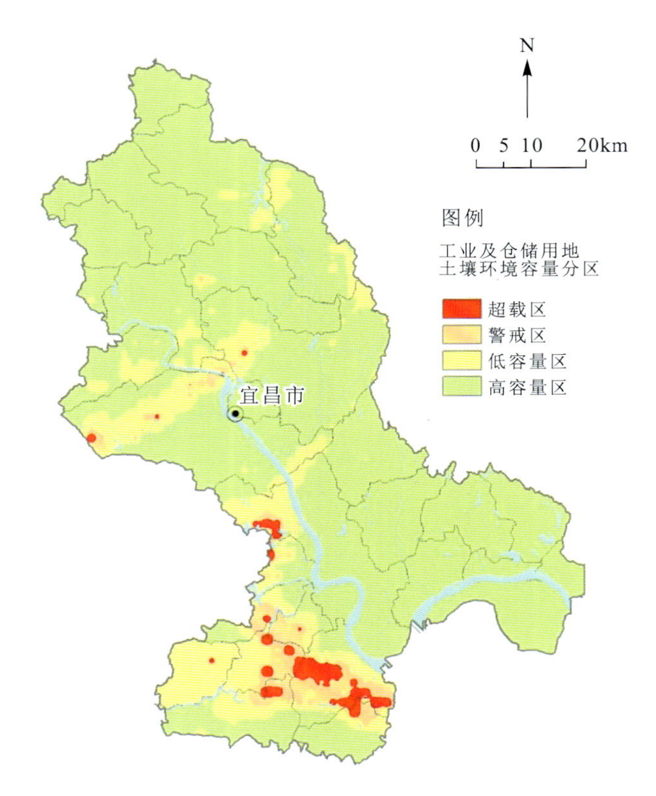

图6.3.3 工业及仓储用地土壤环境容量评价分区图

表6.3.4 工业及仓储用地土壤环境容量面积表

乡镇名称	土壤环境容量/km^2					比例/%
	超载区	警戒区	低容量区	高容量区	合计	
松木坪镇	5.71	13.15	19.38	96.33	134.58	1.94
王家畈乡	5.93	20.54	62.20	166.88	255.55	3.68
潘家湾土家族	0.73	2.52	133.47	3.40	140.13	2.02
聂家河镇	15.19	39.42	55.66	1.25	111.52	1.61
枝城镇	51.63	70.33	60.97	49.74	232.68	3.35
顾家店镇	0.00	0.00	0.66	95.09	95.75	1.38
姚家店镇	1.28	24.84	22.21	20.47	68.80	0.99
陆城街道	0.00	0.00	0.00	57.71	57.71	0.83
百里洲镇	0.00	0.00	0.00	213.39	213.39	3.07
五眼泉乡	1.56	18.53	41.95	43.26	105.31	1.52
马家店街道	0.00	0.00	0.00	60.86	60.86	0.88
七星台镇	0.00	0.00	0.00	140.07	140.07	2.02
高坝州镇	8.19	11.95	38.24	34.81	93.19	1.34

续表 6.3.4

乡镇名称	土壤环境容量/km^2					比例/%
	超载区	警戒区	低容量区	高容量区	合计	
董市镇	0.00	0.00	0.00	146.09	146.09	2.10
白洋镇	0.00	0.00	0.00	147.13	147.13	2.12
红花套镇	11.58	16.40	71.84	46.02	145.85	2.10
仙女镇	0.00	0.00	0.00	171.95	171.95	2.48
问安镇	0.00	0.00	0.00	168.18	168.18	2.42
猇亭区	0.00	0.00	14.48	96.52	111.00	1.60
福安寺镇	0.00	0.00	0.00	222.67	222.67	3.21
艾家镇	0.00	0.00	9.25	58.21	67.46	0.97
联棚乡	0.00	0.00	0.16	93.33	93.48	1.35
伍家岗区	0.00	0.00	22.17	64.61	86.78	1.25
土家城镇	2.15	11.25	69.05	97.44	179.89	2.59
鸦鹊岭镇	0.00	0.00	6.30	234.24	240.54	3.46
点军区街道	0.03	5.30	11.94	47.35	64.62	0.93
桥边镇	0.54	7.22	53.29	61.09	122.13	1.76
西陵区	0.36	4.68	12.80	56.77	74.61	1.07
三斗坪镇	0.00	0.09	35.84	146.19	182.12	2.62
龙泉镇	0.90	4.94	77.71	479.07	562.63	8.10
太平溪镇	0.00	0.00	1.22	154.17	155.39	2.24
乐天溪镇	0.00	0.00	31.82	219.40	251.22	3.62
黄花镇	0.00	0.83	9.71	269.50	280.04	4.03
邓村乡	0.00	0.00	0.00	330.47	330.47	4.76
分乡镇	0.00	0.00	61.53	257.80	319.34	4.60
下堡坪乡	0.00	0.00	0.00	263.14	263.14	3.79
雾渡河镇	0.00	0.00	25.37	355.05	380.41	5.48
樟村坪镇	0.00	0.00	0.00	465.70	465.70	6.71
合计	105.80	252.00	949.24	5 635.35	6 942.39	100.00

三、地下水脆弱性评价

地下水脆弱性评估主要针对浅层地下水，与污染源或污染物的性质和类型无关，主要取决于地下水所处的地质与水文地质条件。因此，地下水脆弱性评估需在判定地下水类型(孔隙水、岩溶水和裂隙水)后，识别不同类型地下水脆弱性的主控因素，并收集相应的指标资料。

宜昌市重点区地下水脆弱性评价资料来源于中国地质调查局武汉地质调查中心前期在宜昌市开展水文地质调查、环境地质调查、气象资料搜集、土壤质地类型调查、地下水监测孔钻孔监测等。

评价方法采用DRASTIC模型，在评价过程可基于水文地质条件差异进行调整。DRASTIC模型由地下水位埋深(D)、垂向净补给量(R)、含水层厚度(A)、土壤介质(S)、地形坡度(T)、包气带介质类型(I)和含水层渗透系数(C)共7个水文地质参数组成。模型中每个指标都分成几个区段，每个区段赋予评分。然后根据每个指标对脆弱性影响大小计算相应权重，最后通过加权求和，得到地下水脆弱性指数(DI)。

$$DI = D_W D_R + R_W R_R + A_W A_R + S_W S_R + T_W T_R + I_W I_R + C_W C_R$$

式中：地下水脆弱性指数，字母D、R、A、S、T、I、C的解释见表6.3.5。下标W表示指标权重，下标R表示指标值。根据DI值，将脆弱性分为低、较低、中等、较高与高5个等级。DI值越高地下水脆弱性越高，反之，则脆弱性越低。

地下水脆弱性评价各评估指标的数据来源与推荐权重如表6.3.5所示，指标等级划分和赋值见表6.3.6。

表6.3.5 DRASTIC模型各指标说明和权重推荐值

指标	数据来源	推荐权重值
地下水位埋深(D)	水平年高水位期地下水水位统测资料	5
垂向净补给量(R)	降水量乘以降水入渗系数	4
含水层厚度(A)	含水岩组岩性	3
土壤介质(S)	区域土壤分布图	2
地形坡度(T)	DEM提取	1
包气带介质类型(I)	钻孔柱状图	5
含水层渗透系数(C)	经验值以及野外抽水试验	3

表6.3.6 DRASTIC模型各指标说明和权重推荐值

指标	评分									
	1	2	3	4	5	6	7	8	9	10
D	>30	(25,30]	(20,25]	(15,20]	(10,15]	(8,10]	(6,8]	(4,6]	(2,4]	<2
R	0	(0,51]	(51,71]	(71,92]	(92,117]	(117,147]	(147,178]	(178,216]	(216,235]	>235
A	块状页岩等		变质岩/火成岩	风化变质岩/火成岩	层状砂岩、碳酸盐岩、页岩序列、块状砂岩、块状灰岩			砂砾石、岩溶灰岩等		
S	黏土（基岩）	黏质壤土	粉质壤土	壤土	砂质壤土	胀缩黏土	粉砂、细砂	砾石、中粗砂	卵砾石	薄或缺失
T	>10	(9,10]	(8,9]	(7,8]	(6,7]	(5,6]	(4,5]	(3,4]	(2,4]	<2
I	黏土	亚黏土	亚砂土	粉砂	粉细砂	细砂	中砂	粗砂	砾石	卵砾石
C	[0,4]	(4,12]	(12,20]	(20,30]	(30,35]	(35,40]	(40,60]	(60,80]	(80,100]	>100

根据上述各指标的评分和权重值，经计算可知宜昌市重点区地下水脆弱性综合指数取值范围。综合指数值与脆弱性评价结果级别的对应关系如表6.3.7所示。

表 6.3.7 脆弱性评价等级结果划分

地下水脆弱性综合指数值	<70	(70,100]	(100,120]	(120,150]	>150
地下水脆弱性级别	低	较低	中等	较高	高

采用 ArcGIS 软件基于 DRASTIC 模型进行评价，由图 6.3.4 所示，可以看出宜昌市重点区地下水脆弱性低主要集中在西北部，面积达 893km²；重点区地下水脆弱性较高等级主要集中在东部平原区百里洲镇以及长江沿岸地区，面积为 563km²，主要受较浅的地下水位埋深以及松散沉积物含水岩组控制；其他地区均处在地下水脆弱性较低等级。

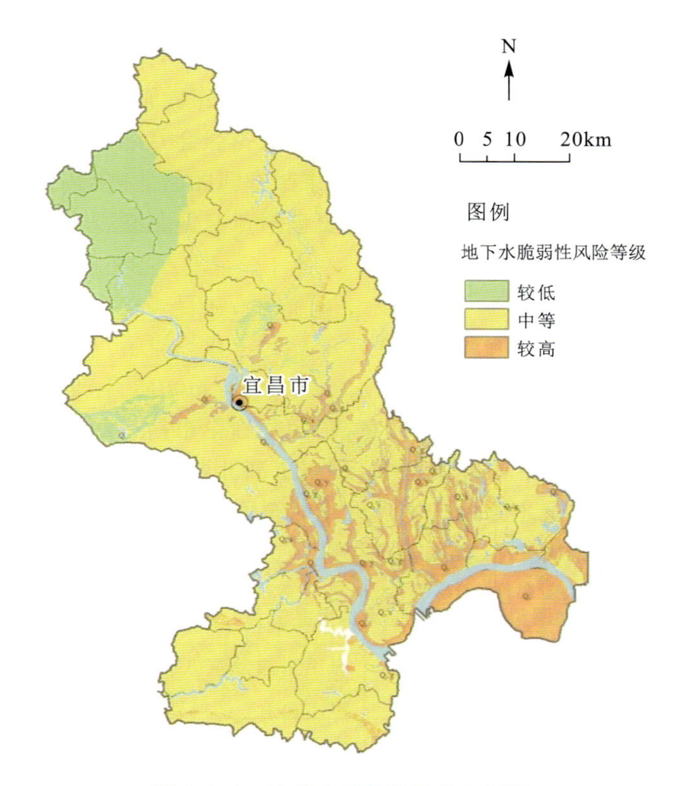

图 6.3.4 地下水脆弱性评价分区图

四、居住及公共用地地质环境安全与适宜性评价

根据一级功能用地的不同属性，及其与城市地质环境之间的相互作用关系，分别建立了针对一级功能用地（居住及公共设施用地、工业及仓储用）的地质环境评价指标体系，并给出了评价因子状态等级划分标准。在评价指标等级划分及数据提取过程中，结合评价区域的实际情况及中国地质调查局制定的相关标准，进行适当的修改。

居住及公共设施用地主要选取气象、地形地貌、工程地质、水文及水文地质、地质灾害、生态环境、资源分布、城市建设、人类工程活动强度、环境质量状况和交通区位作为二级要素。对与宜昌市重点区，通过地质条件评估，具体重要因子及其质量状态分级见图 6.3.5。

宜昌市重点区范围内居住及公共用地地质环境大部分处于次安全以及安全等级，由图 6.3.5 所示，主要集中在宜昌市中心城区至百里洲镇的东部平原地区，面积分别为 1835km² 与 2302km²，总占比约

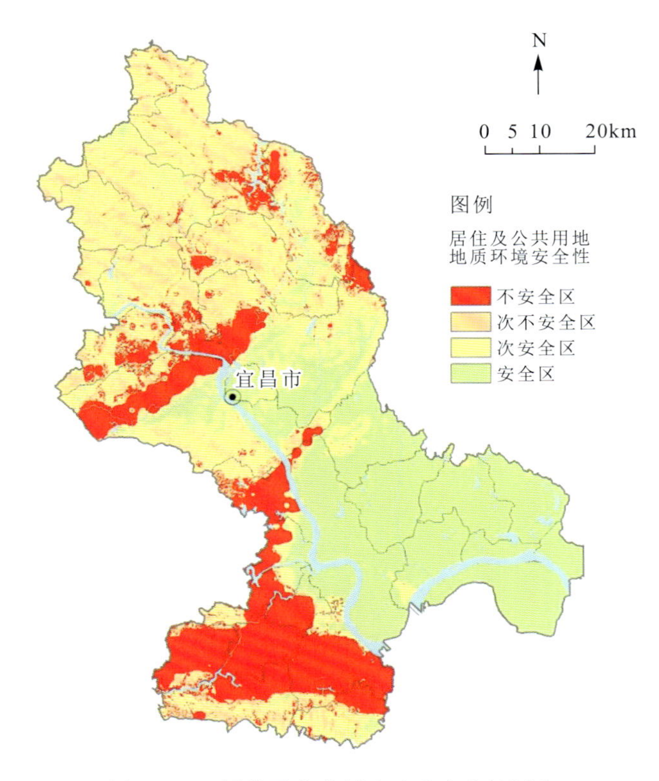

图 6.3.5 居住及公共用地地质安全性评价

为 59.8%；而不安全区与次不安全区主要集中在西北与南部山区，特别是不安全区，主要集中在中部与南部的碳酸盐岩分布区，地质环境差，面积约为 1233km²，占比约为 17.9%，主要是由于山丘区崩塌滑坡和不稳定斜坡地质灾害，以及平原区的膨胀性软土影响地基承载力；其余地区则为次不安全区等级（表 6.3.8）。

表 6.3.8 宜昌市重点区居住及公共用地地质环境适宜性评价因子及其等级

评价因子		地质环境适宜性分级				
		适宜	较适宜	中等	较不适宜	不适宜
		评价指标级别状态				
地形地貌	地形坡度/(°)	≤5	5～10	10～15	15～25	≥25
	平均高程/m	≥15	15～10	10～5	5～3	≤3
工程地质	地基承载力/kPa	≥350	350～250	250～150	150～100	<100
	软土厚度/m	≤3	3～10	10～20	20～30	>30
	基岩埋深/m	≤5	5～15	15～25	25～40	>40
地质环境问题性	地质灾害易发程度(赋值)	不易发区	低易发区	低易发区	中等易发区	高易发区
		≥80	80～60	80～60	60～40	40～20
	河口海岸侵蚀淤积(赋值)	无侵蚀(淤积)作用	微侵蚀(淤积)作用	侵蚀(淤积)作用中等	侵蚀(淤积)作用较强	侵蚀(淤积)作用很强
		≥80	80～60	80～60	60～40	40～20

宜昌市重点区范围内居住及公共用地地质环境适宜性评价基于安全性评价结果，由图6.3.6所示，适宜性好以及较好的地区主要集中在宜昌市中心城区至百里洲镇的平原地带，总面积为3165km²，占比45.8%；地质环境不安全区不具有适宜性；适宜性中等地区多为山间盆地以及岩溶地台等区域，例如潘家湾土家族乡、聂河镇、枝城镇、五眼泉乡以及高坝洲镇与红花套镇的局部地区，面积约为680km²；适宜性差与较差地区则多集中于海拔较高的山区，占比26%，主要是受宜昌地区风向变化以及地基承载力较弱的影响。

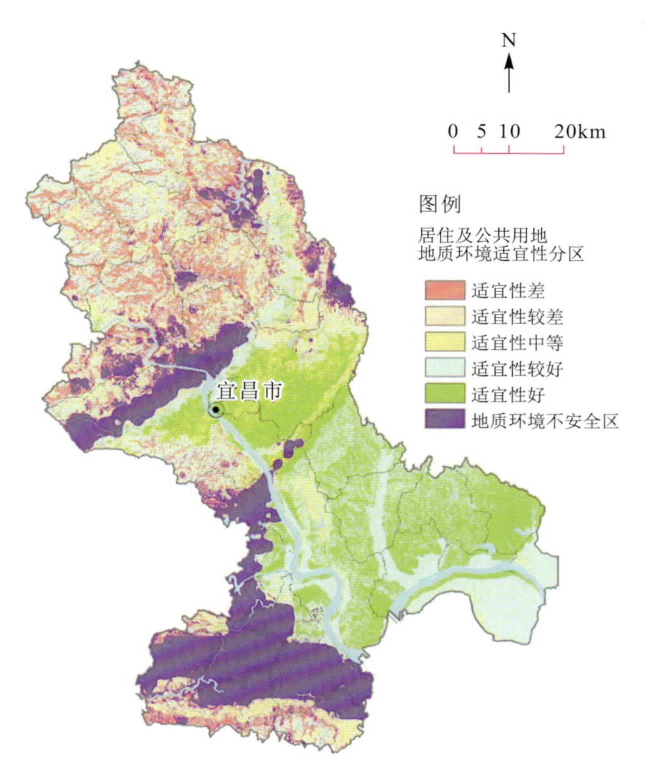

图6.3.6　居住及公共用地地质适宜性评价

五、工业及仓储用地地质环境安全与适宜性评价

工业及仓储用地地质环境评价因子及其状态等级划分如表6.3.9所示。这里的工业用地只包括二、三类工业用地，即对居住和公共设施等环境有干扰和污染的工业用地，两者的干扰和污染程度又有所不同。故工业及仓储用地的二级功能用地（二类工业用地、三类工业用地）对主导风向、黏性土厚度、地下水抗污性、距地表水体远近、距主城区距离等从污染角度考虑的因素的要求还是存在一定差异的。

表6.3.9　宜昌市重点区居住及公共用地地质环境适宜性评价因子及其等级

评价因子		地质环境适宜性分级				
		好	较好	中等	较差	差
		评价指标级别状态				
气象	城市风向影响位置	≥8	8～6	6～4	4～2	＜2
地形地貌	地形坡度/(°)	≤3	3～8	8～15	15～20	≥20
	平均高程/m	≥15	15～10	10～5	5～3	≤3
工程地质	地基承载力/kPa	≥300	300～200	200～150	150～80	＜80
	黏性土厚度/m	≥3	3～2	2～1	1～0.5	＜0.5
水文地质	地下水埋深/m	≥6	6～3	3～2	2～1	＜1
	距地表水远近（赋值）	＞1200m，基本无污染可能	900～1200m，无污染存在或存在污染隐患	600～900m，无污染存在或存在污染隐患	200～600m，有轻微污染	＜200m，有一定污染，存在隐患
		≥80	80～60	60～40	40～20	＜20

续表 6.3.9

<table>
<tr><td colspan="2" rowspan="3">评价因子</td><td colspan="5">地质环境适宜性分级</td></tr>
<tr><td>好</td><td>较好</td><td>中等</td><td>较差</td><td>差</td></tr>
<tr><td colspan="5">评价指标级别状态</td></tr>
<tr><td rowspan="2">交通区位</td><td rowspan="2">道路通达度(赋值)</td><td>临近公路、铁路或市内各级交通干道</td><td>距离各级公路、交通干道近</td><td>距离各级公路、交通干道近</td><td>距离各级公路、交通干道稍近</td><td>距离各级交通干道很远，交通极不便利</td></tr>
<tr><td>≥80</td><td>80～60</td><td>60～40</td><td>40～20</td><td><20</td></tr>
<tr><td>地质环境问题性</td><td>地质灾害易发程度(赋值)</td><td>不易发区</td><td>低易发区</td><td>低易发区</td><td>中等易发区</td><td>高易发区</td></tr>
</table>

宜昌市重点区范围内工业及仓储用地地质环境大部分处于次安全以及安全等级，由图 6.3.7 所示，主要集中在宜昌市中心城区至百里洲镇的东部平原地区，面积分别为 2422km^2 与 2542km^2，总占比 71.69%；而不安全区与次不安全区主要集中在西北与南部山区，特别是不安全区，主要集中在南部的碳酸盐岩分布区，易发生崩塌等地质灾害，地质环境差，面积约为 269km^2，占比约为 3.88%；其余地区则为次不安全区等级。

宜昌市重点区范围内居住及公共用地地质环境适宜性评价基于安全性评价结果，由图 6.3.8 所示，适宜性好以及较好的地区主要集中在宜昌市中心城区至百里洲镇的平原地带，总面积为 3165km^2，占比 45.8%；地质环境不安全区不具有适宜性；适宜性中等地区多为山间沟谷以及岩溶地台等区域，面积约为 680km^2；适宜性差与较差地区则多集中于海拔较高的山区，面积为 4 243.5km^2，占比 61.4%。

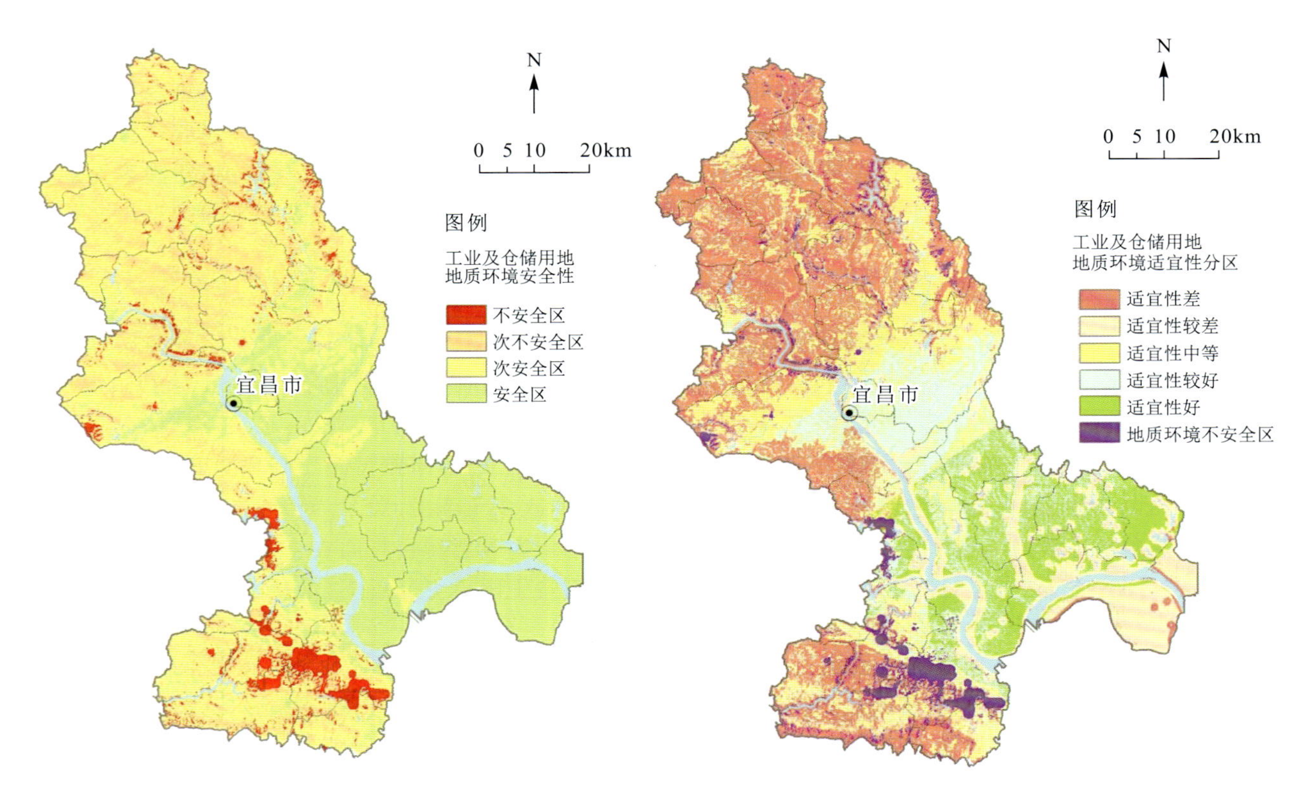

图 6.3.7 工业及仓储用地地质安全性评价　　图 6.3.8 工业及仓储用地地质适宜性评价

六、地质环境适宜性综合评价

为了综合考虑重点区地质环境适宜性，从地形地貌、工程地质、水文地质和区位条件4个方面，选取8个评价指标构建起重点区地质环境适宜性评价体系，并给出了评价因子状态等级划分标准，见表6.3.10。

表6.3.10 地质环境适宜性评价因子及分级标准

	准则层(B)	评价指标(C)	指标分级标准及等级				
			适宜	较适宜	中等适宜	较不适宜	不适宜
宜昌市地质环境适宜性评价(A)	地形地貌(B1)	地形地貌(C1)	平原	台地	丘陵	低山	山林
		坡度/(°)(C2)	≤3	3～8	8～15	15～25	≥25
	工程地质(B2)	岩土体类型(C3)	块状坚硬花岗岩、变质岩组	坚硬、中厚层状碳酸岩如灰岩、白云岩	较坚硬厚层状—块状砾岩、砂砾岩互层	较软弱薄—中厚层状砂岩、粉砂岩夹泥岩	黏性土、膨胀土
		断裂带/m(C4)	≥400	400～300	300～200	200～100	≤100
		填土层厚度/m(C5)	≤1	1～3	3～5	5～7	≥7
		基岩埋深/m(C6)	≤5	5～15	15～25	25～35	≥35
	水文地质(B3)	距地表水远近(赋值)(C7)	>1200m，基本无污染可能	900～1200m，无污染存在或存在污染隐患	600～900m，无污染存在或存在污染隐患	200～600m，有轻微污染	<200m，有一定污染，存在隐患
		地下水埋深/m(C8)	>20	15～20	10～15	5～10	<5
		富水性(C9)	强岩溶含水岩组，富水性丰富	中强岩溶含水岩组，富水性较丰富	第四系黏土层，富水性一般	砂岩碎屑岩，富水性较差	花岗岩、变质岩类。富水性差
	区位条件(B4)	交通干线可达性/min(C10)	≤20	20～40	40～60	60～90	≥90
		路网密度(赋值)(C11)	密实	较密实	中等密实	较稀疏	稀疏
		地质灾害易发程度(赋值)(C12)	不易发区	低易发区	低易发区	中等易发区	高易发区

地质环境适宜性评价采用层次分析法结合 yaahp 软件计算各指标权重，以 ArcGIS 平台的对各指标进行空间叠加分析，结合综合指数模型将沿江规划地质环境适宜性分为 5 类。具体评价指标判断矩阵和综合权重如表 6.3.11 和表 6.3.12 所示。

表 6.3.11 指标判断矩阵

因子	B1	B2	B3	B4
B1	1	1/5	1/7	1/7
B2	5	1	1	1/5
B3	7	1	1	1/3
B4	7	5	3	1
B1	C1	C2		
C1	1	1/5		
C2	5	1		
B2	C3	C4	C5	C6
C3	1	6	4	1
C4	1/6	1	1/5	1/7
C5	1/4	5	1	1/3
C6	1	7	3	1
B3	C7	C8	C9	
C7	1	1	6	
C8	1	1	4	
C9	1/6	1/4	1	
B4	C12	C11	C12	
C10	1	1	1/5	
C11	1	1	1/4	
C12	5	4	1	

表 6.3.12 各评价因子综合权重

评价因子	相对权重	指标	综合权重
地形地貌	0.047 7	地形地貌	0.007 9
		坡度	0.039 7
工程地质	0.175 7	岩土体类型	0.027 4
		断裂带	0.071 2
		填土层厚度	0.008 9
		基岩埋深	0.068 2
水文地质	0.220 5	距地表水远近	0.020 5
		地下水埋深	0.106 7
		富水性	0.093 3

续表 6.3.12

评价因子	相对权重	指标	综合权重
区位条件	0.556 1	交通干线可达性	0.082 9
		路网密度	0.089 3
		地质灾害易发程度	0.383 8

宜昌市重点区地质环境适宜性评价结果如图 6.3.9 所示，其中适宜面积为 1248km²，占重点区总面积的 17.98%；较适宜面积为 1 338.57km²，占重点区总面积的 19.28%；中等适宜面积为 1 848.58km²，占重点区总面积的 26.63%；较不适宜面积为 1 695.69km²，占研究区总面积的 24.43%；不适宜面积为 810.47km²，占重点区总面积的 11.68%。

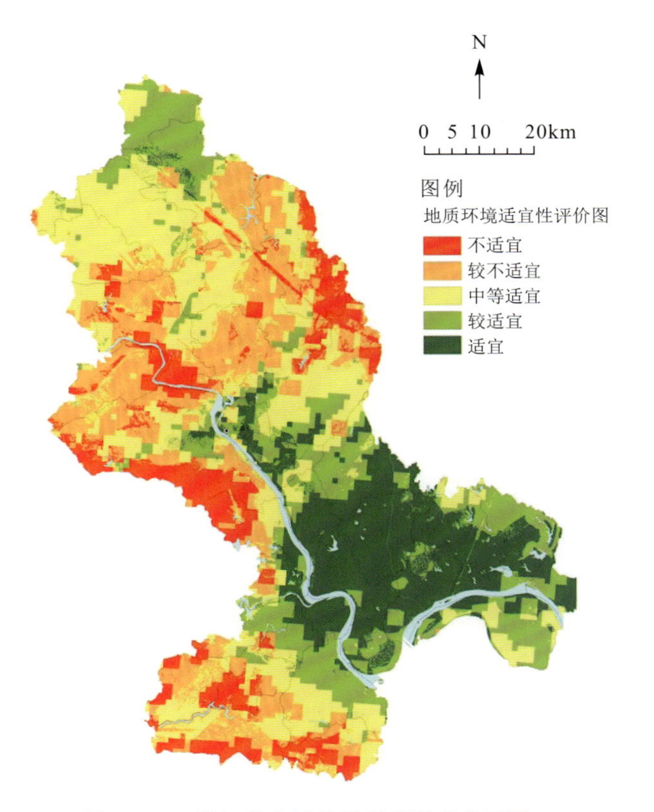

图 6.3.9　沿江重点区地质环境适宜分区图

适宜区域和较适宜区域主要集中在东南平原地区，其中适宜区域分布在董市镇、白洋镇、仙女镇、问安镇、福安寺镇、鸦鹊岭镇、陆城街道和马家店街道。较适宜区域分布在枝城镇、顾家店镇、姚家店镇、百里洲镇、七星台镇、问安镇、伍家岗区和鸦鹊岭镇。中等适宜区域、较不适宜区域和不适宜区域集中在中部、西北部和南部山区，其中中等适宜区域分布在龙泉镇、黄花镇、邓村乡、下堡坪乡和雾渡河镇。较不适宜区域分布在王家畈乡、三斗坪镇、龙泉镇、乐天溪镇、黄花镇、分乡镇、雾渡河镇和樟村坪镇。不适宜区域分布在红花套镇、联棚乡、土家城镇、乐天溪镇和分乡镇。具体乡镇区域的地质环境适宜性评价结果分布，见表 6.3.13。

表 6.3.13　宜昌市沿江重点区地质环境适宜性等级分布

乡镇名称	适宜性等级面积/km²						比例/%
	适宜	较适宜	中等适宜	较不适宜	不适宜	合计	
松木坪镇	0.00	3.12	42.93	40.67	48.04	134.75	1.94
王家畈乡	0.00	2.93	72.33	107.17	73.44	255.87	3.69
潘家湾土家族	0.00	0.14	47.94	55.41	36.50	139.99	2.02
聂家河镇	0.04	9.59	38.11	27.62	36.21	111.56	1.61
枝城镇	9.61	106.95	87.59	25.45	3.05	232.65	3.35
顾家店镇	46.46	49.05	0.35	0.00	0.00	95.86	1.38
姚家店镇	19.84	30.44	9.68	4.61	4.21	68.77	0.99
陆城街道	53.13	4.54	0.06	0.00	0.00	57.73	0.83
百里洲镇	46.25	109.83	57.15	0.54	0.00	213.77	3.08

续表 6.3.13

乡镇名称	适宜性等级面积/km²						比例/%
	适宜	较适宜	中等适宜	较不适宜	不适宜	合计	
五眼泉乡	5.06	49.70	23.63	19.11	7.67	105.17	1.52
马家店街道	44.08	16.19	0.60	0.00	0.00	60.87	0.88
七星台镇	47.24	53.02	26.96	7.92	4.78	139.93	2.02
高坝州镇	24.22	25.02	23.27	13.55	7.14	93.19	1.34
董市镇	118.35	27.67	0.01	0.00	0.00	146.04	2.10
白洋镇	138.53	8.61	0.01	0.00	0.00	147.15	2.12
红花套镇	18.50	18.83	28.64	28.95	51.02	145.95	2.10
仙女镇	122.19	33.76	16.00	0.00	0.00	171.95	2.48
问安镇	64.76	97.37	5.79	0.00	0.00	167.92	2.42
猇亭区	69.63	27.41	13.96	0.00	0.00	110.99	1.60
福安寺镇	190.11	17.71	14.73	0.00	0.00	222.55	3.21
艾家镇	0.98	2.32	17.73	22.03	24.39	67.44	0.97
联棚乡	0.62	9.16	7.49	15.12	61.23	93.62	1.35
伍家岗区	32.87	36.54	16.66	0.70	0.00	86.77	1.25
土家城镇	0.00	9.05	43.83	75.93	51.35	180.17	2.60
鸦鹊岭镇	114.45	97.73	24.93	3.33	0.03	240.46	3.46
点军区街道	3.76	16.43	16.82	19.07	8.54	64.62	0.93
桥边镇	2.33	12.65	38.09	51.58	17.47	122.12	1.76
西陵区	21.37	21.58	15.82	8.60	7.24	74.62	1.08
三斗坪镇	0.28	3.52	24.06	119.38	34.77	182.00	2.62
龙泉镇	27.92	78.70	213.10	190.76	52.10	562.58	8.10
太平溪镇	1.27	24.06	63.71	39.87	26.50	155.41	2.24
乐天溪镇	0.12	7.23	59.07	119.55	65.24	251.22	3.62
黄花镇	0.00	20.40	136.80	99.80	23.01	280.03	4.03
邓村乡	0.03	19.30	210.17	71.83	28.84	330.16	4.76
分乡镇	0.00	6.67	74.03	120.35	117.97	319.02	4.60
下堡坪乡	0.21	34.80	201.66	25.44	0.87	262.99	3.79
雾渡河镇	11.32	131.57	103.80	124.98	8.61	380.27	5.48
樟村坪镇	7.72	112.33	71.09	259.00	15.01	465.15	6.70
合计	1 248.00	1 338.57	1 848.58	1 695.69	810.47	6 941.31	100.00

第四节　综合评价与区划

城市地质环境风险反映的是地质环境对城市建设用地的影响程度或建设后期可能遭受的经济损失，所以可以用不同功能建设用地的建设所产生的费用大小来表示。

通过研究宜昌市重点区的地质环境因素及其可能产生的损失费用，建立地质经济指标体系，然后运用这些指标评价城市建设用地，将地学信息转为易于规划人员理解的经济信息。根据地质环境因素及其可能产生的经济费用设置地质环境因素费用指标，再以其形成的地质环境费用为基础设置地质经济分析指标，就可以建立城市地质环境经济风险评价的指标体系，进而对其风险进行评估。

相对应的评价内容包括城市地质环境自然差异风险评价和不同功能用地（经济易损）风险评价。通过城市地质环境风险性分区评价图，客观地反映城市地质环境的优劣，通过分析城市建设用地不同风险的区块分布和城市地质环境容量等，对整个城市地质环境的风险承载能力与容量作出科学的评价预测。

一、城市地质环境自然差异风险评价与区划

由于对宜昌市收集资料的精度限制，对前述的地质环境基础条件指标和地质环境经济分析指标进行筛选，选取部分指标并分别用对应的城市单要素地质环境图提取对建设用地的影响大小取值，并对其进行风险大小等级划分。地质环境因素指标和地质环境经济分析指标进行等级划分的原则及风险等级见表 6.4.1。

表 6.4.1　评价指标划分及划分依据

指标		依据与原则	高风险	中高风险	中风险	中低风险	低风险
土地利用地质环境适宜性指标组	居住及公共设施用地	质量状态	差、较差	中等	一般	较好	好
	工业及仓储用地	质量状态	差、较差	中等	一般	较好	好
土地价格地质指标组	地价地质指数	以城区中心辐射距离看地价比值	比值高	比值次高	比值中等	比值次低	比值低
地质环境问题	活动构造	高活动断层、断裂带中心距离/m	500～1000	1000～1500	1500～2000	1500～2000	＞2500
	地震级	地质安全性分区	9	8	7	6	＜6
	地面稳定性	崩滑的规模、灾害大小	落石方量大于 $5000m^3$，破坏力强，处理难度大，处理费用高	落石方量 $3000～5000m^3$，破坏力较强，较难处理	落石方量 $1000～3000m^3$，破坏力中等，处理难度一般	落石方量 $500～1000m^3$，破坏力一般，较好处理	落石方量小于 $500m^3$，破坏力较小，易处理，无崩塌
		泥石流的规模、灾害大小	影响程度严重，流量大于 $150m^3/s$，流域面积大于 $8km^2$	影响程度较严重流量 100～$150m^3/s$，流域面积 $5～8km^2$	影响程度中等流量 50～$100m^3/s$，流域面积 $3～5km^2$	影响程度一般流量 30～$50m^3/s$，流域面积 $1～3km^2$	有轻微泥石流发生，流量小于 $50m^3/s$，流域面积小于 $1km^2$
土地安全容量	居住及公共设施用地	现有容许容量大小	超载区	警戒区	低容量区	中	高容量区
	工业及仓储用地	现有容许容量大小	超载区	警戒区	低容量区	中	高容量区

利用层次分析法确定权重，采用九标度对土地利用地质环境适宜性指标组地质环境问题、土地安全容量进行判定，判定其评价指标间的相对关系见表6.4.2。

构建权重判断矩阵：

$$\boldsymbol{A}=\begin{bmatrix}\frac{W_1}{W_1} & \frac{W_1}{W_2} & \cdots & \frac{W_1}{W_n}\\ \frac{W_2}{W_1} & \frac{W_2}{W_2} & \cdots & \frac{W_2}{W_n}\\ \cdots & \cdots & \cdots & \cdots\\ \frac{W_n}{W_1} & \frac{W_n}{W_2} & \cdots & \frac{W_n}{W_n}\end{bmatrix}=\begin{bmatrix}1 & 1 & 1/2 & 1/2\\ 1 & 1 & 1/2 & 2\\ 2 & 2 & 1 & 1\\ 2 & 1/2 & 1 & 1\end{bmatrix}$$

计算矩阵的特征值：

$$\lambda_{\max}=4.249$$

因$\lambda_{\max}>n(n=4)$，n阶正互反矩阵A为非一致矩阵，因此需要验证一致性，即验证$\lambda_{\max}$对应的标准化特征向量对$X=\{x_1,\cdots,x_n\}$在对因素Z的影响中所占的比重的真实反映，以判断是否接受上述标度判定。

一致性指标CI：

$$CI=\frac{\lambda_{\max}-n}{n-1}=\frac{4.249-4}{3}=0.083$$

查找相应的随机一致性指标RI，见表6.4.3。

表6.4.2 评价要素指标的层次分析判断

标度判断	土地价格地质指标组	土地利用地质环境适宜性指标组	地质环境问题	土地安全容量
土地价格地质指标组	1	1	1/2	1/2
土地利用地质环境适宜性指标组	1	1	1/2	2
地质环境问题	2	2	1	1
土地安全容量	2	1/2	1	1

表6.4.3 平均随机一致性指标*RI*值

n	1	2	3	4	5	6	7	8	9
RI	0	0	0.58	0.90	1.12	1.24	1.32	1.41	1.45

RI的值是这样得到的，用随机方法构造500个样本矩阵：随机地从1～9及其倒数中抽取数字构造正互反矩阵，求得最大特征根的平均值$\lambda'_{\max}$，并定义：

$$RI=\frac{\lambda'_{\max}-n}{n-1}$$

计算一致性比例CR：

$$CR=\frac{CI}{RI}<1$$

所以判断矩阵满足一致性检验，权重计算合理。

其具体权重为：

$$W=(0.3254 \quad 0.4936 \quad 0.6507 \quad 0.4765)$$

将权重进行归一：

$$a=(0.167 \quad 0.254 \quad 0.334 \quad 0.245)$$

对于每项要素指标的分指标权重进行分配，求得具体权重值见表6.4.4。

表6.4.4　各评价指标权重

一级指标	权值	二级指标	权重分配比例	权值
土地价格地质指数 X_1	0.167	地价地质指数 X_{1-1}	0.4	0.066 8
土地利用地质环境适宜性指标组 X_2	0.254	居住及公共设施用地 X_{2-1}	0.5	0.127 0
		工业及仓储用地 X_{2-2}	0.5	0.127 0
地质环境问题 X_3	0.334	地壳稳定性 X_{3-1}	0.5	0.167 0
		地面稳定性 X_{3-2}	0.5	0.167 0
土地安全容量 X_4	0.245	居住及公共设施用地 X_{4-1}	0.5	0.122 5
		工业及仓储用地 X_{4-2}	0.5	0.122 5

采用综合指数法进行评价地质环境差异性风险评价计算：

$$W=x_{1-1}\times a_{1-1}+x_{2-1}\times a_{2-1}+x_{2-2}\times a_{2-2}+x_{3-1}\times a_{3-1}+x_{3-2}\times a_{3-2}+x_{4-1}\times a_{4-1}+x_{4-2}\times a_{4-2}$$

评价因子风险赋值及风险评价等价划定见表6.4.5。

表6.4.5　评价因子风险最值及评价风险评价等级划定

风险等级	低风险	中低风险	中风险	中高风险	高风险
土地价格地质指标组	1	2	3	4	5
土地利用地质环境适宜性指标组	1	2	3	4	5
地质环境问题	1	2	3	4	5
土地安全容量	1	2	3	4	5
评价风险 W	$W\leqslant1.5$	$1.5<W\leqslant2$	$2<W\leqslant2.5$	$2.5<W\leqslant3$	$W>3$

在ArcGIS平台上利用空间分析原理实现宜昌市重点区范围自然地质环境风险差异区划结果，如图6.4.1所示。其中，大部分重点区范围处于高风险区，主要集中在中部与南部的碳酸盐岩区、沿江水位埋深浅地势低平的冲积平原区及更新统卵砾石层直接出露的地下水补给区，面积约为5273km²，占比76.3%；中高风险区主要集中在北部的樟村坪镇、南部的艾家镇、高坝洲镇、枝城镇以及王家畈乡；中风险地区主要集中在重点区西北部山区的栗子坪乡、雾渡河镇、下堡坪乡、邓村坪乡、太平溪镇、乐天溪镇以及中部的土城乡等地；中低风险区与低风险区主要集中在宜昌市中心城区至百里洲镇的东部地势高亢的缓波状平原区。

重点区地质环境风险差异分区图是表示城市地质环境对城市功能建设用地规划的社会风险信息的有效手段和方式。风险差异分区就是对重点区进行分区组带的过程，各个分区都有特定的风险值。因此可以将城市地质环境对功能建设用地的风险理解为在一定时期内，发生地质环境问题所造成的可能损失，换句话说，地质环境风险就是在给定时间里社会和经济的损失情况。通过风险差异分区可以方便直接快速地估计未来可能发生的位置、可能性和相对严重性，可以估计减轻或避免潜在的风险发生损失。

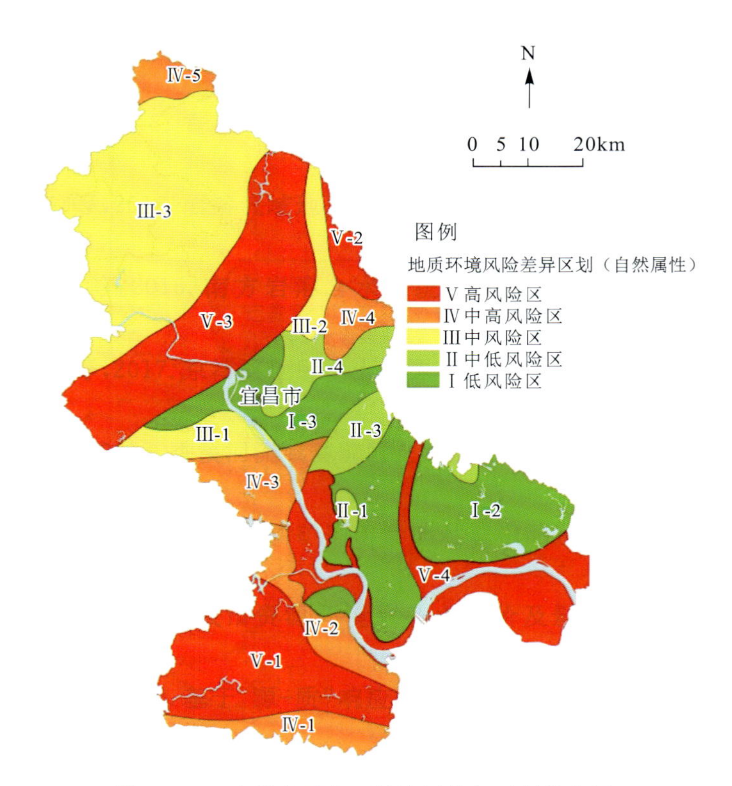

图 6.4.1 宜昌市重点区风险评价与区划综合图

二、不同功能用地(经济易损)风险评价与区划

重点区每一个地块的建筑财产生命易损性随着人口、民房、生命线网、社区服务以及公共集会场所的增加而增加，也会随着抗灾减灾措施的增强而逐渐减少。在社会经济易损性分析中，主要以土地利用要素功能分区为基础，需要考虑社会对地质环境风险的敏感性、社会基础结构的易损性以及经济的易损性。可以通过对照重点区单一评价功能图进行各功能区的易损性敏感性数据，敏感性数据见表 6.4.6。

表 6.4.6 建设用地社会经济易损性取值一览表

序号	功能类型	$V_{人口}$	$V_{建筑}$	$V_{经济}$/万元	损失合计/万元
1	居住用地	1	1	250	250
2	公共建设用地	0.9	0.4	500	180
3	教育科研设计用地	0.9	0.4	150	54
4	工业用地	0.6	0.3	800	144
5	高科技产业园区	0.8	0.5	100	40
6	仓储用地	0.4	0.8	30	9.6
7	大型市政设施用地	0.6	0.5	50	15
8	城市公共绿地	0.3	1	20	6

续表 6.4.6

序号	功能类型	$V_{人口}$	$V_{建筑}$	$V_{经济}$/万元	损失合计/万元
9	对外交通用地	0.5	0.3	200	30
10	小城镇建设用地	0.8	0.9	100	72
11	街道	0.8	0.6	30	14.4
12	主干街道	0.9	0.3	100	27
13	铁路	1	0.8	500	400
14	水域	0.2	1	100	20

利用下面计算式可求出发生地质环境安全问题时，各土地功能利用单位的社会经济易损性：

$$V = V_{人口} \cdot V_{建筑} \cdot V_{经济}$$

地质环境安全性的重要程度比土壤安全保障更为重要，而地面稳定性的安全也不容忽视，结合三者的相对危险性，利用公式可获得反映潜在地质安全危险性的评价结果，即

$$H = \frac{a \times F_1 + b \times F_2 + c \times F_3 + d \times F_4 + e \times F_5 + f \times F_6}{m}$$

式中：$m = a + b + c + d + e + f = 15$，取 $a = b = 5$、$c = f = 3$、$d = 2$、$e = 1$。

该影响因素的属性值为 0～10，其中，0 代表安全区，10 代表潜在安全最危险地区，见表 6.4.7。

表 6.4.7　城市地质环境差异风险评价指标

分级	活动断层	地震	地面稳定性			土地
	离断层距离 F_1/m	烈度大小 F_2（等级）	崩滑流易发性 F_3	地面沉降 F_4/mm	软土厚度 F_5/m	健康容量 F_6（W_i/P_i）
10	200	10～12	9	>90	>10	0.1
9	300	9	8	80	9	0.2
8	400	8	7	70	8	0.3
7	500	7	6	60	7	0.4
6	>500 安全区	6	5	50	6	0.5
5		5	4	40	5	0.6
4		4	3	30	4	0.7
3		3	2	20	3	0.8
2		2	1	10	2	0.9
1		1	0	0	0	>1.0

为使影响因素更加直观，对各单因素等级进行重分级，并对各分级评价因素的潜在危险等级赋值，结果见表 6.4.8。

表 6.4.8　潜在地质环境危险性等级

因子属性		危险等级					
		安全区	低危险区	中低危险区	中危险区	中高危险区	高危险区
活动断层 F_1	原属性值	1,2,3,4,5	6	7	8	9	10
	新属性值	0	1	2	3	4	5
烈度 F_2	原属性值	1,2,3	4,5	6,7	8	9	10
	新属性值	0	1	2	3	4	5
灾害易发性 F_3	原属性值	1	2,3	4,5	6,7	8,9	10
	新属性值	0	1	2	3	4	5
地面沉降 F_4	原属性值	1	2,3	4	5,6	7,8	9,10
	新属性值	0	1	2	3	4	5
软土厚度 F_5	原属性值	1	2	3,4,5	6,7	8,9	10
	新属性值	0	1	2	3	4	5
土壤安全 F_6	原属性值	1	2,3,4	5,6	7,8	9	10
	新属性值	0	1	2	3	4	5
评价等级划分 H		0	(0,0.55)	(0.55,1.1)	(1.1,1.65)	(1.65,1.87)	(1.87,2.3)

地质环境风险差异(R)是地质环境安全性(H)与经济易损性(V)的函数,即

$$R=f(H,V)$$

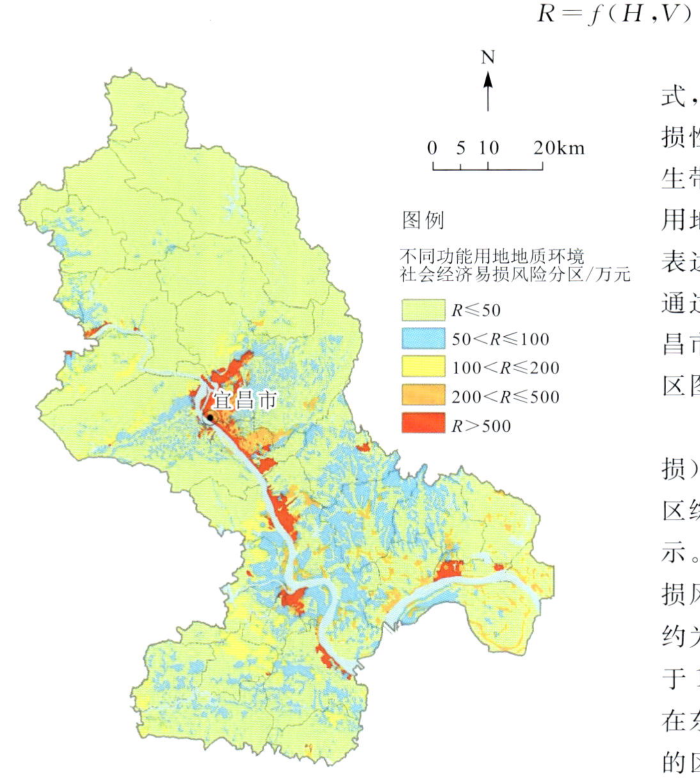

图 6.4.2　不同功能用地风险评价与区划图

风险分区图是风险评价结果的主要表达形式,由潜在危险性评价结果(H)和社会经济易损性评价结果(V)。潜在危险性的发生,及其发生带来的社会经济易损性决定了不同功能建设用地承担的地质环境风险大小,二者的乘积则表达了该风险。所表达的程度,即 $R=H\cdot V$,通过计算,并利用 ArcGIS 软件平台即可得到宜昌市功能用地地质环境社会经济易损性风险分区图。

宜昌市重点区范围不同功能用地(经济易损)风险评价数据来源于宜昌市生态文明示范区综合地质调查工程,评价结果如图 6.4.2 所示。其中,大部分重点区范围处于社会经济易损风险小于 50 万元,主要集中在西北山区,面积约为 5273km^2,占比 76.3%;大于 50 万元,但小于 100 万元风险区域面积为 1030km^2,主要集中在东部平原地区,人口相对密集;大于 100 万元的区域主要集中在长江沿岸,是工业密集与人口密集区,但是面积较小,总体为 610.6km^2,占比为 8.8%。

宜昌市重点区地质环境风险区划说明见表 6.4.9。

表 6.4.9 宜昌市重点区地质环境风险区划说明表

风险等级	等级代号		主要地质环境特征					关键地质环境问题	风险防控建议
			地形地貌特征	邻近大构造和地层岩性特征	地质灾害易发性	作为居住及公用场地土壤环境容量	作为工业及仓储场地土壤环境容量		
低风险	Ⅰ	Ⅰ-1	缓坡状平原区	江汉平原西缘 更新世老黏土、砂卵砾石层覆盖区	低	较高	高	工程建设活动和采石形成的切坡稳定性问题;挖高补低造成原始地形的改变和堆填场地的地基不均匀性问题	对不稳定的切坡,尤其是失稳造成不良后果的切坡采取必要的加固工程措施;确保填土材料的均匀性,并充分压实
		Ⅰ-2	丘陵宽谷区	宜昌单斜 厚层砂岩、砂岩与泥质粉砂岩互层区	低	高	高	工程建设活动形成高陡切坡的稳定性问题;含软弱夹层结构地基的顺层剪切失稳问题	监测评价切坡的稳定性,必要时采取工程加固措施;加强场地勘查,做好建筑地基稳定性评价
中低风险	Ⅱ	Ⅱ-1	低缓丘陵区	江汉平原西缘 更新世老黏土、砂卵砾石层覆盖区,发育膨胀性土(岩)	低	低	高	膨胀性黏土(岩)诱发的边坡稳定、地表建筑破坏和坡体蠕变滑移问题	查明不良岩土体的空间分布特征,工程建设尽量避开,无法避开要采取相应的整治措施
		Ⅱ-2	丘陵区	宜昌单斜 砾岩砂岩区	较低	低	高	斜坡稳定性问题;居住土壤环境容量有限	对不稳定的切坡,尤其是失稳造成不良后果的切坡采取必要的加固工程措施;不作为集中居住建设用地
		Ⅱ-3	丘陵宽谷区	宜昌单斜 砾岩、砂岩和黏土岩区	较低-中	较高	高	不稳定的坡体;存在易风化崩解工程力学性能迅速劣化的岩体	对不稳定的切坡,尤其是失稳造成不良后果的切坡采取必要的加固工程措施;工程建设要充分考虑岩体的风化劣化,采取必要的治理措施
		Ⅱ-4	丘陵宽谷区	宜昌单斜 厚层砂岩区	较低	高	高	地形起伏,工程建设活动可形成不稳定的切坡;属于主城区的生态涵养区,具有一定的生态敏感性	尽量减少区内的工程建设活动,治理道路和建筑设施周边的不稳定斜坡

续表 6.4.9

风险等级	等级代号		主要地质环境特征					关键地质环境问题	风险防控建议
			地形地貌特征	邻近大构造和地层岩性特征	地质灾害易发性	作为居住及公用场地土壤环境容量	作为工业及仓储场地土壤环境容量		
中风险	Ⅲ	Ⅲ-1	丘陵宽谷区	宜昌单斜厚层砂岩区	中	高	高	工程活动诱发崩塌、滑坡、不稳定斜坡等不良工程地质现象	区内的工程建设要进行地质灾害风险评价，并采取必要的工程治理措施
		Ⅲ-2	丘陵宽谷区	宜昌单斜黏土岩区	中	较高	高	黏土岩易风化崩解，诱发滑塌等不良工程地质问题，岩体承载能力有限	工程建设要充分考虑岩体的风化劣化，采取必要的治理措施，对不稳定的切坡采取必要的加固工程措施
		Ⅲ-3	高中山区	黄陵背斜、雾渡河断裂侵入岩、变质岩区	中	高	高	地形起伏切割大，完整性差的岩体会发生崩滑灾害；长期遭受风化剥蚀造成水土流失现象；存在硫铁矿开发诱发的酸性废水问题	区内的工程建设要进行地质灾害风险评价，并采取必要的工程治理措施；注意山体的过度开垦加剧水土流失现象；治理酸性废水
中高风险	Ⅳ	Ⅳ-1	低山区	渔洋关断裂碳酸盐岩区	中	低	高	崩塌、工程活动诱发的岩体失稳；岩溶；居住土壤环境容量有限	区内的工程建设要进行地质灾害风险评价，并采取必要的工程治理措施；不宜作为集中建设用地
		Ⅳ-2	丘陵宽谷区	宜昌单斜砾岩砂岩区	中	低-超载	低	斜坡的稳定性问题；土壤环境容量低甚至超载	对不稳定的切坡，尤其是失稳造成不良后果的切坡采取必要的加固工程措施；不作为集中建设用地
		Ⅳ-3	丘陵宽谷区	宜昌单斜、天阳坪断裂砂岩、黏土岩互层区	中	低-超载	低-警戒	崩滑等地质灾害问题；岩体中的软弱夹层问题；土壤环境容量低-超载	区内的工程建设要进行地质灾害风险评价，并采取必要的工程治理措施；不作为集中建设用地
		Ⅳ-4	丘陵宽谷区	通城河断裂碳酸盐岩区	中	低-警戒	高	岩溶；崩滑和不稳定斜坡等地质灾害；居住土壤环境容量较低	区内的工程建设要进行地质灾害风险评价，并采取必要的工程治理措施；不作为集中居住建设用地

续表 6.4.9

风险等级	等级代号		主要地质环境特征					关键地质环境问题	风险防控建议
			地形地貌特征	邻近大构造和地层岩性特征	地质灾害易发性	作为居住及公用场地土壤环境容量	作为工业及仓储场地土壤环境容量		
中高风险	Ⅳ	Ⅳ-5	高中山区	黄陵背斜、雾渡河断裂侵入岩、变质岩、碳酸盐岩区	中	较高	高	地形起伏切割大，完整性差的岩体会发生崩滑灾害；长期遭受风化剥蚀造成水土流失现象；存在磷矿开发诱发的地质环境问题	区内的工程建设要进行地质灾害风险评价，并采取必要的工程治理措施；注意山体的过度开垦加剧水土流失现象；治理磷矿开发引起的矿山地质环境问题
高风险	Ⅴ	Ⅴ-1	低山丘陵区	渔洋关断裂碳酸盐岩区	中-较高	警戒-超载	低-超载	较易发生崩滑等地质灾害；岩溶问题；土壤环境容量达到警戒值甚至超载	区内的工程建设要进行地质灾害风险评价，并采取必要的工程治理措施；不作为集中居住建设用地
		Ⅴ-2	低山区	通城河断裂碳酸盐岩区	中-较高	低-警戒	较高	较易发生崩滑等地质灾害；岩溶问题；居住土壤环境容量达到警戒值；存在废弃煤矿造成的环境地质问题	区内的工程建设要进行地质灾害风险评价，并采取必要的工程治理措施；不作为集中居住建设用地；治理废弃煤矿引发的地质环境问题
		Ⅴ-3	低山丘陵区	黄陵背斜东翼碳酸盐岩区	中-较高	低-超载	低-较高	较易发生崩滑等地质灾害；岩溶问题；部分居住土壤环境容量超载	区内的工程建设要进行地质灾害风险评价，并采取必要的工程治理措施；不作为集中居住建设用地
		Ⅴ-4	河谷冲积平原	江汉平原西缘全新世新近纪沉积土体	低	高	高	建筑地基承载能力较差；沿江岸坡的稳定性问题；地下水与江水水力联系密切，场地污染易迁移扩散	重大及高层建筑设施基础应在充分勘察的基础上选择合适的持力层；加强岸坡稳定性的监测，对不稳定的区段采取工程加固措施；搬转具有污染的工厂，修复已污染的地块

主要参考文献

安光义，王桂霞，2017. 中国野生猕猴桃的分布与花岗岩关系的研究[J]. 经济林研究，14(04)：24－26.

蔡雄威，2019. 宜昌市第三轮矿产资源勘查开发与资源产业总体布局研究[J]. 资源环境与工程，33(01)：135－141.

常文娟，刘建波，马海波，2018. 基于可变模糊集理论的宜昌市水资源承载能力评价[J]. 节水灌溉(01)：48－51.

陈安，余向勇，万军，等，2016. 宜昌市生态保护红线的框架体系[J]. 中国人口·资源与环境，26(S1)：134－138.

陈弹霓，倪鹏，2019. 硫铁矿酸性废水产生及治理浅析[J]. 广东化工，46(07)：183－184.

陈明道，2018. 香溪河流域水环境质量评价和污染治理对策研究[D]. 武汉：武汉工程大学.

陈伟莲，张虹鸥，李升发，等，2019. 新时代资源环境承载能力和国土空间开发适宜性评价思考：基于广东省评价实践[J]. 广东土地科学，18(02)：4－9.

成杭新，李括，李敏，等，2014. 中国城市土壤化学元素的背景值与基准值[J]. 地学前缘，21(03)：265－305.

成杭新，刘英汉，聂海峰，等，2008. 长江源区 Cd 地球化学省与主要水系的 Cd 输出通量[J]. 地学前缘，15(05)：203－211.

成杭新，杨忠芳，奚小环，等，2005. 长江流域沿江镉异常源追踪与定量评估的研究框架[J]. 地学前缘，12(01)：261－272.

程畅，江利平，陈涛，等，2015. 水资源开发利用现状及对策研究：以湖北宜昌市远安县为例[J]. 安徽农业科学，43(32)：115－118.

杜富芝，傅瓦利，甄晓君，等，2008. 城乡交错区土壤中镉的赋存形态及其生物有效性研究[J]. 中国地质，36(06)：1413－1418.

杜海娥，李正，郑煜，2019. 资源环境承载能力评价和国土空间开发适宜性评价研究进展[J]. 中国矿业，28(S2)：159－165.

高晓路，吴丹贤，周侃，等，2019. 国土空间规划中城镇空间和城镇开发边界的划定[J]. 地理研究，38(10)：2458－2472.

葛伟亚，周洁，常晓军，等，2015. 城市地下空间开发及工程地质安全性研究[J]. 工程地质学报，23(S1)：529－534.

顾宝和，1993. 城市地下空间开发中的工程地质问题[J]. 工程地质学报，3(2)：47－50.

郭三杰，范方华，赵娟娟，等，2021. 自然资源资产审计中的资源环境承载力研究：以云南省普洱市为例[J]. 生态经济，37(01)：172－178.

韩鹏，李涛，2015. 资源环境承载力综合评价方法研究：以中原经济区为例[J]. 应用基础与工程科学学报，23(S1)：88－101.

何刚，夏业领，秦勇，等，2019. 长江经济带水资源承载力评价及时空动态变化[J]. 水土保持研究，26

(01):287-292.

姜华,唐晓华,杨利亚,等,2020.基于土地资源的市县级多要素国土空间开发适宜性评价研究:以湖北省宜昌市为例[J].中国地质,47(06):1776-1792.

姜月华,林良俊,陈立德,等,2017.长江经济带资源环境条件与重大地质问题[J].中国地质,44(06):1045-1061.

姜月华,周权平,陈立德,等,2019.长江经济带地质环境综合调查工程进展与主要成果[J].中国地质调查,6(05):1-20.

金明信,1994.宜昌市城区工程地质研究[J].中国煤田地质,6(03):56-64.

李崇博,宋玉,郝应龙,2020.基于GIS的乌鲁木齐市城区建设用地适宜性评价的应用分析[J].新疆地质,38(01):119-123.

李春燕,邢丽霞,李亚民,等,2014.基于ArcGIS的国土开发适宜性评价指标体系研究[J].中国人口·资源与环境,24(S3):175-178.

李灵慧,2020.包头市资源环境承载力时空分异及驱动机制研究[D].呼和浩特:内蒙古师范大学.

李龙,吴大放,刘艳艳,等,2020.多功能视角下县域资源环境承载能力评价:以湖南省宁远县为例[J].生态经济,36(08):146-153.

李强,徐斌,李文睿,等,2020.基于PCA-ML-RBF模型的资源环境承载能力监测与空间规划实施情景模拟研究[J].地理与地理信息科学,36(05):106-111.

李慎鹏,项广鑫,曾毅,等,2019.面向空间规划的土地适宜性评价:以汨罗市为例[J].亚热带资源与环境学报,14(02):74-82.

李文博,冯启言,李泽,等,2021.矿山酸性废水抑酸技术研究现状与展望[J].中国矿业,30(12):8-14.

李研,刘艳芳,王程程,2017.基于AHP-熵权TOPSIS法的湖北省县域资源环境承载力评价和空间差异分析[J].资源与产业,19(04):41-51.

李艳平,2020.国土空间规划背景下秦岭北麓鄠邑段生态环境保护边界划定研究[D].西安:西安建筑科技大学.

李杨昕,2022.基于地理国情的城市资源环境监测体系构建与应用[J].中国信息化,16(05):103-104.

李英华,2018.我国主要磷矿、硫铁矿集中开采区水土污染现状分析[J].化工矿产地质,40(04):241-246.

梁杏,张人权,罗明明,等,2022.地下水流系统研究中的方法论探讨:以CUG-武汉地下水流系统研究为例[J].地质科技通报,41(01):30-42.

廖振环,2020.湖南谭家山煤矿重点区土壤重金属地球化学特征及污染评价[D].湘潭:湖南科技大学.

刘丰有,王沛,2014.基于熵值法的国土空间开发适宜性评价:以皖江城市带为例[J].国土与自然资源研究(03):11-14.

刘敏,刘云鹏,刘宗芳,等,2003.夷陵区野生猕猴桃生态气候适应性及其区划[J].湖北气象(02):18-20.

刘勇兵,阮力,靳鹏,2017.黄柏河东支流域水资源保护措施研究[J].中国农村水利水电(07):129-130+136.

刘志明,周召红,王永强,等,2019.区域水资源承载力及可持续发展综合评价研究[J].人民长江,50(03):145-150.

卢青,胡守庚,叶菁,等,2019.县域资源环境承载力评价研究:以湖北省团风县为例[J].中国农业资源与区划,40(01):103－109.

吕斌,孙莉,谭文垦,2008.中原城市群城市承载力评价研究[J].中国人口·资源与环境,18(05):53－58.

罗利川,梁杏,周宏,等,2018.香溪河流域岩溶洞穴发育与分布特征[J].中国岩溶,37(03):450－461.

罗明明,陈植华,周宏,等,2016.岩溶流域地下水调蓄资源量评价[J].水文地质工程地质,43(06):14－20.

罗明明,尹德超,张亮,等,2015.南方岩溶含水系统结构识别方法初探[J].中国岩溶,34(06):543－550.

马震,谢海澜,林良俊,等,2017.京津冀地区国土资源环境地质条件分析[J].中国地质,44(05):857－873.

彭刚志,徐建霞,王建柱,2015.香溪河流域富磷区土壤酶活性与无机磷形态相关性研究[J].环境工程,33(06):116－120.

任红岗,赵旭林,王海军,等,2018.宜昌磷矿采矿活动对黄柏河东支水环境影响及对策[J].有色金属(矿山部分),70(01):90－95.

尚勇敏,王振,2019.长江经济带城市资源环境承载力评价及影响因素[J].上海经济研究(07):14－25.

申振玲,周奉,孙溢点,等,2022.基于“源-质”响应的香溪河流域问题解析[J].环境工程技术学报,12(02):485－492.

沈春竹,谭琦川,王丹阳,等,2019.基于资源环境承载力与开发建设适宜性的国土开发强度研究:以江苏省为例[J].长江流域资源与环境,28(06):1276－1286.

施伟忠,方红,2003.湖北省矿山环境地质问题及防治对策[J].湖北地矿(03):22－24＋46.

史婷婷,陈植华,张卫,2012.湖北宜昌香溪河流域环境同位素特征及其水循环意义[J].地质科技情报,31(06):161－167.

孙徐阳,李卫明,粟一帆,等,2021.香溪河流域水生态系统健康评价[J].环境科学研究,34(03):599－606.

田锋,2009.浅谈空间数据库建库时空间数据的质量控制[J].北京测绘(02):60－62＋72.

童林旭,祝文君,2009.城市地下空间资源评估与开发利用规划[M].北京:中国建筑工业出版社.

童林旭,2004.地下空间概论(一)[J].地下空间与工程学报,24(1):133－136.

王成善,周成虎,彭建兵,等,2018.论新时代我国城市地下空间高质量开发和可持续利用[J].地学前缘,26(3):1－8.

王宵君,杨欢,李桢萍,等,2022.基于系统动力学的水资源承载力可持续发展研究:以赣州市为例[J].人民珠江,43(04):9－16＋62.

韦世勇,2017.广西桂平市土壤中元素的有效态研究[J].矿产与地质,31(03):564－569＋579.

奚小环,2006.土壤污染地球化学标准及等级划分问题讨论[J].物探与化探,30(06):471－474.

习近平,2018.在深入推动长江经济带发展座谈会上的讲话[M].北京:人民出版社.

项立磊,万军伟,黄琨,等,2022.浊度对地下水示踪试验的影响[J].资源环境与工程,36(03):391－397.

肖梁,2020.基于县域尺度的国土空间规划双评价研究[D].武汉:华中师范大学.

熊善高,万军,龙花楼,等,2016.重点生态功能区生态系统服务价值时空变化特征及启示:以湖北省宜昌市为例[J].水土保持研究,23(01):296－302.

胥焘,王飞,郭强,等,2014.三峡库区香溪河消落带及库岸土壤重金属迁移特征及来源分析[J].环境科学,35(04):1502-1508.

徐文锋,2018.宜昌旅游产业导向型村庄规划方法与实践研究[D].宜昌:三峡大学.

严惠明,2019.土地资源建设开发适宜性评价方法对比研究:以福建省为例[J].南方国土资源(05):41-44.

杨文采,田钢,夏江海,等,2019.华南丘陵地区城市地下空间开发利用前景[J].中国地质,46(3):447-454.

杨旖祎,2019.基于海洋健康的资源环境承载能力预警阈值研究[D].上海:上海海洋大学.

宜昌市人民政府.以生态保护为"红线"稳定耕地保有量[EB/OL].[2017-06-22]. http://www.yichang.gov.cn/content-55292-982149-1.html.

宜昌市统计局,2019.宜昌统计年鉴(2019)[M].北京:中国统计出版社.

宜昌市自然资源和规划局.宜昌市国土资源局召开耕地保护与基本农田划定新闻发布会[EB/OL].[2017-09-29]. http://zrzy.yichang.gov.cn/content-42390-14422-1.html.

殷年,2021.地理国情监测数据在资源环境承载能力评价中的应用[J].数字技术与应用,39(05):43-45.

于江浩,田莉,2021.基于承载力提升视角的村镇资源环境承载力评价研究:以北京大兴区采育镇为例[J].生态与农村环境学报,37(07):843-851.

余向勇,2014.城市环境总体规划的水环境系统研究:以宜昌为例[J].环境科学与管理,39(01):1-4.

袁加巧,柏少军,毕云霄,等,2022.国内外矿山酸性废水治理与综合利用研究进展[J].有色金属工程,12(04):131-139.

曾鹏,徐优夫,2017.我国矿产资源开发中水环境保护的现状及完善:以湖北宜昌磷矿开发与水环境保护为例[J].三峡大学学报(人文社会科学版),39(04):74-77.

曾现进,李天宏,温晓玲,2013.基于AHP和向量模法的宜昌市水环境承载力研究[J].环境科学与技术,36(06):200-205.

张德存,杨军,李金平,等,2011.湖北省江汉流域经济区农业地质调查[R].武汉:湖北省地质调查院.

张德存,杨明银,虞刚箭,等,2017.湖北境内长江河流系统物质组分迁移模式研究[J].资源环境与工程,31(S1):19-25.

张合兵,张青磊,李铭辉,等,2021.基于国土功能导向的鹤壁市资源环境承载力评价及其空间分异研究[J].河南理工大学学报(自然科学版),40(05):71-79.

张丽,李瑞敏,许书刚,等,2020.江苏宜兴市地质资源环境承载能力评价[J].地质通报,39(01):131-137.

张玲俐,张文选,2019.基于城镇开发功能导向的国土空间开发适宜性评价:以张家口市崇礼区为例[J].小城镇建设,37(11):46-52.

张书海,阮端斌,2020.资源跨区域流动视角下的承载力评价:一个动态评价框架及其应用[J].自然资源学报,35(10):2358-2370.

张雪飞,王传胜,李萌,2019.国土空间规划中生态空间和生态保护红线的划定[J].地理研究,38(10):2430-2446.

赵计伟,张庆海,王宁涛,等,2021.酸性矿山废水处理技术研究进展与展望[J].矿产勘查,12(04):1049-1055.

中国地质调查局,2019.大力开发地下空间,节约利用土地资源:中国地质调查局"城市地质调查工程"进展简介[J].中国地质,46(3):442.

钟镇涛,张鸿辉,梁宇哲,等,2020.资源环境承载能力与国土空间开发适宜性智能化评价研究[J].规划师,36(02):71-77.

周丹坤,唐晓华,黄行凯,等,2020.宜昌沿江规划区地下空间资源的开发利用评价[A]//中国地质学会.第十一届全国工程地质大会论文集.中国地质学会:《工程地质学报》编辑部:242-248.

周道静,王传胜,2017.资源环境承载能力预警城市化地区专项评价:以京津冀地区为例[J].地理科学进展,36(03):359-366.

周璞,王昊,刘天科,等,2017.自然资源环境承载力评价技术方法优化研究:基于中小尺度的思考与建议[J].国土资源情报(02):19-24.

周召红,吴江,2021.县域经济社会发展与水资源时空差异关系分析:以宜昌市为例[J].人民长江,52(09):101-106.

朱寿红,殷少美,唐伟,等,2021.基于资源承载力的农用地适宜性评价:以广陵区为例[J].江西农业学报,33(01):117-122.

GE W Y, ZHOU J, CHANG X J, et al., 2015. Study on urban underground space development and geology safety problems[J]. Journal of Engineering Geology, 23(S1): 529-534.

GU B H, 1993. Engineering geological problems in urban underground space excavation[J]. Journal of Engineering Geology (1): 47-50.

JAVADIAN M, SHAMSKOOSHKI H, MOMENI M, 2011. Application of sustainable urban development in environmental suitability analysis of educational land use by using AHP and GIS in Tehran[J]. Procedia Engineering, 21: 72-80.

JIN M X, 1994. Engineering geological studies in urban area of Yichang City[J]. Coal Geology of China, 6(3): 56-64.

LEMLEY J K, 1986. ITA and the UN: cross-cultural forum for communication[J]. Tunnelling and Underground Space Technology Incorporating Trenchless Technology Research, 1(02): 113.

LIU R J, PU L J, ZHU M, et al., 2020. Coastal resource-environmental carrying capacity assessment: a comprehensive and trade-off analysis of the case study in Jiangsu coastal zone, eastern China[J]. Ocean and Coastal Management, 186: 105092.

LU Y, XU H W, WANG Y X, et al., 2017. Evaluation of water environmental carrying capacity of city in Huaihe River Basin based on the AHP method: a case in Huai'an City[J]. Water Resources and Industry, 18: 71-77.

MUKHTAR E, 2013. A comparison of parametric and fuzzy multi-criteria methods for evaluating land suitability for olive in Jeffara Plain of Libya[J]. APCBEE Procedia, 5: 405-409.

PENG B X, SHU Q, LUO W, 2019. Research on the engineering geological problems of underground space development in Yueyang City[J]. Journal of Engineering Geology, 27(S1): 9-16.

POUREBRAHIM S, HADIPOUR M, MOKHTAR M B, 2011. Integration of spatial suitability analysis for land use planning in coastal areas: case of Kuala Langat District, Selangor, Malaysia[J]. Landscape and Urban Planning, 101: 84-97.

ROBERTS D V, 1996. Sustainable development and the use of underground space[J]. Tunnelling and Underground Space Technology, 11(4): 383-390.

SHI T, CHEN Z, WANG Q, et al., 2020. Features of oxygen and hydrogen isotopes in waters from the Karst Mountains, Xiangxi River basin[J]. International Journal of Design and Nature and Ecodynamics, 15(5): 667-675.

STERLING R L, NELSON S, 1982. Planning the development of underground space[J]. Underground Space, 7(2): 86 - 103.

SUTHERLAND R A, 2000. Bed sediment-associated trace metals in an urban stream, Oahu, Hawaii [J]. Environmental Geology, 39(6): 611 - 627.

TONG L X, 2004. An introduction to underground space[J]. Chinese Journal of Underground Space and Engineering, 24(1): 133 - 136.

TONG L X, ZHU W J, 2009. The evaluation and development planning of urban underground space resources[M]. Beijing: China Architecture and Building Press.

WANG C S, ZHOU C H, PENG J B, et al., 2018. A discussion on high-quality development and sustainable utilization of China's urban underground space in the new era[J]. Earth Science Frontiers, 26(3):1 - 8.

YANG W C, TIAN G, XIA J H, et al., 2019. The prospect of exploitation and utilization of urban underground space in hilly areas of South China[J]. Geology in China, 46(3): 447 - 454.

YICHANG STATISTICS BUREAU, 2019. Yichang statistical yearbook (2019) [M]. Beijing: China Statistics Press.

ZHOU D K, LI X Z, WANG Q, et al., 2019 GIS-based urban underground space resources evaluation toward three-dimensional land planning: a case study in Nantong, China[J]. Tunnelling and Underground Space Technology, 84: 1 - 10.